수학 여행

Mathematics Journey

교양수학의 새로운 여정

1판 1쇄 발행 2012년 2월 28일 | 1판 4쇄 발행 2015년 2월 38일

지은이 강옥기 · 김미진 · 조현공 · 허난
펴낸이 정규상 **펴낸곳** 성균관대학교 출판부

등록 1975년 5월 21일 제 1975-9호 **주소** 110-745 서울특별시 종로구 성균관로 25-2
전화 02)760-1252~4 **팩스** 02)762-7452 **홈페이지** press.skku.edu

값 19,500원
ISBN 978-89-7986-907-1 03410

수학 여행

Mathematics Journey

교양수학의 새로운 여정

강옥기 · 김미진 · 조현공 · 허난 지음

Mathematics Journey

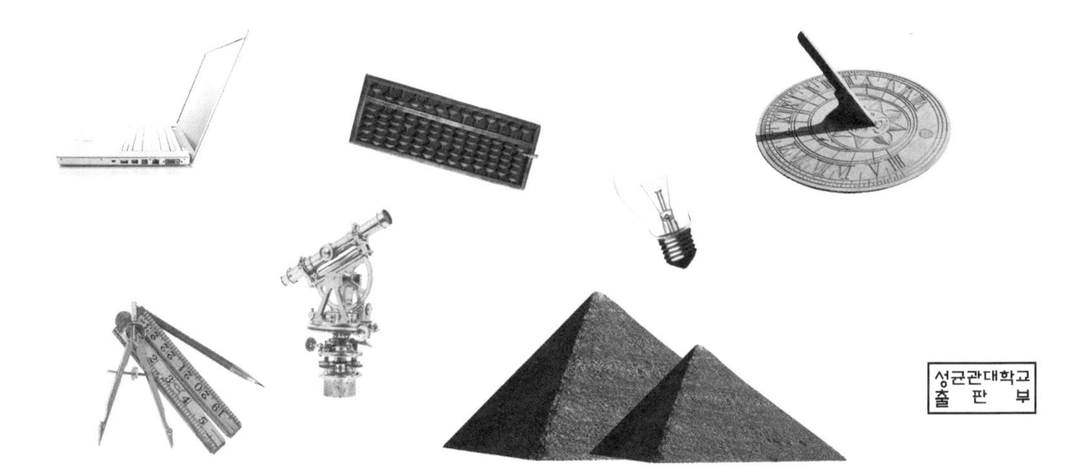

성균관대학교 출판부

머리말

수학은 일상생활에서는 물론 과학, 공학, 경제학, 사회학, 체육, 미술 등 거의 모든 영역의 학문 연구에서 필수적으로 사용되는 도구적인 학문일 뿐만 아니라, 수학 학습은 논리적이고 합리적이며 창의적으로 사고할 수 있는 정신 능력을 훈련하게 하는 데 적절한 것으로 잘 알려져 있다.

전통적으로 대학에서 지도해온 교양수학은 실생활과는 거리가 먼, 고등수학을 하기 위한 기초수학 수준이었다. 그 결과 대학에서 교양수학을 학습한 대다수의 사람들은 수학의 본질과 수학적 사고의 묘미를 이해하지도 못하고 수학과 실생활과의 긴밀한 관계를 경험해 보지도 못한 채, 수학은 어렵고 재미없으며 사칙연산 이상의 수학은 실생활과 무관한 정도로 알고 있다. 또 사회의 전문적인 각 분야에서 수학을 다루는 사람들도 만들어진 수학을 사용할 수는 있지만, 그 수학이 왜 성립하는지, 어떻게 만들어졌는지, 다른 분야에도 응용할 수 있는지 등에 대해서는 이해하지 못하면서 단지 기계적으로 사용하는 경우가 많다. 하지만 필자들은 수학에 대한 이런 편견들을 해소시키고, 수학의 진정한 본질을 알게 하며, 수학이 우리 생활 곳곳에서 사용되는 유용하면서도 흥미로운 학문임을 이해하는 데 도움이 되도록 이 책을 펴냈다.

이 책의 1, 2, 3장에서는 수학적 능력의 기초가 되는 수학적 사고, 문제해결, 논리에 대하여 다루며, 4장에서는 우리나라 전통수학의 이해를 돕기 위한 내용을 다루었고, 5장에서 9장까지는 차례로 그래프, 합리적 의사결정, 수학과 예술, 암호의 이해, 경제속의 수학 등 일상생활과 밀접하게 관련된 수학에 대해 적절한 사례를 들어 흥미 있게 다루고 있다.

이 책은 대학 수준의 교양수학 도서로서 적절할 뿐만 아니라 사회인의 교양도서로도 손색이 없을 것이라 감히 기대해 본다. 이 책을 출판해 주신 성균관대학교 출판부에 심심한 감사를 표한다.

2012년 1월
북악산 자락 호암관에서 저자

차 례

contents

Mathematics **Journey**

데카르트

René Descartes(1596~1650)

데카르트는 프랑스 라에에서 부유한 귀족의 아들로 태어났다. 대학을 다니던 중 세상이라는 큰 책을 배우러 이곳저곳을 돌아다니며 다양한 세상을 경험했으며, 네덜란드로 건너가 자연과학과 철학을 연구하였다. 이미 알고 있는 것을 의심하고 회의하여 도무지 의심할 수 없는 것에 도달하는 것이 모든 학문의 시작이어야 한다는 방법적 회의를 주장했다. 좌표를 도입하여 해석기하학을 탄생하게 하였고 미지수를 처음으로 x, y, z로 나타냈다. 모든 문제를 해결하는 보편적 방법(방정식문제로 환원시켜 해결)을 연구하여 순서있고 체계적인 사고방법을 제안하였다. 그의 고향 라에는 1996년 데카르트 탄생 400주년을 기념하여 도시 이름을 데카르트로 바꿨다.

첫째 날

수학적 사고

01 수학적 사고의 뜻

늘 갈망하고 바보처럼 우직하라.
(Stay hungry, stay foolish!)
— 스티브 잡스(1955~2011, 미국 IT 사업가)

사고란 일상용어로는 '생각하는 것' 을 뜻하며, 철학에서는 넓은 의미로는 '인간의 지적 작용의 총칭', 좁은 의미로는 감성의 작용과 구별하여 '개념, 판단, 추리의 작용' 으로 해석하며, 심리학에서는 '어떤 과제에 대처하는 심적 과정' 으로 설명한다.

수학 학습과 관련이 깊은 사고로서 인지적 사고와 메타인지적 사고를 생각할 수 있다. 인지적 사고란 지식을 생성하거나 회상하여 적용하는 사고를 뜻한다. 예를 들면, 물건의 개수를 세면서 수 개념을 형성하고 여러 가지 물체의 모양을 관찰하면서 도형 개념을 형성하며, 실생활에 관련된 문제를 방정식을 세워 해결하는 것 등은 인지적 사고이다. 메타인지적 사고란 인지적 사고활동이 효율적으로 진행되도록 하기 위하여 인지적 사고활동을 관찰, 통제, 조정하는 사고를 뜻한다. 어떤 문제를 해결하기 위하여 사고활동을 할 때 한 가지 방법이 떠올랐다고 해서 그 방법만을 고집한다면 해결과정이 지나치게 복잡하거나 어려움에 봉착할 경우가 있다. 그러한 경우, 그 방법의 효율성을 재고하여 문제에 더욱 적절한 방법은 없는지 다각적으로 생각해 보는 것은 매우 유익한 사고방식이다. 인지적 능력이 강한 사람은 메타인지적 사고활동을 잘 활용하는 사람이라고 하겠다. 메타인지적 사고활동을 효율적으로 하기 위해서는 다음과 같은 물음을 스스로에게 해 보는 것이 중요하다.

1) 나는 지금 무엇을 하고 있는가?
2) 나는 왜 이것을 하고 있는가?
3) 이것이 나에게 어떤 도움을 주는가?

수학 학습과 관련이 깊은 인지적 사고 즉, 수학적 사고로는 추상화, 일반화, 연역적 사고, 유추적 사고, 통합적 사고, 발전적 사고, 수량화 · 기호화의 사고를 생각할 수 있다. 수학적 사고력과 수학적 지식을 갖추고 있으면 수학적인 문제를 해결할 수 있는 능력을 갖게 된다. 이와 같이 수학적인 문제나 실생활에 관련된 문제를 수학을 이용하여 해결할 수 있는 능력을 수학적 문제해결력이라고 한다. 그러므로 수학적 사고는 수학적 문제해결력의 중요한 요소라 할 수 있다. 다음 절에서 수학적 사고의 각 유형에 대하여 그 뜻과 활용의 예를 알아보기로 한다.

수학적 사고가 뛰어난 사람은 수학을 좋아하고 수학을 함에 있어서 자신감이 있으며 수학에 대해 높은 가치를 부여한다. 즉 수학적 사고가 뛰어난 사람은 수학에 대한 태도가 매우 긍정적이고 수용적이다. 또, 수학적 사고력과 문제해결 능력이 뛰어난 사람은 일반적인 사람들이 생각하는 경향에 비하여 두드러지게 다른 점이 있다. 이를 수학적인 태도라고 하는데, 다음과 같은 것들이 있다.

◎ 스스로 자기의 문제나 목적 · 내용을 명확히 파악한다. 이 태도에 해당하는 구체적인 태도에는 '의문을 가진다', '문제 의식을 가진다', '문제 상황 중에서 수학적인 것을 찾는다'와 같은 것들이 있다.

◎ 조리 있는 행동을 한다. 이 태도에 해당하는 구체적인 태도에는 '목

적에 맞는 행동을 한다', '개괄적 구상을 한다', '쓰이는 자료나 이미 배운 사항, 가정을 바탕으로 생각한다' 와 같은 것들이 있다.

◎ 내용을 간결 · 명확하게 표현한다. 이 태도에 해당하는 구체적인 태도에는 '문제나 결과를 간결하고 명확하게 기록하고 전달한다', '분류하거나 정리하여 나타낸다' 와 같은 것들이 있다.

◎ 보다 나은 것을 구한다. 이 태도에 해당하는 구체적인 태도에는 '구체적 사고를 추상적 사고로 높인다', '자기의 사고나 다른 사람의 사고를 평가하고 더 세련되게 한다' 와 같은 것들이 있다.

이 단원에서는 수학 학습과 수학적 문제해결력의 기본이 되는 수학적 사고에 대하여 공부함으로써 앞으로의 수학학습 능력의 초석을 마련하게 될 것이다.

02 수학적 사고의 유형

내가 계속 전진할 수 있었던 유일한 이유는 내가 하는 일을 사랑했기 때문입니다. 여러분도 사랑하는 일을 찾아야 합니다. 당신이 사랑하는 사람을 찾아야 하듯 일 또한 마찬가지입니다.

– 스티브 잡스(1955~2011, 미국 IT 사업가)

1. 추상화 사고

추상화란 몇 개의 대상에서 공통된 속성을 추출해 내는 것이다. 예를 들어 사과 한 개, 귤 한 개, 개미 한 마리, 코끼리 한 마리, 집 한 채 등에서와 같이 그 크기와 모양은 다르지만 온전한 한 개의 개체라는 속성에 대하여 수 1을 대응시키는 것은 추상화의 사고이다. 또한 세모꼴의 여러 가지 물체, 예를 들면, 플라스틱으로 만든 삼각자, 두꺼운 종이로 만든 삼각자, 나무로 만든 삼각자, 철판으로 만든 빨간색 세모 모양의 교통 안내판, 세모꼴 모양의 토지 등에서 삼각형이라는 형태를 생각하는 것은 추상화의 사고이다.

수학에서 다루는 여러 가지 수, 즉 자연수, 정수, 유리수, 실수, 복소수와 여러 가지 도형, 즉 삼각형, 사각형, 다각형, 원, 타원, 부채꼴, 정육면체, 직육면체, 구, 원뿔, 원뿔대 등은 모두 추상화에 의하여 얻어진 수학적 개념들이다.

2. 일반화 사고

일반화는 좁은 범위의 집합에 대한 고찰에서 그 대상이나 집합을 포함하는 확대된 집합의 고찰로 나아가는 것이다. 예를 들면, 처음부터 5번째까지의 홀수 1, 3, 5, 7, 9를 보고 n번째의 홀수는 $2n-1$이라고 하는 것이나, 1부터 차례로 몇 개의 수를 더해본 다음 1부터 n까지의 자연수의 합이 $\frac{n(n+1)}{2}$이라고 하는 것은 일반화의 사고이다. 삼각형의 넓이 공식을 생각할 때, 처음에는 직각삼각형에 대하여 그 넓이를 구해 본 다음 예각삼각형, 둔각삼각형에 대하여 그 넓이 공식을 생각해 보고, 모든 삼각형의 넓이는 $\frac{(\text{밑변})\times(\text{높이})}{2}$라고 생각하는 것은 일반화의 사고이다.

일반화의 사고는 수학적 사고 대상을 임의로 확장할 수 있고 간결하게 다룰 수 있게 한다.

3. 연역적 사고

연역적 사고란 하나 이상의 일반적인 명제로부터 특별한 결론을 이끌어내는 사고이다. 연역적 사고를 통해 옳다고 증명된 결론을 정리(theorem)라 한다. 귀납적 사고란 특별한 예에 대한 관찰에 기초하여 일반적인 결론을 이끌어내는 사고이다. 귀납은 추측이므로 발견한 결론이 참임을 보이기 위해서는 연역적인 사고를 통한 증명이 뒤따라야 한다. 예를 들어 이등변 삼각형의 두 밑각의 크기에 대해서 생각해 보자. 종이에 몇 개의 이등변 삼각형을 그린 후 두 밑각의 크기를 직접 측정하여 비교하거나,이 삼각형을 오려서 두 밑각을 겹쳐 보았더니 크기가 같았다. 이 관찰에 기초하여 이등변 삼각형의 두 밑각의 크기가 같다고 생각하는 것이 귀납적 사고이다. 그러나 모든 이등변 삼각형에 대해 실험한 것이 아니므로 귀납이 항상 옳다고 할 수는 없다. 따라서 이미 옳다고 알려진 명제로부터 이등변 삼각형의 두 밑각의 크기가 같음을 이끌어내는 연역적 사고를 동원하여 증명하여야 한다.

"이등변삼각형에서 꼭지각의 이등분선을 그으면, 이등변삼각형은 두 개의 삼각형으로 나뉘어진다. 이 두 삼각형은 대응하는 두 변의 길이가 각각 같고, 끼인각의 크기가 같으므로 합동(SAS합동)이다. 그러므로, 대응하는 두 밑각의 크기는 서로 같다."

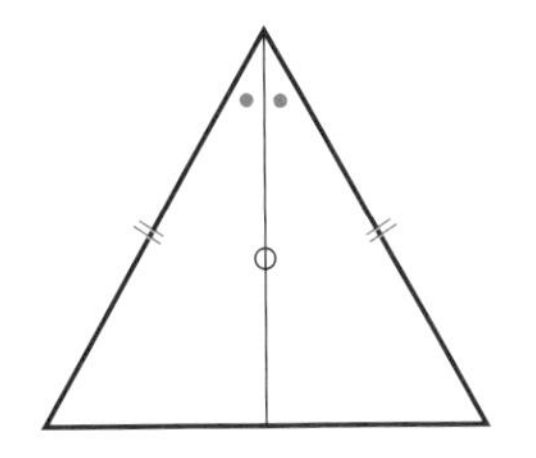

문제 1.1

다음은 실수의 곱셈연산, 행렬의 곱셈연산, 함수의 합성연산에서 이미 알고 있는 두 대상의 관계를 만족시키는 새로운 대상을 구하는 과정이다. 항등원과 역원이라는 개념을 추상화하라.

실수의 곱셈연산	행렬의 곱셈연산	함수의 합성연산
$2\times x=6$	$AX=B$	$f\circ h=g$
$\frac{1}{2}\times(2\times x)=\frac{1}{2}\times 6$	$A^{-1}(AX)=A^{-1}B$	$f^{-1}\circ(f\circ h)=f^{-1}\circ g$
$\left(\frac{1}{2}\times 2\right)\times x=\frac{1}{2}\times 6$	$(A^{-1}A)X=A^{-1}B$	$(f^{-1}\circ f)\circ h=f^{-1}\circ g$
$1\times x=\frac{1}{2}\times 6$	$EX=A^{-1}B$	$I\circ h=f^{-1}\circ g$
$x=\frac{1}{2}\times 6$	$X=A^{-1}B$	$h=f^{-1}\circ g$

(행렬 A와 B, 함수 f와 g는 이미 알고 있는 대상이며, A는 역행렬을, f는 역함수를 갖는다고 가정한다.)

4. 유추적 사고

유추적 사고란, 어떤 대상이나 집합의 원소 사이에서 성립하는 사실이 이와 유사한 대상 또는 집합에 대해서도 성립할 것이라고 추론하는 것이다. 이 추론은 논리적으로 불완전하지만 가능성을 탐색하는 데 중요한 역할을 한다. 예를 들면,

$$\frac{3}{5} \times \frac{2}{7} = \frac{3 \times 2}{5 \times 7}$$

와 같은 방법으로

$$\frac{3}{5} + \frac{2}{7} = \frac{3+2}{5+7}, \qquad \frac{8}{9} \div \frac{2}{3} = \frac{8 \div 2}{9 \div 3}$$

를 생각하는 것은 유추적 사고이다. 분수의 곱셈 알고리즘은 나눗셈에 대해서는 성립하지만 덧셈과 뺄셈에 대해서는 성립하지 않는다.

직육면체의 성질을 연구할 때, 직사각형에서 성립하는 성질을 이용하여 생각할 수 있다. 예를 들면 직사각형은 4개의 변으로 둘러싸인 평면도형임에 비하여 직육면체는 6개의 면으로 둘러싸인 입체도형이고, 직사각형의 대변은 서로 길이가 같고 평행이며 이웃하는 변은 서로 수직임에 비하여 직육면체의 마주보는 면은 서로 합동이고 이웃하는 면은 서로 수직인 유사점을 가지고 있다. 두 도형 사이에서 이와 같은 유사점을 생각하는 것은 유추적 사고이며, 유추적 사고는 새로운 수학적 성질을 연구하는 데 중요한 역할을 한다.

5. 통합적 사고

통합적 사고란 많은 사물과 현상을 흐트러진 채 두지 않고 보다 넓은 관점에서 그들의 본질적인 공통성을 추상하여 모두 같은 것으로 볼 수 있게 종합, 정리하는 사고이다. 통합적 사고의 종류로서 고차적 통합, 포괄적 통합, 확장적 통합을 생각할 수 있다.

고차적 통합이란 우선 보기에는 전혀 새로운 것으로 보이는 문제들의 해결 방안을 형식화해 봄으로써 같은 유형의 문제로 통합하는 것이다. 예를 들면, 두 지점 사이의 거리를 구하는 여러 가지 문제는 피타고라스의 정리를 이용하는 문제로 귀착됨을 알 수 있다.

포괄적 통합이란 처음 제시된 몇 개의 성질에서 구성 요소를 확대 정의함으로서 그 중 한 성질이 다른 성질을 포함하게 되는 것을 말한다. 예를 들면, 곱셈 공식

$$(a+b)^2=a^2+2ab+b^2, \qquad (a-b)^2=a^2-2ab+b^2$$

은 서로 다른 것으로 생각하였다가, 앞의 공식에 b대신 $-b$를 대입하면 뒤의 공식이 되므로 앞의 공식이 뒤의 공식을 포함함을 알 수 있다.

확장적 통합이란, 어떤 성질을 만족하는 집합이 있을 때 그 성질의 조건의 일부를 수정하여 더욱 넓은 집합에서 성립하도록 하는 것이다. 예를 들면 뺄셈을 자연수의 집합에서 정수의 집합, 실수의 집합으로 확장하는 것은 확장적 통합이다.

6. 발전적 사고

발전적 사고란 통합한 것을 보다 넓은 범위에 적용하려 하거나, 하나의 결과가 얻어졌다 하더라도 더욱 나은 방법을 알아본다거나 또는 이를 바탕으로 더욱 일반적인, 보다 새로운 것을 발견하려는 사고를 뜻한다. 발전적 사고의 유형에는 조건변경에 의한 발전과 관점변경에 의한 발전이 있다.

예를 들면, 피타고라스의 정리에서 직각을 둔각이나 예각으로 변경하여 세 변의 관계를 생각하는 것은 조건변경에 의한 발전적 사고라 할 수 있다. 이 사고에 의하면,

삼각형 ABC에서 $\angle C > 90°$이면, $c^2 > a^2 + b^2$
$\angle C < 90°$이면, $c^2 < a^2 + b^2$

인지 생각하게 된다. 두 부등식이 성립함을 증명함으로서 피타고라스의 정리의 역이 성립함을 알 수 있게 된다. 이처럼, 조건변경에 의한 발전적 사고는 수학을 탐구하는 데 중요한 역할을 한다.

관점변경 사고의 예로서 다음 도형의 둘레의 길이를 구하는 문제를 생각할 수 있다. 일반적인 사고로는 각 선분의 길이를 구한 다음 그 합을 구하는 반면, 관점변경의 발전적 사고로는 이 도형의 둘레 대신 점선으로 이루어진 직사각형의 둘레의 길이를 구할 수 있다.

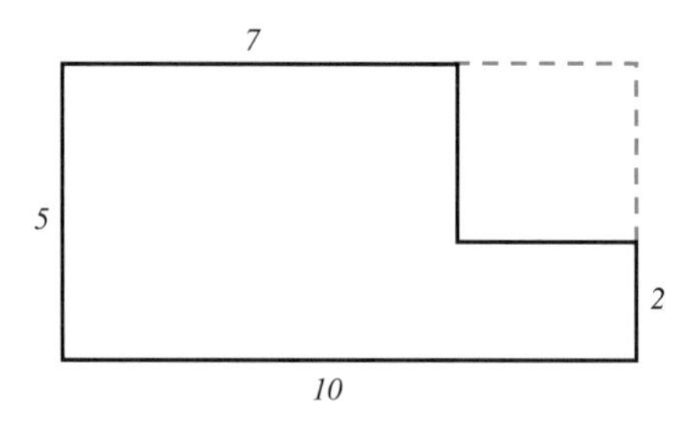

문 제 1 . 2

직각삼각형 ABC에서 $\overline{AB}=1$, $\overline{BC}=2$, $\angle B=90°$ 이다. $\overline{AC}$ 위에 임의의 점을 잡아 P라 하고, 점 P에서 $\overline{AB}$와 $\overline{BC}$에 내린 수선의 발을 각각 H, K라 할때, $\overline{HK}$의 최솟값을 구하여라.(발전적 사고를 동원하라.)

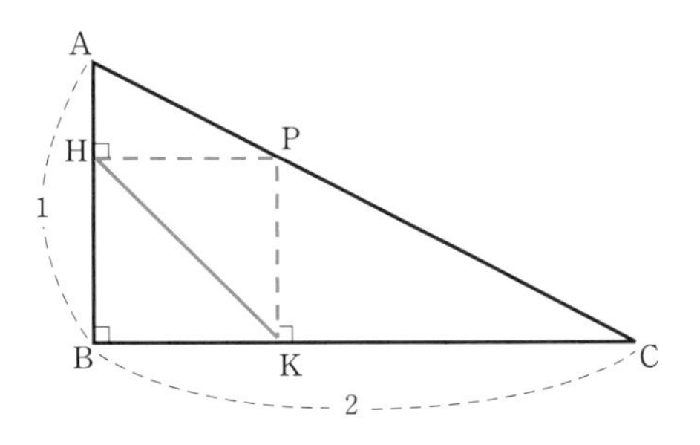

7. 수량화 · 기호화 사고

우리 생활 주변에는 크기의 비교를 필요로 하는 상황이 많이 있다. 예를 들면, 어떤 지역의 넓이, 물체의 부피, 자동차의 빠르기, 소음의 크기, 지진의 강도 등과 같이 현상의 크기를 이해하고 비교할 필요가 있을 수 있다. 이와 같이 대상의 크기를 비교하기 위하여 적절한 단위를 도입하고 활용하는 사고를 수량화 사고라고 한다. 예를 들면 길이의 정도에 따라서 mm, cm, m, km 등의 단위를 사용한다. 또, 복잡한 문제의 상황을 그림으로 나타내거나 문자 또는 기호를 사용하여 간단히 나타내므로써 수학적 개념을 명확하며 간결하게 하고, 전체적으로 표현하거나 사고할 수 있게 한다. 이와 같이 어떤 상황을 문자나 기호를 사용하여 표현하는 사고를 기호화 사고라고 한다. 예를 들어 어떤 특정한 삼각형을 △ABC, 세 변을 $\overline{AB}$, $\overline{BC}$, $\overline{AC}$, 세 각을 ∠A, ∠B, ∠C로 나타내는 것은 기호화의 사고이다. 수학적 기호는 일종의 훌륭히 작성된 언어이며, 그 목적에 잘 들어맞는 간편하고 적절한 언어이다. 우리는 새로운 문제를 만나면 어떤 기호를 선택해야 하고, 알맞은 기호를 도입해야 한다. 좋은 기호는 애매모호하지 않고,

기억하기 쉬운 것이어야 한다. 좀 더 알맞고 좋은 기호를 선택하는 데는 경험과 취향이 필요하고, 새로운 기호를 접했을 때 기억해야 할 부담보다 '좋은 기호가 사고를 돕는다'는 긍정적인 태도가 요구된다.

수량화의 사고와 기호화의 사고는 복잡한 실생활 문제를 단순화 하여 사고하고 해결하는 데 매우 효과적이다.

03 수학적 사고의 실제

누구든지 수학에서 좋은 결과를 얻기 위해서는
절망감을 수없이 맛보아야 한다.

– 존 밀노(1962년 필즈상 수상자)

이 절에서는 몇 개의 문제를 해결해 보고 어떤 수학적 사고를 사용하였는지 생각해 보기로 한다.

예제 1.1

다음 두 정리의 관계를 알아보고 어떤 수학적 사고가 사용되었는지 생각해 보라.

(1)

피타고라스의 정리

직각삼각형의 세 변의 길이가 a, b, c (c가 빗변길이)이면

$$c^2=a^2+b^2$$

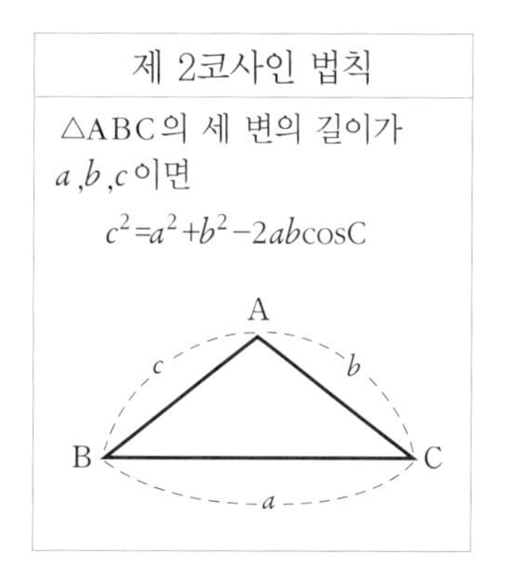

제 2코사인 법칙
△ABC의 세 변의 길이가 a, b, c이면
$c^2=a^2+b^2-2ab\cos C$
A
B
C
a
b
c

(2)

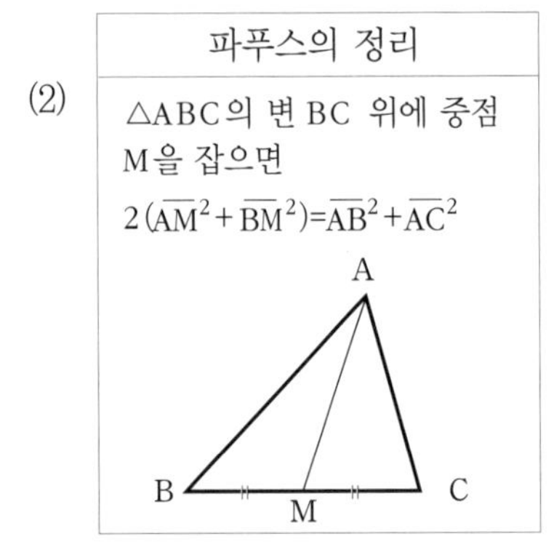

파푸스의 정리
△ABC의 변 BC 위에 중점 M을 잡으면
$2(\overline{AM}^2+\overline{BM}^2)=\overline{AB}^2+\overline{AC}^2$
A
B
M
C

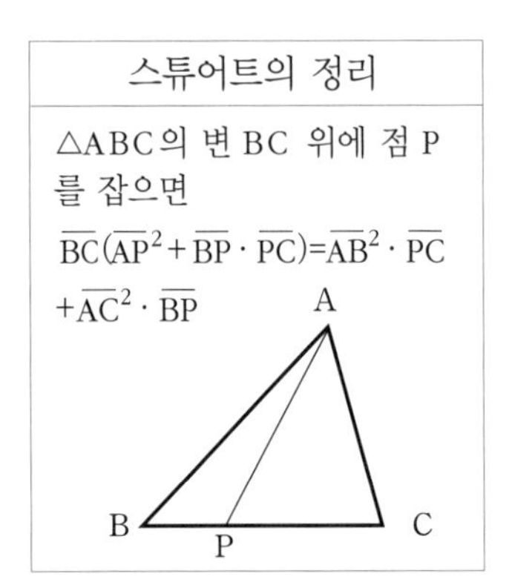

스튜어트의 정리
△ABC의 변 BC 위에 점 P를 잡으면
$\overline{BC}(\overline{AP}^2+\overline{BP}\cdot\overline{PC})=\overline{AB}^2\cdot\overline{PC}+\overline{AC}^2\cdot\overline{BP}$
A
B
P
C

풀이

(1) 제 2코사인 법칙에서 $\angle C=90°$이면, 즉 △ABC가 직각삼각형이면 피타고라스의 정리가 되므로, 피타고라스의 정리의 일반화가 제 2코사인법칙이다.

(2) 스튜어트의 정리에서 점 P가 $\overline{BC}$의 중점이면 $\overline{BP}=\overline{PC}$이고 $\overline{BC}=2\overline{BP}$

이므로 $2\overline{BP}(\overline{AP}^2+\overline{BP}^2)=\overline{AB}^2\cdot\overline{PC}+\overline{AC}^2\cdot\overline{BP}$에서

$2(\overline{AP}^2+\overline{BP}^2)=\overline{AB}^2+\overline{AC}^2$(파푸스의 정리)

을 얻는다.

따라서 파푸스의 정리의 일반화가 스튜어트의 정리이다.

예제 1.2

평면에서 직선의 정의는 두 점을 지나는 최단경로이다. 이 개념을 구면에서도 생각할 수 있는가? 생각할 수 있다면, 구면에서 한 직선을 그려보라. 또, 그 직선 밖의 한 점에서 여러 개의 직선을 그어 보라. 처음 직선에 평행인 직선을 그을 수 있는가?

평면에서 삼각형의 내각의 합은 180도이다. 구면에서 삼각형을 만든다면 삼각형의 내각의 합은 180도일까?

풀이

평면에서의 직선을 유추하여 구면에서 두 점을 지나는 대원을 직선으로 정의할 수 있다. 구면에서는 어느 대원도 만나므로 평행선은 없으며, 삼각형의 내각의 합은 180도보다 크다.

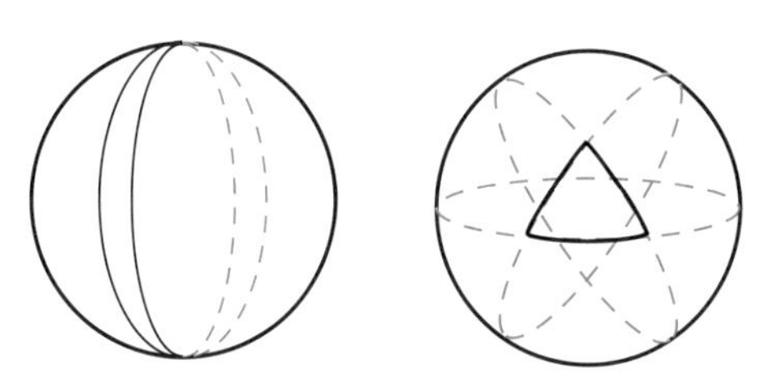

위와 같이 구면에서의 기하학을 연구한 대표적인 수학자가 리만이다. 리만의 구면기하학과 유클리드 기하학을 비교하면 다음표와 같다.

	유클리드기하학	구면기하학
직선	무한히 뻗어나가는 곧은선	대원
삼각형의 내각의 크기의 합	180°	180° 보다 크다
직선 위에 있지 않은 한 점을 지나고 직선과 평행한 직선의 개수	1개	0개

예제 1.3

다음 문제를 일반화한 문제를 만들고, 이 문제의 풀이를 이용하여 원래의 문제를 해결하라.

"밑면과 윗면이 정사각형인 사각뿔대의 부피를 구하라. 단, 밑면의 한 변의 길이는 10cm, 윗면의 한 변의 길이는 5cm, 높이는 6cm이다."

풀이

위 문제를 일반화하면, “윗면의 한 변의 길이가 a, 밑면의 한 변의 길이가 b인 정사각뿔대의 부피를 구하라”이다.

정사각뿔대를 연장하여 사각뿔을 그리면 다음 그림과 같게 된다.

이 때 점선으로 그려진 사각뿔의 높이를 h′라고 하면

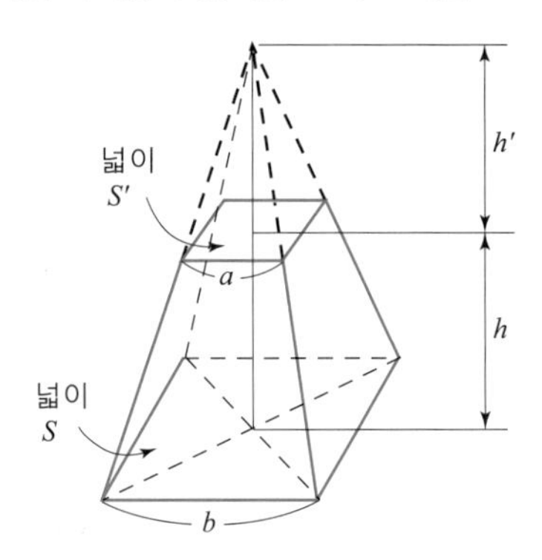

$$(\text{구하는 부피}) = \frac{1}{3}S(h+h') - \frac{1}{3}S'h'$$

$$= \frac{1}{3}[S(h+h') - S'h']$$

$$= \frac{1}{3}[Sh+(S-S')h'] \cdots\cdots (*)$$

그런데 $h' : (h'+h) = a : b$이므로 $h' = \frac{a}{b-a}h$이다.

이 식을 (*)에 대입하면

$$(\text{구하는 부피}) = \frac{1}{3}[b^2h+(b^2-a^2)\frac{a}{b-a}h]$$

$$= \frac{1}{3}[b^2h+(b+a)ah]$$

$$= \frac{1}{3}(a^2+b^2+ab)h$$

따라서, 이 공식에 $b = 10$, $a = 5$, $h = 6$을 대입하면

$$(\text{부피}) = \frac{1}{3}(5^2+10^2+5\cdot 10)\times 6 = 350(\text{cm}^3)$$

예제 1.4

아래 그림과 같이 두 척의 배가 각각 A, B 지점을 지나 일정한 속도로 P, Q 방향으로 진행하고 있다고 한다. 두 배가 가장 가까이 있을 때의 거리를 구하라. (단, 반직선의 길이는 배의 속도를 나타낸다.)

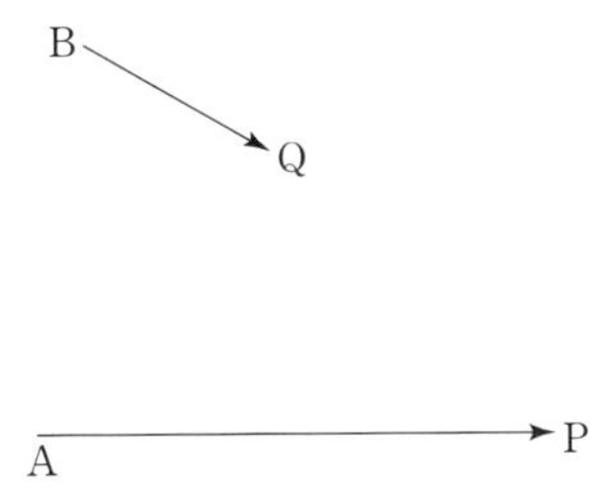

풀이

이 문제의 특수한 경우로서 A만 이동하고 B는 정지해 있다고 하면, A와 B의 가장 가까운 거리는 B에서 A가 지나는 경로에 수선을 세워 만들어진 선분의 길이이다. 이 방법을 이용하기 위하여 $-\overrightarrow{BQ}$ 만큼 바닷물이 이동한다고 생각하면, B는 고정되고 A는 $\overrightarrow{AP}$와 $-\overrightarrow{BQ}$가 이웃하는 두 변인 평행사변형의 대각선 방향으로 이동하게 된다. 따라서 두 배의 최단거리는, B에서 $\overrightarrow{AR}$방향의 직선에 수선을 세워 그 길이를 구하면 된다.

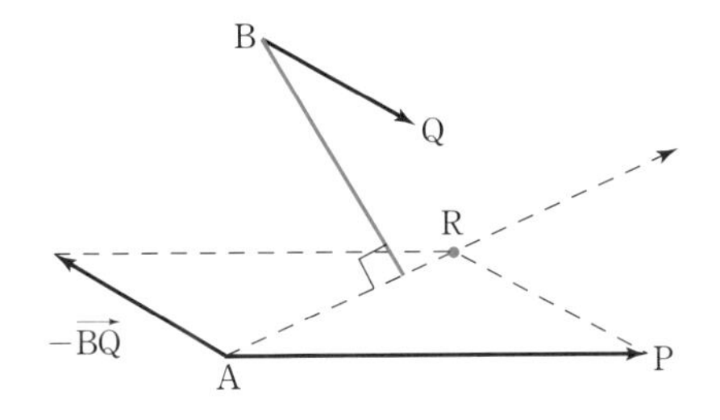

예제 1.5

아래 그림과 같은 직사각형 모양의 정원에 길이 있다. 길을 제외한 정원의 넓이를 구하라. 단, 가로로 평행하게 그은 선과 길이 만나 이루는 선분의 길이는 어느 곳에서나 같다고 한다.

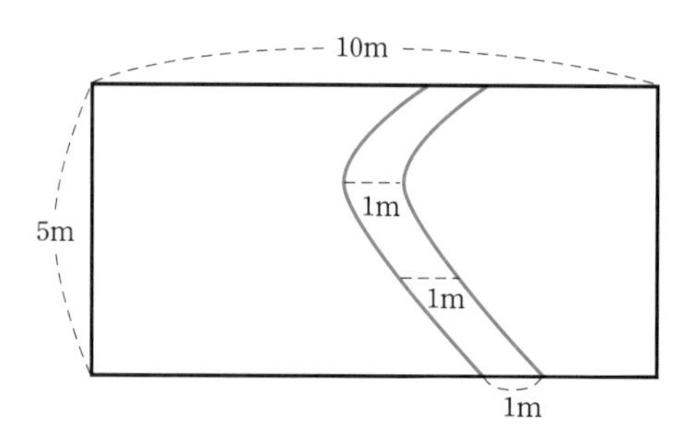

풀이

길의 넓이는 아래 그림의 오른쪽에 있는 작은 직사각형의 넓이와 같다. 따라서, 구하는 정원의 가로의 길이는 9m, 세로의 길이는 5m이므로 넓이는 45(m^2)이다.

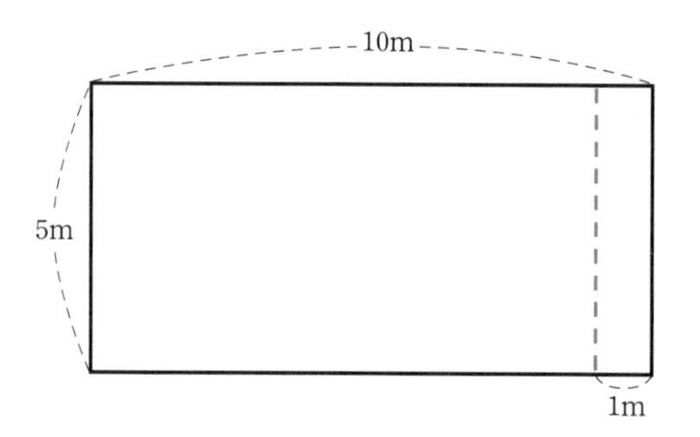

예제 1.6

어떤 배가 강물을 따라 내려가면 시속 20km, 강물을 거슬러 올라가면 시속 15km라고 한다. 강물을 따라 A에서 B까지 내려가면 거슬러 올라가는 경우보다 5시간이 더 빠르다고 한다. A와 B의 거리를 여러 방법으로 구하라.

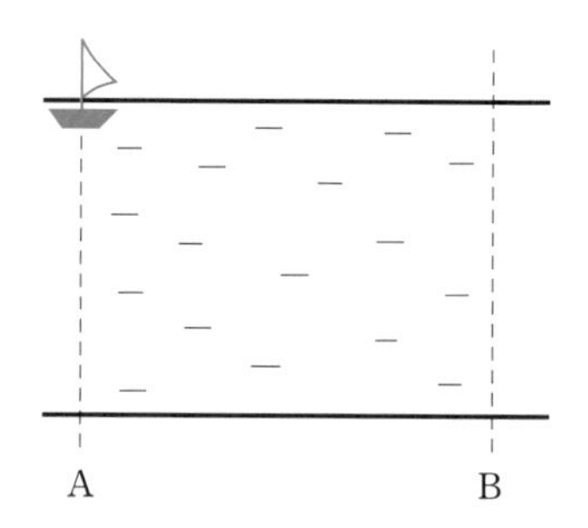

풀이

(방법1) 강물을 따라 내려가는 시간과 거슬러 올라가는 시간의 차이는 5시간이고, 올라가는 속력과 내려가는 속력의 차이는 시속 5km이다. 그런데, A, B의 거리는 두 배가 같이 이동한 시간 동안의 거리에 5시간 더 올라가는 거리를 합하면 된다. 따라서, 두 배가 같이 이동한 시간을 x라 하면

$$15(5+x)=20x$$

$$x=15$$

그러므로, A, B의 거리는 $15\times20=300$(km)

(방법2) A와 B의 거리를 x라 하면

(내려가는 데 걸리는 시간) + 5= (올라가는 데 걸리는 시간)

$$\frac{x}{20}+5=\frac{x}{15},\ 15x+1500=20x$$

$$\therefore x=300$$

그러므로 A, B의 거리는 300(km)

(방법3) 강물을 따라 내려가면 3분에 1km, 올라가면 4분에 1km를 가므로 움직인 거리가 1km일 때 내려가는 것이 1분 빠른 셈이다. 내려가는 것이 올라가는 것보다 5시간 (=300분) 빠르므로 움직인 거리는 300km이다.

(방법4) 내려가는 것이 올라가는 것보다 시간당 5km를 앞서므로 5시간에 총 75km를 앞섰다. 내려가는 것과 올라가는 것의 속도 차이가 시속 5km이므로 75km 차이가 나려면 배가 15시간동안 운행해야 한다. 내려가는 배가 시속 20km로 15시간동안 간 거리가 A, B의 거리이므로 300km이다.

(방법5) 올라가는 속도가 내려가는 속도의 $\frac{3}{4}$이므로 두 배가 이동한 거리의 차는 내려간 거리의 $\frac{1}{4}$이다. (내려가는 속도가 v이면 올라가는 속도는 $\frac{3}{4}v$이고, t시간 후 두 배가 이동한 거리의 차는 $vt-\frac{3}{4}vt=\frac{1}{4}vt$)

두 배의 속도차는 시속 5km이므로 5시간 75km의 거리차가 생긴다. 이것이 전체 거리의 $\frac{1}{4}$이므로 A, B의 거리는 300km이다.

EXERCISE

첫째 날 연습문제

01 유추적 사고와 발전적 사고를 예를 들어 설명하라.

02 서로 수직인 세 직선 위에 A, B, C 세 점을 각각 잡아 그림과 같은 사면체를 만든다. △ABC의 세변의 길이를 각각 a, b, c라 하고, $\overline{OA}$, $\overline{OB}$, $\overline{OC}$를 각각 p, q, r이라 하자.
△ABC, △OAB, △OBC, △OCA의 넓이를 각각 S, S_1, S_2, S_3라 할 때, 이들의 관계식을 피타고라스의 정리를 유추하여 $S^3=S_1^3+S_2^3+S_3^3$로 추측하였다. 이 추측이 옳은 지 판단하여라. 틀리다면 옳은 관계식을 찾아라.

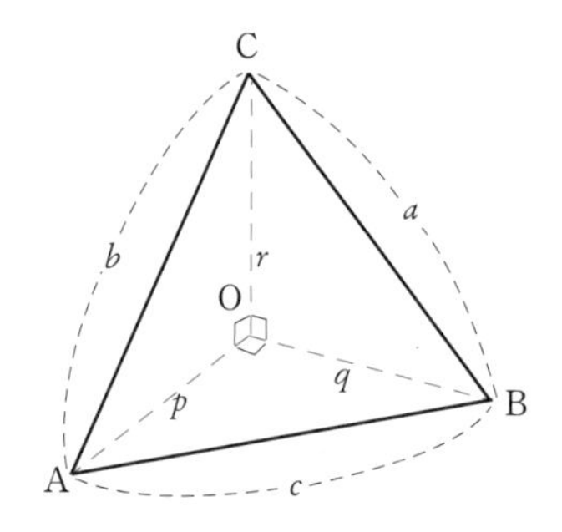

03 윗면의 둘레의 길이가 m, 아랫면의 둘레의 길이가 n, 모선의 길이가 h인 원뿔대의 옆면의 넓이를 구하라. 또, 윗변의 길이가 m, 아랫변의 길이가 n, 높이가 h인 사다리꼴의 넓이를 구하고, 원뿔대의 옆면의 넓이와 비교하라.

04 다음 왼쪽 그림을 재배치한 것이 오른쪽 그림임을 이용하여 $a^2+b^2=c^2$을 설명하라. 단, 삼각형은 모두 직각삼각형이고 합동이다.

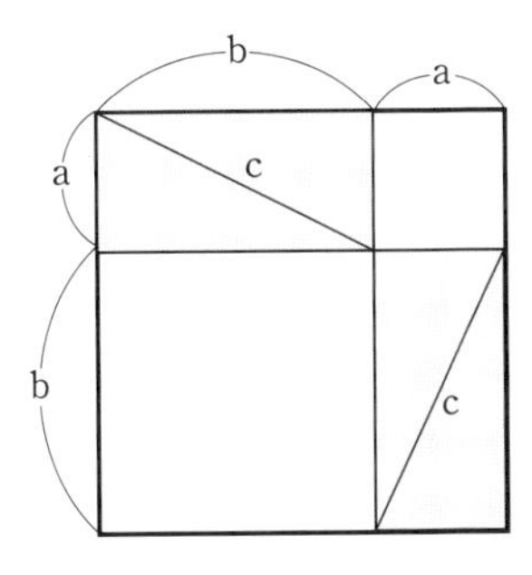

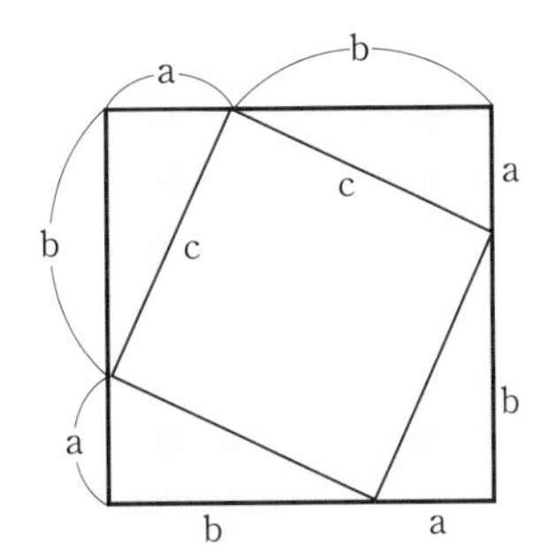

05 디오판투스의 묘비에 이런 기록이 있다. 디오판투스의 나이를 구하라.

사랑하는 묘에
디오판투스여 잠드소서.
아 위대한 사람이여!
그 생애의 6분의 1을
어린이로서 보내고
12분의 1 세월 뒤에는
볼 전체에 수염이 가득
그 후 7분의 1
화촉을 밝혔지요.
결혼한 후 5년 뒤
한 명의 아들을 내려주시네.
아, 불쌍한 자식이여!
아버지의 전 생애의 반으로서
그의 세상을 마치네!
아버지, 디오판투스
그 비극의 4년 뒤 생애를 마치네.

06 (1) 한 평면 위에 정사각형과 그 밖에 한 점이 있다. 이 점을 지나는 직선을 그어 정사각형의 넓이를 2등분하라.

(2) 정오각형에 대해서도 과제를 수행하라.

(3) 정n각형에 대하여 일반화하라.

07 다음 식을 만족하는 각 문자의 값을 구하라. (단, 각 문자는 0부터 9까지의 서로 다른 수를 나타낸다.)

$$\begin{array}{r} \text{S E N D} \\ +\ \text{M O R E} \\ \hline \text{M O N E Y} \end{array}$$

08 다음은 일반화를 해 나가는 과정이다.

(1) 다음이 옳은 지 확인하라.

- 연속하는 두 자연수의 합은 2로 나누어지지 않는다.
- 연속하는 세 자연수의 합은 3으로 나누어지지 않는다.
- 연속하는 네 자연수의 합은 4로 나누어지지 않는다.

(2) 위 과정을 계속할 때, 일반화된 명제를 쓰고, 그것을 증명하거나 반례를 들어라.

09 벽에 그림이 걸려 있다. 그림의 높이는 2m이며 그림의 밑변은 당신의 눈의 높이보다 1m 더 높게 걸려 있다. 이 그림이 걸려 있는 벽으로부터 얼마나 멀리 떨어져 있어야 그림을 바라보는 각이 최대가 되는가? 이 최대의 각은 몇 도인가?

10 형과 동생이 학교까지 걸어가는데, 형은 30분, 동생은 40분이 걸린다. 형이 동생보다 5분 뒤에 출발하면, 형이 출발 한 지 몇 분 뒤에 동생을 만나겠는가?(세 가지 방법으로 구하라.)

11 다음 그림은 정사각형 세 개를 붙여 만든 직사각형에서 생기는 두 각의 크기 α, β 를 나타내고 있다. α+β의 값을 구하라. (단, 고등수학을 사용하지 말고 풀 것)

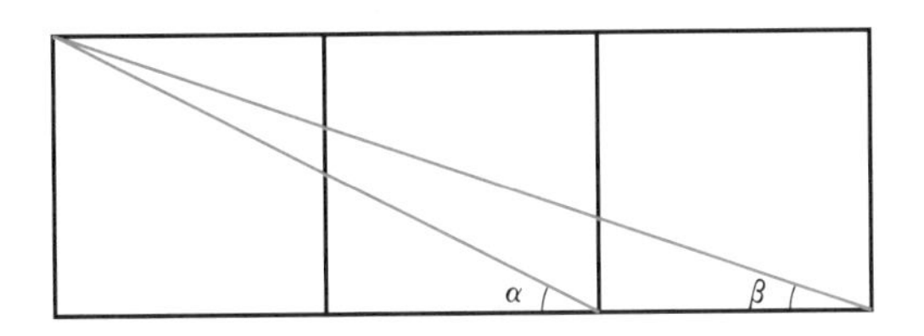

12 오른쪽 그림은 크기가 같은 정사각형 5개를 붙여 만든 것이다. $\overline{AB}=15\text{cm}$일 때, 작은 정사각형 1개의 넓이를 구하라.
(단, 피타고라스의 정리를 이용하지 말 것)

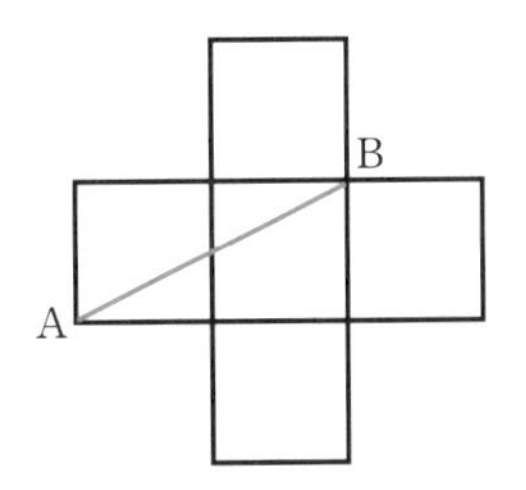

13 좌표평면 위의 두 점 $P(x_1, y_1)$, $Q(x_2, y_2)$의 거리 d를 $d(P, Q)=|x_2-x_1|+|y_2-y_1|$ 으로 정의 할 때, 다음을 좌표평면에 나타내라.

(1) 원점이 중심이고 반지름의 길이가 2인 원

(2) $A(-1, 1)$, $B(3, 5)$에 대하여 $d(A, P)+d(B, P)=d(A, B)$를 만족시키는 점 P의 자취

쉼

수학자들은 위대한 정리를 어떻게 발견하였을까?

수학에는 위대한 발견이 많이 있다. 피타고라스의 정리, 미적분의 기본정리, 페르마의 마지막 정리와 같은 많은 정리와 0, 좌표, 복소수, 벡터 등 수많은 개념의 발견 등은 인류의 위대한 자산이라고 할 수 있다.

그렇다면 수학자들은 위대한 정리나 개념을 어떻게 발견하게 되었을까?

먼저 수학 및 과학계에 큰 업적을 남긴 뉴턴(1642~1727)은 이 질문에 이렇게 답했다고 한다.

"그것을 발견해 낼 때까지 언제까지고 계속 생각했습니다. 그 문제를 앞에 놓고 생각하면서 한 줄기 빛이 들어와 그것이 점차 밝아져 분명해질 때까지 참을성있게 기다렸습니다."

한편, 어떤 수학자는 위대한 정리나 개념을 금방 생각해 내기도 했다. 가우스(1777~1855)는 어린 시절 1부터 100까지의 합을 구하라는 문제를 바로 풀었고, 인도 수학자 라마누잔은 많은 정리를 짧은 시간에 푼 것으로 유명하다. 라마누잔(1887~1920)은 영국의 식민지배 당시 인도에서 고등학교 교육밖에 못 받았지만 엄청난 정리들을 발견해낸 천재 수학자였다. 가끔 라마누잔은 자신이 발견한 정리를 꿈속에서 여신이 알려주었다고 말한 적도 있었다. 그러나 자신이 그토록 놀라운 발견을 할 수 있었던 비결을 묻자, 온통 분필로 더러워지고 해져 있었던 팔꿈치를 보여 주었다. 칠판에 계산하면서 지우개로 지울 여유도 없이 팔꿈치로 문질렀을 정도로 몰

두하였던 것이다.

이러한 수학자들도 잘못된 추측을 하는 경우가 있었는데, 페르마(1601~1665)는 천재도 빗나간 추측을 할 수 있다는 것을 보여주는 대표적인 인물이다. 그는 $F_n = 2^{2^n} + 1$ (n은 0이상의 정수)꼴의 수는 모두 소수라고 추측했다. 이 추측은 $F_0 = 3$, $F_1 = 5$, $F_2 = 17$, $F_3 = 257$, $F_4 = 65537$까지는 맞았지만, $F_5 = 4,294,967,297 = 641 \times 6,700,417$이므로 소수가 아니어서 잘못된 것이었다. 최근에 컴퓨터로 계산한 결과 4이후로는 소수가 발견되지 않았다.

한편, 푸앵카레(1854~1912)는 위대한 발견의 과정을 다음과 같이 소개하였다.

새로운 문제를 풀기 위해 열심히 의식적인 노력을 하고, 그 생각들이 잠재 의식 속에서 부화되도록 여유를 가지며, 잠 못 이루는 밤을 보내고 어느 정도의 시간이 흐른 후, 갑작스러운 영감이 떠올라 위대한 발견이 이루어진다.

푸앵카레의 말처럼 수학을 향한 열정으로 새로운 문제를 해결하기 위해 빠져들지 않는다면 위대한 발견을 할 수 없을 것이다.

Mathematics Journey

폴리아
G. Polya(1887~1985)

1887년 헝가리 부다페스트에서 출생하여 김나지움에서 라틴어와 그리스어, 독일어, 헝가리어를 배웠다. 다른 과목에서는 우수했으나 수학에는 특별한 재능을 보이지 않아 대학에서는 법, 언어와 문학 등을 공부하다 알렉산더 교수의 권유로 페제르(Fejer) 교수에게서 물리학과 수학을 배우면서 수학에 눈을 뜨게 되었다. 이후 스위스를 거쳐 미국으로 간 그는 스탠포드 대학에서 강연하였고, 은퇴해서도 수학 교육에 관심을 가지고 연구를 계속하였다.

둘째 날

문제해결

01 문제해결 사고단계

다른 분야에서와 마찬가지로 수학에서도 어떤 현상에 대한 의심 속에서 실종된 자기 자신을 찾다 보면 종종 새로운 발견에 반쯤 다가서 있는 경우가 많다.

– 디리클레 Dirichlet(1805~1859, 독일 수학자)

우리는 매 순간 문제에 부딪히고 그것을 해결하는 과정을 겪게 된다. 목적지까지 갈 때 버스를 탈 것인지 기차를 탈 것인지, 이 일을 하는 데 얼마의 시간이 걸릴 지, 여러 경우 중에서 가장 적절한 것은 무엇인지 등 선택하고 판단해야 할 일이 늘 닥쳐온다. 이러한 문제를 해결하기 위해서 우리는 은연중에 수학적인 사고를 동원하게 된다. 그렇다면 우리는 어떻게 해야 문제를 잘 해결할 수 있을까? 이번 장에서는 이 문제에 대한 답을 얻고자 한다.

어떤 문제의 풀이가 명쾌하고 한번에 그 과정을 이해할 수 있을 때 우리는 어떻게 이런 풀이를 생각해 냈는지 궁금하게 된다. 그는 어떤 사고 훈련을 통해 이런 멋진 풀이를 발견할 수 있었을까? 그에게는 문제를 해결하는 특이한 사고체계가 있는 게 아닐까?

수학 분야에서 이러한 문제의식을 발전시켜 문제해결 사고단계를 연구한 대표적인 인물이 폴리야(G. Polya)이다. 그는 문제해결에 유용한 사고과정을 동원할 수 있는 적절한 질문과 권고를 체계적으로 구사하여 문제에 도전하고, 독자적인 탐구과정을 통해 스스로 발견할 기회를 가지면 문제해결력을 기를 수 있다고 말한다.

그는 문제를 잘 해결할 수 있는 사고의 과정은 '문제의 이해, 풀이계획의 수립, 풀이, 반성' 의 네 단계로 이루어진다고 주장한다. 먼저, 우리는 문제를 '이해' 하여야 한다. 즉, 구하는 것이 무엇이고 주어진 것이 무엇인지 분명하게 알아야 한다. 둘째, 우리는 구하는 것이 주어진 것과 어떻게 연결되는 지 알아내어 풀이에 대한 아이디어를 얻고 풀이계획을 세워야 한다. 셋째, 풀이계획을 실행해야 한다. 넷째, 완성된 풀이를 되돌아보고 다시 검토하고 토의하여야 한다. 이러한 네 단계별로 사고에 도움이 되는 적절한 발문과 권고가 덧붙여진다. 이 4단계 사고과정과 각 단계별로 제시된 발문 · 권고를 잘 이해하고 그 이면에 숨은 의미를 파악한다면 우리는 '문제해결에 유용한 전형적인 사고과정'을 체득할 수 있다.

문제해결 4단계

1단계 – 문제에 대한 이해
2단계 – 풀이계획 수립
3단계 – 풀이 실행
4단계 – 반성

이제 문제해결 사고 4단계에 대해 자세히 알아보자.

1. 문제에 대한 이해

문제를 '이해' 하기도 전에 곧바로 풀이를 시도하는 사람이 있다. 그러나 구하는 것이 무엇이며 조건과 어떤 주된 관련이 있는지 이해하지도 못한 채 세부적인 풀이를 시도하는 것은 의미가 없다. 그것은 목적지도 없이 마구 달리는 것과 같다.

우리가 문제를 잘 이해하려면 다음과 같은 발문과 권고가 필요하다.

- 구하는 것은 무엇인가? (목표에 집중하기)
- 주어진 자료 또는 조건은 무엇인가? (문제의 주요 부분에 주목하기)
- 조건은 구하는 것을 결정하기에 충분한가? (조건에 주목하여 문제 조망하기)
- 그림을 그리고 적절한 기호를 붙여라.
- 조건을 여러 부분으로 분해하여 써 보라.

문제를 이해하려면 무엇보다도 문제를 설명하는 진술을 잘 이해해야 한다. 또한 문제의 주요 부분, 즉 구하는 것, 자료, 조건 등을 말할 수 있어야 한다. 그러기 위해서 우리는 문제의 주요부분을 주의깊게 반복하여 여러 측면에서 살펴보아야 한다. 문제와 관련 있는 그림이 있다면 그림을 그리고, 기호를 붙여 식을 만들어야 한다.

예제 2.1

두 배가 오전 9시 정각에 같은 항구에서 동시에 출발한다. 한 배는 시속 5km로 20° 방향으로, 다른 배는 시속 12km로 110° 방향으로 움직인다면 2시간 후 두 배의 떨어진 거리를 구하라.(단, 배가 움직이는 각도는 같은 방향의 접안시설에서 잰 것이다.)

풀이

문제에서 구하는 것은 두 배 사이의 거리이다. 주어진 조건은 출발 후 어느 방향으로 얼마만큼 갔는가이다. 두 배가 동시에 출발하여 어떤 방향으로 얼마만큼 가게 되면 두 배 사이의 거리는 하나로 결정되므로 주어진 조건은 구하는 것을 결정하기에 충분하다. 이 문제 상황을 잘 이해하려면 '그림을 그리고 적절한 기호를 붙여라'는 권고를 이용하는 것이 좋다.

주어진 문제를 그림으로 그리고 기호를 붙이면 다음과 같다.

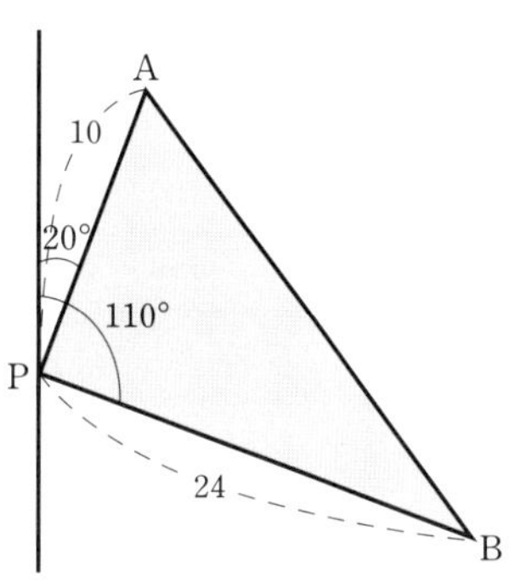

그림을 통해 알 수 있듯이

$$\angle APB = 110° - 20° = 90°$$

이므로 피타고라스 정리를 쓰면

$$\overline{AB} = \sqrt{10^2 + 24^2} = 26$$

(5, 12, 13이 직각삼각형의 세 변이므로 10, 24, 26도 직각삼각형의 세 변이 됨을 이용하면 더 쉽다.)

문 제 2 . 1

단면의 반지름의 길이가 10cm로 모두 같은 세 통나무가 서로 접하면서 밴드로 꽉 조여져 있다. 밴드의 길이를 구하라.

2. 풀이계획 수립

문제를 잘 이해했으면 어떤 전략을 사용하여 문제를 해결할 수 있을지 계획을 세워야 한다. 문제를 해결할 수 있는 좋은 생각은 보통 이전에 풀어 본 문제와 풀이에 바탕한 것이다. 따라서 가장 먼저 생각해 볼 수 있는 것은 이전에 풀어 보았던 문제와 어떤 관련이 있는 지 알아보는 것이다. 이와 관련하여 문제풀이 계획을 잘 세우기 위해서는 다음과 같은 발문과 권고가 필요하다.

- 이전에 같은 문제나 형태가 약간 다른 문제를 본 적이 있는가?
- 구하는 것이 같거나 유사한 문제가 있는가?
- 문제를 다르게 진술할 수 있는가?
- 보다 단순한 문제, 보다 일반적인 문제, 보다 특수한 문제는 무엇인가?
- 구하는 것이나 자료를 변형하면 문제가 풀리는가?

집을 지을 때 재료가 필요한 것처럼 문제를 해결하는 데도 재료가 필요하다. 그것은 전에 풀어 본 문제, 이전에 얻은 수학지식들이다. 따라서 문제를 해결할 때는 다음 발문으로 시작하는 것이 좋다. '관련된 문제를 알고 있는가?' 이전에 풀어 본 문제를 찾았지만 너무 많다면 어떻게 골라야 하는가? 이 때 필요한 발문이 '구하는 것이 같거나 유사한 문제가 있는가?' 이다.

지금 문제와 밀접하게 관련된 문제를 찾았지만 둘을 연결시키기가 어려울 수 있다. 이 때 우리는 다음과 같은 발문을 던져 본다.

'문제를 다르게 진술할 수 있는가?', '보다 단순한 문제, 보다 일반적인 문제, 보다 특수한 문제는 무엇인가?'

이러한 사고가 문제를 해결하는 좋은 계획으로 안내해 줄 것이다. 예를 들어, 사면체의 무게중심을 찾는 문제를 풀어보자.

우리는 이전에 이와 유사한 문제를 푼 적이 있는가? 무게중심을 구하는 문제는 삼각형에서 다룬 바 있으므로, 사면체의 무게중심을 찾는 문제를 잠시 뒤로하고 삼각형의 무게중심을 구하는 문제를 풀어보자. 삼각형의 무게중심은 세 중선의 교점이다. 그 이유는 삼각형을 아래 그림과 같이 한 변에 평행하게 칼로 잘게 자르면 얇은 띠가 생기는데 각 띠의 무게중심은 중점이 되고, 이러한 중점이 모인 선 위에 삼각형의 무게중심이 있게 된다. 이렇게 자르는 일을 다른 두 변에 평행하게 해도 같은 주장을 할 수 있게 된다. 따라서 삼각형의 무게중심은 세 중선의 교점이 될 수밖에 없다.

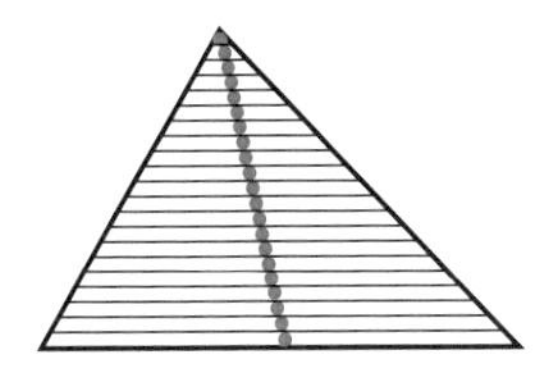
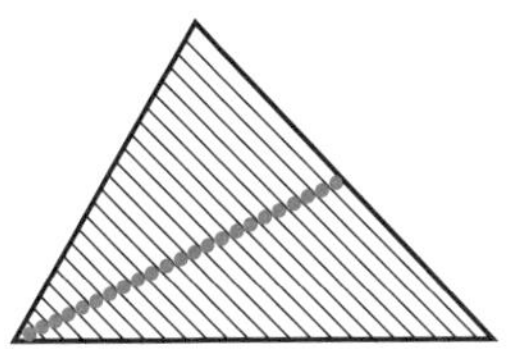
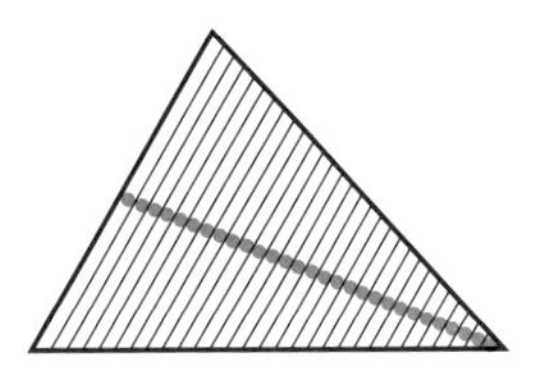

이제 사면체의 무게중심 문제로 되돌아오자. 사면체 ABCD를 밑면과 평행한 면으로 잘게 자르면 얇은 면이 생긴다. 각 면의 무게중심은 삼각형의 중선 위에 존재하므로, 사면체의 무게중심은 다음 그림처럼 중선으로 이루어진 면(중면) 위에 있다. 그림의 중면은 모서리 CD를 포함하는 평면으로 사면체를 자를 때 생기는 단면이다. 사면체에는 여섯 개의 모서리가 있으므로, 각 모서리를 포함하는 평면으로 사면체를 자를 때 여섯 개의 중면이 생기게 된다. 삼각형의 무게중심이 세 중선의 교점이므로 사면체의 무게중심은 이 중면들의 교점이 된다.

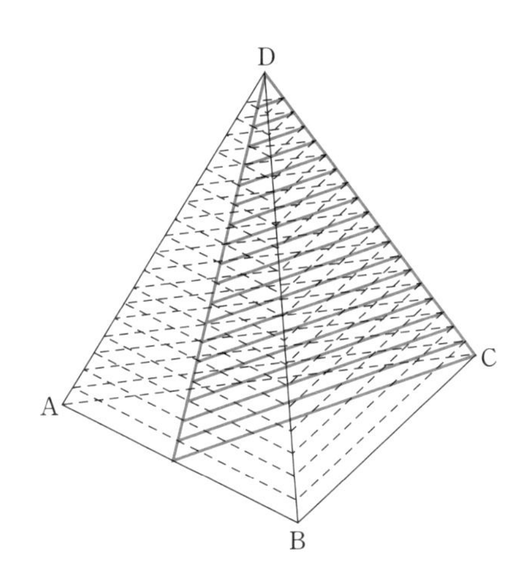

예제 2.2

그림과 같이 직사각형의 내부에 한 선분이 어떤 변에 평행하게 놓여 있다. 선분의 끝점과 직사각형의 꼭지점의 거리를 각각 a, b, c, d라 할 때, 이들의 관계식을 구하라.

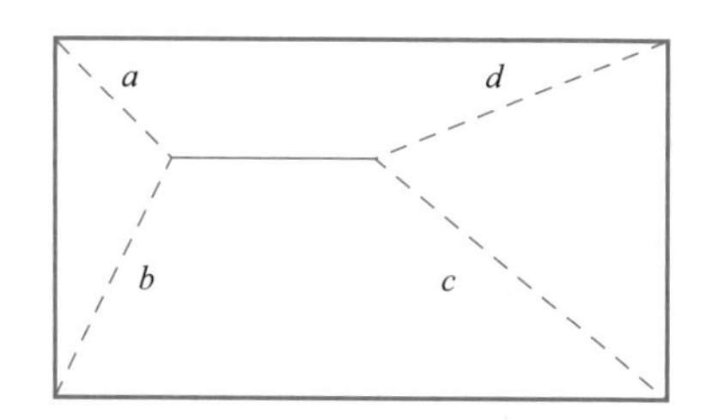

풀이

이 상황에서는 보다 특수한 문제가 무엇인지를 고려하면 쉬워진다. 직사각형 내부의 선분이 윗변의 일부가 되는 경우를 생각하면 다음 그림과 같다.

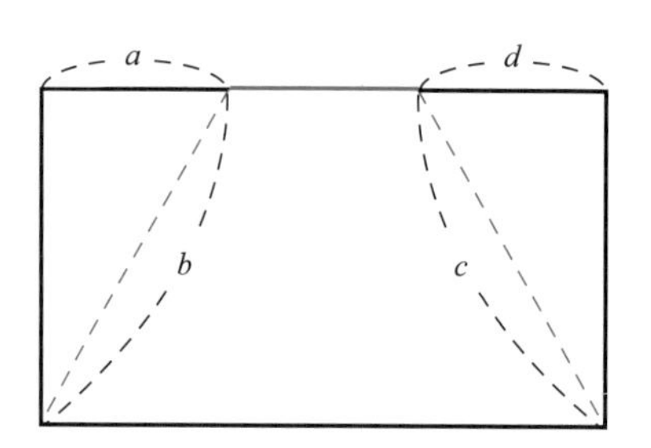

이 경우 직사각형의 좌변과 우변의 길이는 같으므로 피타고라스의 정리에 의해 $b^2-a^2=c^2-d^2$ 즉, $a^2+c^2=b^2+d^2$이 성립한다.

이제 이 관계식이 일반적으로 성립하는지 확인해 보자.

a^2, b^2, c^2, d^2을 식으로 나타내기 위하여 a, b, c, d가 빗변인 직각삼각형을 아래와 같이 만들고 각 변의 길이를 그림과 같이 잡자.

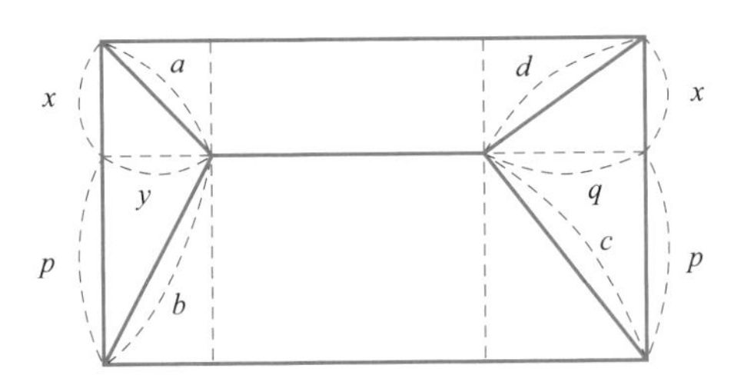

피타고라스의 정리를 이용하면

$$a^2=x^2+y^2, \quad b^2=p^2+y^2$$
$$c^2=p^2+q^2, \quad d^2=x^2+q^2$$
$$\therefore \ a^2+c^2=b^2+d^2$$

문제 2.2

주어진 삼각형 안에 내접하는 정사각형을 작도하고자 한다. 어떻게 하면 될까? (단, 삼각형에 정사각형이 내접한다는 것은, 정사각형의 두 꼭지점은 밑변 위에 놓이고 다른 두 꼭지점은 삼각형의 나머지 두 변 위에 각각 하나씩 놓이는 것을 말한다.)

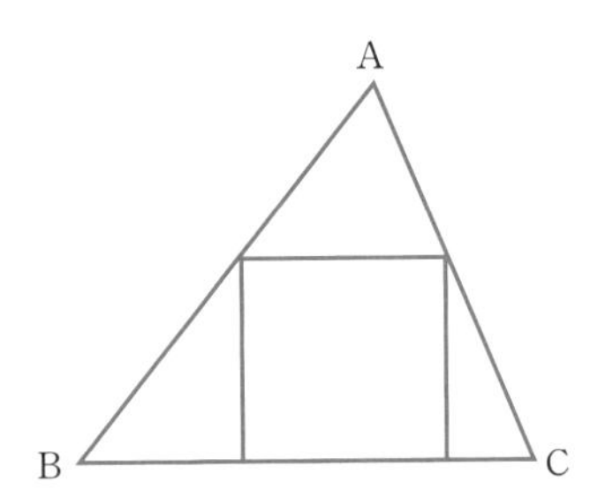

3. 문제풀이 실행

문제를 잘 이해하여 풀이계획을 세웠으면, 그 풀이계획에 따라 문제를 푼다. 계산 기술을 사용하거나 기하학적 도구를 사용하여 문제를 풀되, 각 단계를 점검한다. 각 단계는 올바른가? 그것이 옳다는 것을 증명할 수 있는가? 스스로 질문하며 문제를 해결해 나간다.

4. 반성

상당히 우수한 학생일지라도 어떤 문제를 잘 풀었으면 금방 다른 문제로 넘어간다. 그 결과 중요하고 교훈적인 사고 단계인 반성단계를 빠뜨린다. 완성된 풀이를 검토하고 그 결과와 그것에 이르게 된 과정을 재고하는 것은 획득한 지식을 견고하게 하고 문제를 해결하는 능력을 발달시켜 준다. 우리는 누구나 충분한 연구와 통찰을 통해 풀이를 개선할 수 있으며, 그 풀이를 더 잘 이해할 수 있게 된다. 이와 같은 사고단계인 '반성'에는 다음과 같은 발문과 권고가 필요하다.

- 풀이과정과 결과를 점검할 수 있는가?
- 풀이를 한눈에 알아볼 수 있는가?
- 다른 풀이는 없는가?
- 결과나 방법을 다른 문제에 활용할 수 있는가?

문제를 풀었지만 그 풀이에는 항상 오류가 있을 수 있다. 특히 논증과정이 길고 복잡한 경우는 더욱 그렇다. 따라서, 우리는 문제풀이를 완성한 후 그 풀이를 검토하고 점검할 수 있어야 한다. 어느 과정에서 비약이나 추측은 없었는지, 섣부른 일반화를 시도하지는 않았는지, 풀이과정을 다른 사람에게 설명할 수 있는지 살펴보아야 한다. 풀이는 한눈에 알아볼 수 있는 좋은 풀이인가? 다른 방법으로 더 좋은 풀이를 만들 수는 없는가? 이 풀이를 다른 문제에 활용할 수는 없는가? 이러한 반성은 우리에게 여러 수학적 주제들이 서로 연관되어 있음을 알 수 있는 좋은 기회를 제공한다. 반성의 한 예로 다음 문제의 풀이를 살펴보자.

예제 2.3

길이가 $12m$인 쇠봉으로 축구 골대를 만들려고 한다. 골대의 넓이를 가장 크게 만들려면, 골포스트의 높이를 얼마로 해야 하는가?

풀이

오른쪽 그림과 같이 골포스트의 높이를 x라 하면 크로스바의 길이는 $12-2x$이다.

(골대의 넓이)

$=x(12-2x)=-2x^2+12x=-2(x^2-6x)$

$=-2(x-3)^2+18$

따라서, 골대의 넓이가 가장 크게 되는 x의 값은 3(m)이다.

반성

(1) 다른 풀이는 없는가?

$2x$와 $12-2x$ 두 값은 모두 양수이고, 합이 12로 일정하다. 따라서 산술평균, 기하평균의 관계를 이용하면

$$2x+(12-2x)\ge 2\sqrt{2x(12-2x)}$$

$2x(12-2x)$의 값이 최대가 되는 것은 등호가 성립할 때이므로

$2x = 12 - 2x$ $\therefore x = 3$

(2) 풀이의 결과 무엇을 알 수 있나?

골포스트와 크로스바의 길이의 비를 구해보면 다음과 같다.

$$3 : (12 - 2 \cdot 3) = 3 : 6 = 1 : 2$$

즉, 골포스트와 크로스바의 길이가 $1:2$일 때 골대의 넓이가 가장 크다.■

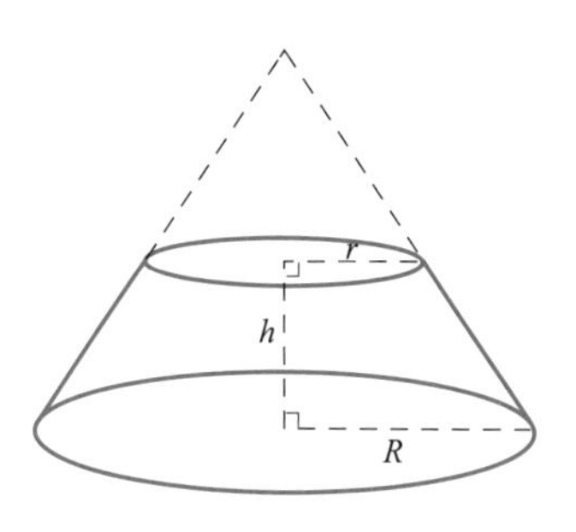

또 다른 예로, 원뿔대의 옆넓이를 구하는 공식을 여러 가지로 해석할 수 있다.

밑면의 반지름이 R, 윗면의 반지름이 r, 높이가 h인 원뿔대의 옆넓이 S를 구하면

$$S = \pi(R + r)\sqrt{(R - r)^2 + h^2}$$

(옆넓이는 큰 원뿔의 옆넓이에서 작은 원뿔의 옆넓이를 빼면 된다. 이것을 R, r, h를 이용하여 나타내면 위 공식을 얻는다.)

이 결과를 원뿔대의 다른 요소와 연결하여 생각할 수는 없는가? 이 질문에 답하기 위해 공식의 각 부분을 자세히 살펴보자.

$\sqrt{(R - r)^2 + h^2}$은 옆면의 높이임을 알 수 있다.(옆면의 높이란 원뿔대의 모선의 길이를 말함, 다음 그림에서 굵은 선으로 표시)

또한 $\pi(R + r) = \dfrac{2\pi R + 2\pi r}{2}$은 원뿔대의 밑면의 둘레와 윗면의 둘레의 산술평균임을 알 수 있다. 즉, $\pi(R + r)$은 원뿔대의 중앙단면의 둘레가 된다. (중앙단면이란 원뿔대의 밑면과 윗면에 평행하고 높이를 이등분하도

■ 실제 골포스트의 높이는 2.44m이고, 크로스바의 길이는 이 길이의 세 배인 7.32m이다.

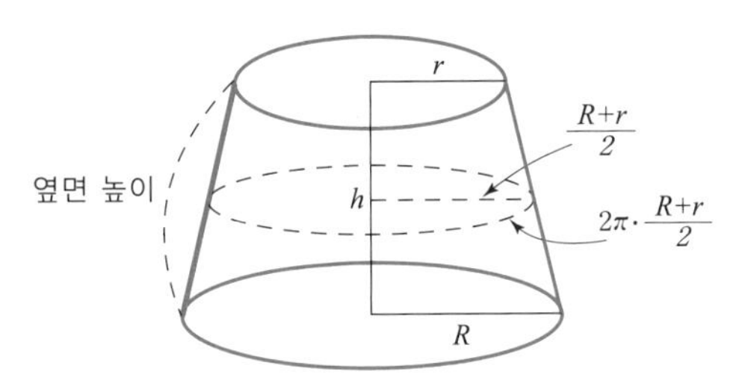

록 원뿔대를 잘랐을 때의 단면임)

또는 $\pi(R+r)=2\pi\times\frac{R+r}{2}$로 보아도 $\frac{R+r}{2}$이 윗면과 아랫면의 원의 반지름의 산술평균, 즉 중앙단면의 원의 반지름이므로 $2\pi\times\frac{R+r}{2}$은 중앙단면의 원의 둘레임을 알 수 있다.

따라서 원뿔대의 옆넓이는

$$중앙단면의 둘레 \times 옆면 높이$$

이다.

그런데 이것은 사다리꼴의 넓이를 구하는 공식

$$S=\frac{a+b}{2}\times h\ (중앙선의 길이 \times 높이)$$

와 유사하다.

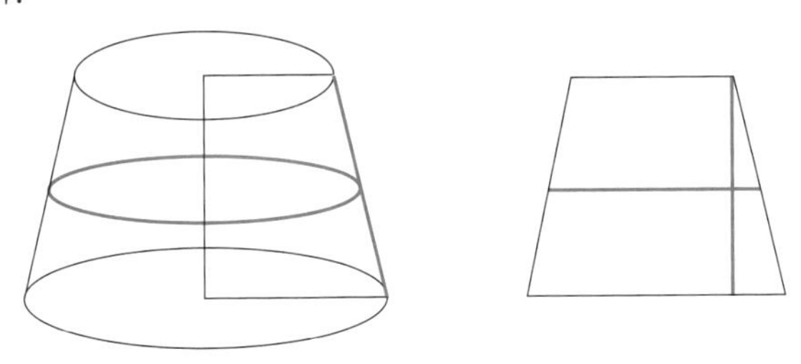

3차원 공간의 도형인 원뿔대에 2차원 평면의 사다리꼴을 대응시키면 중앙단면의 둘레는 중앙선의 길이가 되고 옆면 높이는 사다리꼴의 높이가 되는 셈이다.

예제 2.4

직육면체의 세 변의 길이를 각각 a, b, c라 할 때 대각선의 길이를 구하는 문제를 풀었더니, $\sqrt{a^2+b^2+c^2}$이라는 결과가 나왔다. 다음과 같은 반성을 해 보자.

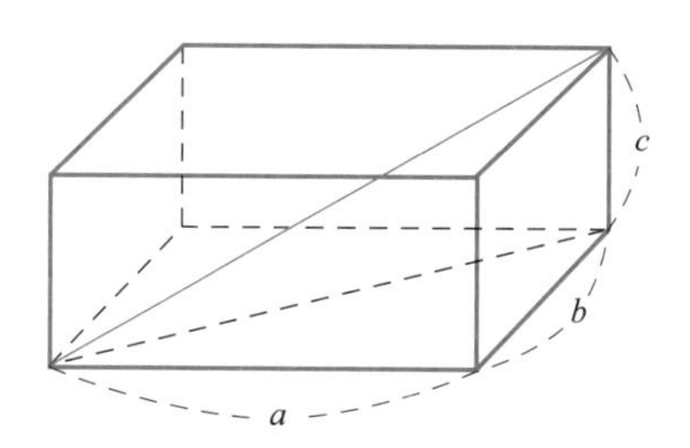

(1) $c=0$이 되면 이 공식은 어떤 공식이 되는가?

(2) 세 변의 길이를 각각 두 배로 하면 부피는 처음의 몇 배가 되는가? 또 대각선 길이는 처음의 몇 배가 되는가?

(3) 정육면체의 대각선 길이는 무엇인가?

풀이

(1) $c=0$이 되면 이 공식은 $\sqrt{a^2+b^2}$이 되어 피타고라스 정리가 된다.

(2) 세 변의 길이를 각각 두 배로 하면 $2a$, $2b$, $2c$가 되므로

$$(\text{부피})=(2a)\times(2b)\times(2c)=8abc$$

처음 부피가 abc이므로, 부피는 처음 부피의 8배가 된다.

$$(\text{대각선의 길이})=\sqrt{(2a)^2+(2b)^2+(2c)^2}=2\sqrt{a^2+b^2+c^2}$$

따라서, 대각선의 길이는 처음의 두 배가 된다.

(3) 정육면체에서는 $a=b=c$이므로 대각선 길이는

$$\sqrt{a^2+b^2+c^2}=\sqrt{3a^2}=\sqrt{3}a$$

02 문제해결 전략

나무가 크면 클수록 그 뿌리가 깊듯이 모든 위대한 성과는 장구한 준비가 필요하다. 당장의 어떠한 생각 하나가 단번에 성과를 가져오는 것은 아니다.

– 동양 격언

앞에서 우리는 문제를 잘 해결할 수 있는 네 단계 사고과정에 대해 알아보았다. 이제는 문제풀이 계획을 세우거나 문제를 푸는 데 자주 활용되는 사고전략에 대하여 알아보자. 이러한 사고전략이 자신도 의식하지 못한 채 활용되면 그는 문제를 잘 해결하는 사람이 되는 것이다.

문제풀이에 전형적으로 유용한 사고전략에는 규칙성 찾기, 식 세우기(방정식 활용하기), 거꾸로 풀기, 단순화하기, 예상과 확인, 그림 그리기, 표 만들기, 특수화하기 등이 있다. 각각을 자세히 살펴보자.

1. 규칙성 찾기

주어진 문제를 해결하기 위하여 이 문제와 관련된 어떤 일반적인 성질이나 법칙을 찾아내야 하는 경우가 있다.

예를 들어, $1^3+2^3+3^3+\cdots+10^3$을 구하는 문제를 생각해 보자.

각각을 계산하여 합을 구해도 되지만 이 문제와 관련된 규칙을 찾아 해결해 보자.

$$1^3=(1)^2$$

$$1^3+2^3=(1+2)^2$$

$$1^3+2^3+3^3=(1+2+3)^2$$

$$1^3+2^3+3^3+4^3=(1+2+3+4)^2$$

위 식은 모두 성립한다. 이 문제와 관련된 규칙은 무엇인가?

$1^3+2^3+3^3+\cdots+n^3=(1+2+3+\cdots+n)^2$이다.

만일 이 규칙이 맞다면 답은 다음과 같다.

$$1^3+2^3+3^3+\cdots+10^3=(1+2+3+\cdots+10)^2=55^2=3025$$

이 규칙이 성립하는지는 수학적 귀납법으로 증명할 수 있다.

이렇게 문제와 관련된 규칙을 찾고 이것을 이용해 문제를 해결하는 것은 문제해결에서 매우 중요한 전략이다.

또 다른 예로, 아래 그림처럼 'ㄹ'에 수직으로 직선을 그어 'ㄹ'을 조각낸다. 수직으로 선을 n개 그을 때, 나누어진 조각의 수를 구해보자.

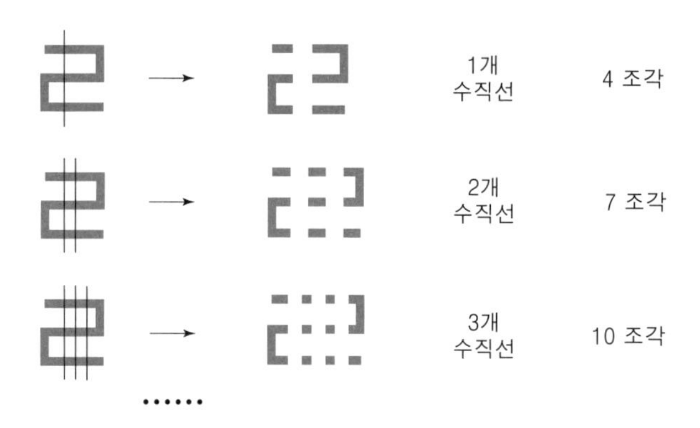

나누어진 조각의 수를 차례대로 나열해보면 다음과 같은 수열이 된다.

4, 7, 10, 13, …

위 그림에서 수직선의 수가 하나씩 늘어날 때마다 조각의 수는 3개씩 늘어남을 조각의 수를 통해 알 수 있고, 수열의 이웃하는 항 사이의 차이를 통해서도 알 수 있다.

1개 수직선을 그을 때 조각의 수 : 4

2개 수직선을 그을 때 조각의 수 : $4+1\times3$

3개 수직선을 그을 때 조각의 수 : $4+2\times3$

……

n개 수직선을 그을 때 조각의 수 : $4+(n-1)\times3=3n+1$

위 예처럼, 수직선의 개수가 1개, 2개, 3개, 4개로 1개씩 늘어갈 때 조각의 수가 어떻게 늘어나는지 몇 개의 사례를 통해 일반적인 관계를 찾아낼 수 있다. 이렇게 여러 사례에서 일반적인 법칙을 찾아내려면 관찰, 실험, 세어보기, 열거하기, 유추하기, 측정 등의 다양한 방법을 활용해야 한다.

2 이상인 자연수 n을 2로 나눈 수를 소수 첫째자리에서 반올림하여 정수를 구하는 과정을 A라 하고, 자연수 n이 1이 될 때까지 A를 행한 횟수를 a_n이라 하자.

예를 들면, $11 \xrightarrow{A} 6 \xrightarrow{A} 3 \xrightarrow{A} 2 \xrightarrow{A} 1$이므로 $a_{11}=4$이다.

이 때, 다음을 구하라.

(1) a_{13}

(2) $a_n=3$인 n의 값

(3) a_{2n}과 a_{2n-1}의 관계

(4) a_n

풀이

(1) $13 \xrightarrow{A} 7 \xrightarrow{A} 4 \xrightarrow{A} 2 \xrightarrow{A} 1$, $a_{13}=4$

(2)

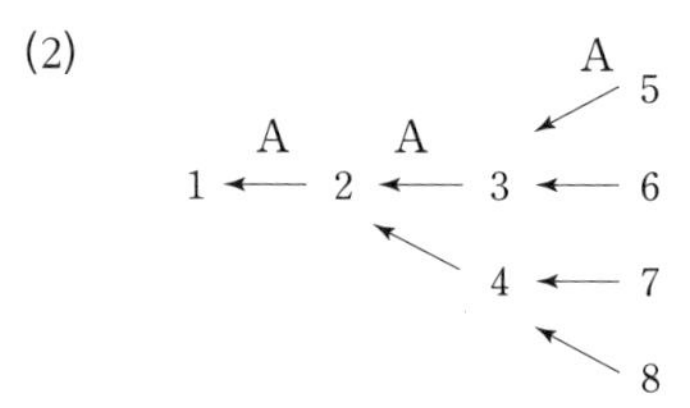

따라서 $a_n=3$인 n의 값은 5, 6, 7, 8이다.

(3) $2n$에서 A를 시행하면 n이 된다. 그런데 $2n-1$에서 A를 시행해도 역시 n이 된다. 따라서 $a_{2n}=a_{2n-1}$이다.

(4) $a_n=[log_2(n-1)]+1$(단, $[x]$는 x를 넘지 않는 최대 정수를 말한다.)

2. 식 세우기

방정식을 세워 문제를 해결하는 것은 문제해결의 전형적인 방법이다. 예를 들어, 큰 물통에 A, B, C 세 개의 수도관으로 물을 댄다고 하자. 수도관 하나만 틀 때 각 수도관이 물통을 채우는 데 걸리는 시간은 각각 2시간, 3시간, 6시간이다. 세 수도관을 동시에 틀 때 물통을 채우는 데 걸리는 시간을 구해보자.

이 문제를 푸는 데는 방정식을 세우는 것이 쉽다.

물통에 물이 가득 찼을 때 물의 양을 U라 하면, A, B, C 세 수도관에서 1시간 동안 나오는 물의 양은 각각 $\frac{U}{2}$, $\frac{U}{3}$, $\frac{U}{6}$이다.

세 수도관을 모두 틀었을 경우 물통을 채우는 데 t시간이 걸린다고 하면, 각 수도관에서 t시간 동안 나오는 물의 양의 합이 U가 되므로

$$\frac{U}{2}t+\frac{U}{3}t+\frac{U}{6}t=U$$

양변을 U로 나눈 후 6을 곱하면, $3t+2t+t=6 \quad \therefore t=1$

따라서 구하는 시간은 1시간이다.

이렇게 방정식을 세워 문제를 해결하려면 그 문제와 관련된 많은 지식을 알고 있어야 한다.

예제 2.6

다음 그림은 2005년 5월 달력이다. 그림과 같이 4개의 수를 정사각형 모양으로 택할 때, 합이 84가 되는 네 수를 구하라.

일	월	화	수	목	금	토
1	2	3	4	5	6	7
8	9	10	11	12	13	14
15	16	17	18	19	20	21
22	23	24	25	26	27	28
29	30	31				

풀이

이 문제를 해결하기 위해 일일이 네 개의 수를 택하여 더해 보는 것은 힘든 일이다. 정사각형 모양으로 택한 네 수의 특징을 찾아 식을 세워보자. 가장 작은 왼쪽 위 수를 x라 하면 네 수는 다음과 같다.

x	$x+1$
$x+7$	$x+8$

(네 수의 합) $=x+(x+1)+(x+7)+(x+8)=84$

$4x+16=84$, $4x=68$, $\therefore\ x=17$

따라서 네 수는 17, 18, 24, 25이다.

3. 거꾸로 풀기(Working backwards)

우리는 보통 문제를 풀 때 주어진 '자료와 조건'으로부터 출발하여 '구하는 것'으로 나아간다. 그러나 어떤 경우는 방향을 바꾸어 '구하는 것'에서 출발하여 '자료와 조건'으로 나아가는 방법을 사용할 수 있다. '구하는 것'이 성립하려면 그 전에 어떤 '전제'가 필요한가? 이 '전제'가 성립하려면 그 전에 어떤 '전제'가 필요한가? 이런 식으로 계속 '전제'를 거슬러 올라가 '자료와 조건'에 도착하도록 한다. 이와 같은 방법으로 문제를 해결하는 것을 거꾸로 풀기라고 한다.

예를 들어, $4l$들이 양동이와 $9l$들이 양동이를 이용하여 강에 있는 물을 길어 $6l$ 물을 만들어 보자.

이 문제를 거꾸로 풀어보자.

우선 $6l$가 되려면 $9l$에서 $3l$를 버려야 한다.

$9l$양동이에서 $4l$ 양동이에 정확하게 $3l$를 따르려면 $4l$ 양동이에 $1l$물이 있어야 한다. $4l$ 양동이에 $1l$ 물이 있으려면 $9l$ 양동이에 물을 가득 부은 후 $4l$ 양동이에 물을 두 번 가득 따르고 남은 $1l$ 물을 $4l$ 양동이로 옮기면 된다.

이제 처음부터 다음과 같이 할 수 있다. $9l$ 물을 $4l$ 양동이에 가득 따르고 $4l$ 양동이를 비우는 것을 두 번 하면 $9l$ 양동이에 $1l$만 남는다.

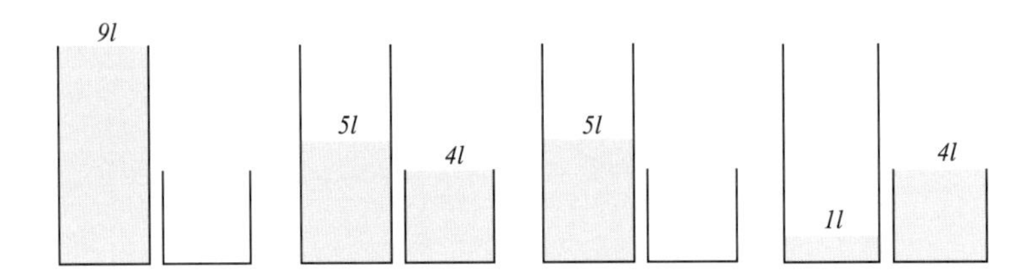

이 물을 $4l$ 양동이로 옮긴 다음, $9l$ 양동이에 가득한 물을 $4l$의 양동이에 가득 차게 부으면, $9l$ 양동이에 $6l$의 물이 남는다. 이제 이 문제를 해결했다.

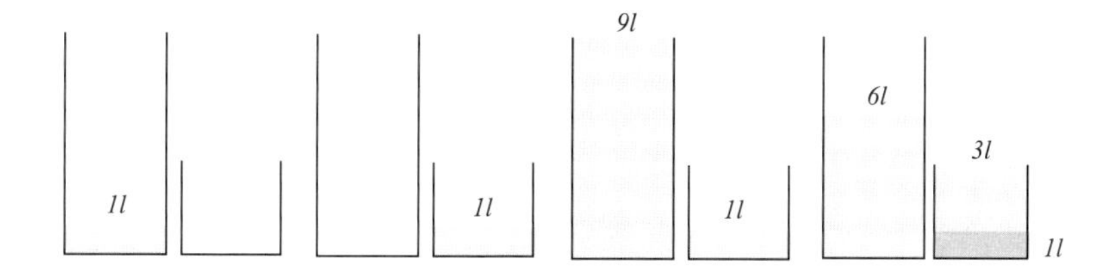

※ 물을 버리고 담는 것을 그림으로 나타내는 대신 표를 이용하면 쉽게 이해할 수 있다.

9L	9	5	5	1	1	0	9	6
4L	0	4	0	4	0	1	1	4

문제 2.3

$5l$ 양동이와 $9l$ 양동이 각각 한 개씩을 이용하여 강에 있는 물을 길어 $6l$ 물을 만들어라.

예제 2.7

△ABC의 각 변을 한 변으로 하는 정삼각형 ABD, BCE, CAF를 만들면 사각형 ADEF는 평행사변형이 됨을 증명해보자.

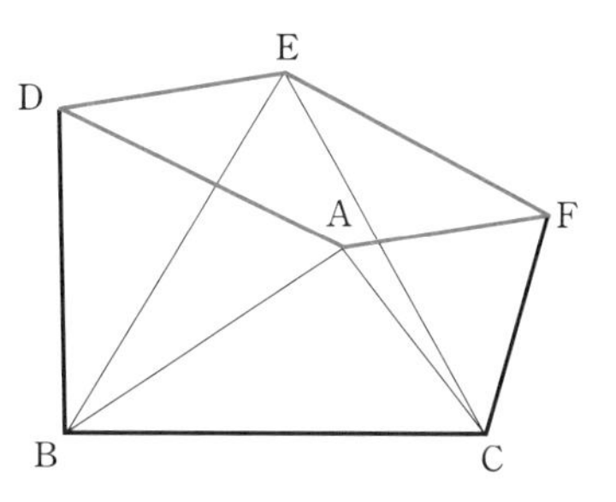

풀이

구하는 것(□ADEF가 평행사변형임)을 보이려면 $\overline{EF}=\overline{DA}$ 이고, $\overline{DE}=\overline{AF}$ 임을 밝히면 된다.

$\overline{EF}=\overline{DA}$ 임을 보이려면 $\overline{DA}=\overline{BA}$이므로 $\triangle EFC \equiv \triangle BAC$임을 밝히면 된다.

그런데 $\overline{FC}=\overline{AC}$ 이고 $\overline{EC}=\overline{BC}$ 이며 $\angle ECF = 60^\circ - \angle ACE = \angle BCA$이므로

$\triangle EFC \equiv \triangle BAC$(SAS합동)이다.

같은 방법으로 $\overline{DE}=\overline{AF}$ 임을 보일수 있스므로 □ADEF는 평행사변형이다.

4. 단순화하기

문제가 복잡하고 여러 가지 조건을 포함한다면, 먼저 간단하고 쉬운 조건이 있는 문제를 풀어본다. 간단한 문제에서 풀이의 원리를 알아낸 후 원래 문제를 풀면 이전보다 쉽게 문제를 풀 수 있다.

예를 들어, 12명의 학생이 수학 수업을 받는다고 하자. 수업이 시작되기 전에 모든 학생들이 서로 악수를 할 때, 악수의 총 횟수를 구해보자.

이 문제가 어려우면 문제 상황을 간단하게 해서 풀어보자.

먼저 교실에 2명의 학생만 있다고 하자. 그러면 악수의 횟수는 1회이다. 그 다음에 한 명의 학생이 들어온다고 하자. 그러면 악수는 2회 더해진다. 따라서 (악수의 총 횟수) $=1+2=3$이 된다.

또 한 명의 학생이 들어오면 이전의 모든 학생과 악수를 해야 하므로 악수의 횟수는 3이 더해진다. 따라서 (악수의 총 횟수) $=1+2+3=6$이 된다.

이런 상황이 계속되어 12번째 학생이 들어와 11명과 악수하면 (악수의 총 횟수) $=1+2+3+\cdots+11=66$회이다.

또 다른 예로, 243^{17}의 일의 자리수를 구해보자. 계산기의 도움 없이 이것을 직접 계산하기는 매우 어렵다.

이 문제가 복잡한 이유는 243이 너무 큰 수이기 때문이다. 따라서 243을 3으로 바꾸어 문제를 단순화하면 3^{17}의 일의 자리수를 구하는 문제가 된다. 이 문제를 풀기 위해 일단 3을 거듭제곱한 결과를 다음과 같이 차례대로 써 보자.

$3^0=1$	$3^4=81$	…
$3^1=3$	$3^5=243$	…
$3^2=9$	$3^6=729$	…
$3^3=27$	$3^7=2187$	…

여기서 우리는 어떤 규칙을 발견할 수 있는가?

3을 거듭제곱해 나가면 일의 자리수는 1, 3, 9, 7이 반복적으로 나타난다. 3의 지수가 0, 4, … (4의 배수)이면 일의 자리수는 1, 3의 지수가 1, 5, … (4로 나누어 나머지 1)이면 일의 자리수는 3, 3의 지수가 2, 6, … (4로 나누어 나머지 2)이면 일의 자리수는 9, 3의 지수가 3, 7, … (4로 나누어 나머지 3)이면 일의 자리수는 7이다. 그런데 3의 지수가 17이면 4로 나누어 1이 남으므로, 3^{17}의 일의 자리수는 3이다.

이제 원래 문제인 243^{17}의 일의 자리수를 구해보자. 243^{17}의 일의 자리수를 결정하는 수는 일의 자리수인 3이므로, 풀이는 3^{17}의 일의 자리수를 구하는 것과 동일하다.

예제 2.8

원에 내접하는 직각삼각형 중에서 빗변을 밑변으로 하고, 반지름의 길이를 높이로 하는 직각삼각형을 작도하라.

풀이

문제에서 요구하는 조건은 두 가지이다.

(1) 원에 내접하는 직각삼각형을 작도한다.

(2) 높이가 원의 반지름의 길이와 같다.

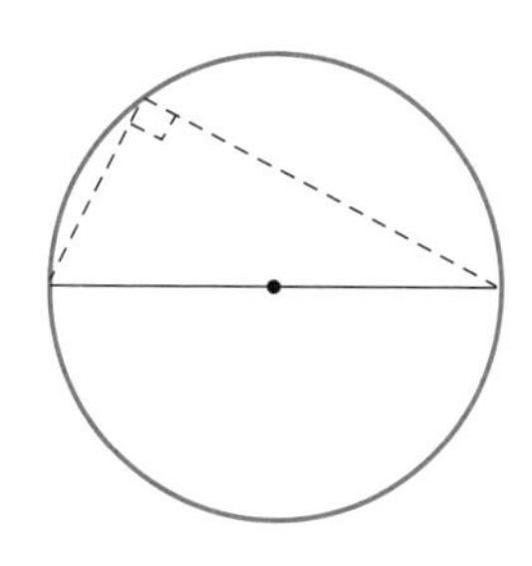

이 두 조건을 동시에 고려하면 복잡하므로, 우선 첫번째 조건을 만족하는 직각삼각형을 작도하자.

원에 내접하는 직각삼각형은 원주각이 $90°$, 중심각은 $180°$인 호의 양 끝점을 이으면 된다. 중심각이 $180°$인 호는 반원이므로, 중심을 지나는 현을 긋고 원주 위 한 점을 잡아 현의 끝점과 선분으로 이으면 직각삼각형이 된다.

이제 두번째 조건을 고려해서 직각삼각형을 작도해 보자.

높이가 원의 반지름의 길이가 되려면, 다음 그림과 같이 직각삼각형이 직각이등변삼각형이 되어야 한다. 직각이등변삼각형의 꼭지점에서 A, B 두 점까지 거리가 같으므로 $\overline{AB}$의 수직이등분선이 원과 만나는 점을 A, B와 이으면 우리가 원하는 직각이등변삼각형이 작도된다.

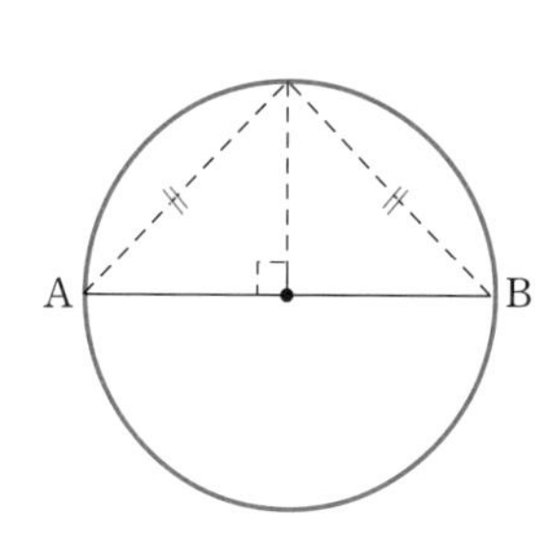

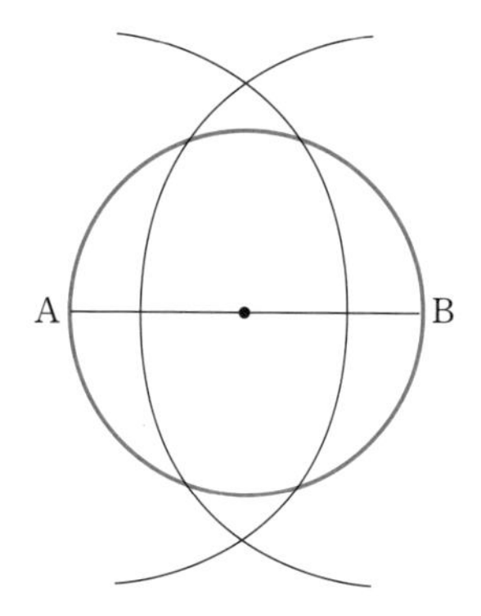

문제 2.4

그림과 같이 직사각형 내부에 직사각형이 들어있다. 두 직사각형과 두 직사각형 사이의 영역의 넓이를 모두 이등분하는 직선을 긋는 방법을 찾아라.

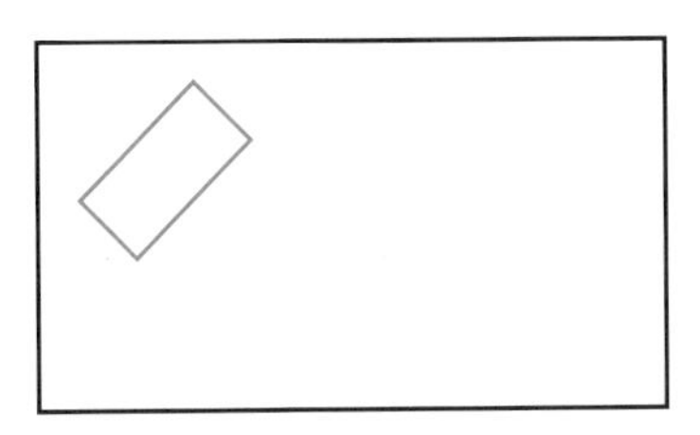

5. 예상과 확인

효율적으로 문제를 풀려면 정답을 적절하게 예상해야 한다. 예상한 후에는 그것이 문제의 조건을 만족하는지 확인해야 한다. 예상이 혹 틀리다면 왜 잘못되었는지 원인을 분석하여 예상을 조정해야 한다. 이 작업은 정답을 찾아낼 때까지 계속된다. 이렇게 정답을 적절히 예상하고, 예상한 것이 조건을 만족하는지 확인하고 틀리면 조정하여 다시 예상하고 또 확인하는 이러한 사고전략을 예상과 확인(Guessing and Checking)이라고 한다.

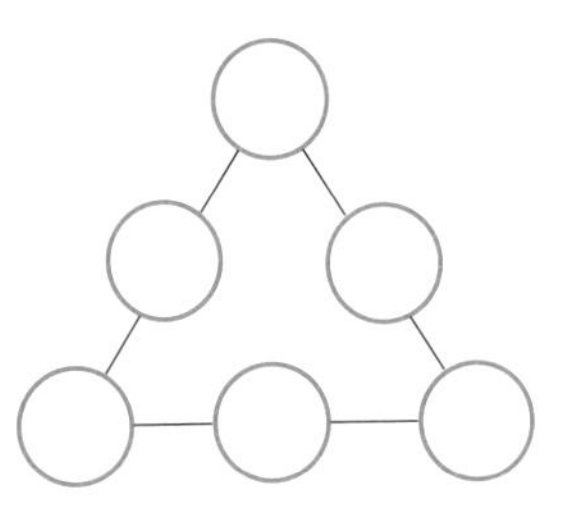

예를 들어, 1부터 6까지의 수를 오른쪽 그림의 빈 칸에 넣어 각 변에 있는 수의 합이 각각 10이 되도록 만들어 보자.

세 수의 합이 10이 되는 경우를 먼저 예상해 보자.

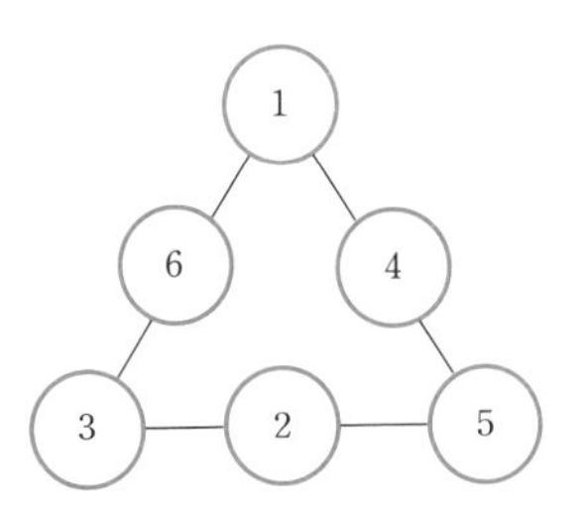

1이 들어간다면 1+2+7은 6이 넘는 수가 들어가므로 정답이 안 된다. 예상을 조정하면 1+3+6, 1+4+5, 2+3+5가 각각 조건을 만족함을 확인할 수 있다. 2+4+4, 3+4+3은 조건을 만족하지 않는다.

따라서, 세 변에 각각 들어갈 수는

1+3+6, 1+4+5, 2+3+5 세 쌍이다. 여기서 두 번 들어간 수 1, 3, 5가 꼭지점에 들어가야 하므로 가능한 한 가지 답은 오른쪽 그림과 같다.

(다른 답도 찾아 보아라.)

예제 2.9

배점이 4점, 6점인 문제를 합해 18개를 맞혀 84점을 얻었다. 각각 몇 개씩 맞았는지 구하라.

풀이

배점이 4점, 6점인 문제를 같은 개수로 즉, 9개씩 맞혔다고 예상하자. 그러면 총점이 (4+6)×9=90(점)이다. 총점이 84점이 되려면 6점이 떨어져야 한다.

맞힌 4점과 6점의 문제 수가 하나가 교체될 때 총점은 2점이 바뀐다. 총점이 6점 떨어지려면 4점과 6점을 맞힌 개수가 9개씩 같던 상태에서 4점 문제는 3개 증가하고, 6점 문제는 3개 감소해야 한다.

따라서 배점이 4점인 문제는 12개, 6점인 문제는 6개 맞혀 총점이 84점이 된다.

(이 문제를 식세우기 전략으로도 풀 수 있다.)

문제 2.5

어떤 약품이 100g 있다. 양팔저울과 7g짜리 추 한 개, 12g짜리 추 한 개를 이용하여 50g을 덜어내려고 한다. 양팔저울을 세 번만 사용하여 50g을 덜어내는 방법을 두 가지 설명하라.

6. 그림 그리기

주어진 문제와 관련된 그림이 제시되지 않았을 때 그림을 그리는 것이 문제해결에 결정적 도움을 주는 경우가 있다. 또한 문제와 관련된 그림이 제시되어 있더라도 보조선을 긋는 등 그림을 추가하면 문제를 쉽게 해결할 수 있다. 이렇듯 그림을 그리는 것은 중요한 문제해결 전략이다.

예를 들어, 그림과 같이 삼각형 ABC의 꼭지각 A를 이등분하는 선을 그었을 때 밑변 BC와 만나는 점을 D라 하면 $\overline{AB} : \overline{BD} = \overline{AC} : \overline{CD}$ 임을 증명해 보자.

점 C를 지나고 변 AB와 평행한 선을 긋고, 변 AD를 연장한 선과 만나는 점을 E라 하면, $\triangle$ABD와 $\triangle$ECD가 닮음이다.

($\because$ $\angle BAD = \angle CED$ (엇각),

$\angle ABD = \angle ECD$ (엇각)

대응하는 두 각의 크기가 각각 같으므로 두 삼각형은 닮음)

따라서, $\overline{AB} : \overline{BD} = \overline{EC} : \overline{CD}$ (*)

$\triangle$ACE는 두 밑각의 크기가 같아 이등변삼각형이므로 $\overline{AC} = \overline{EC}$

(*)에서 $\overline{EC}$ 대신 $\overline{AC}$를 쓰면 $\overline{AB} : \overline{BD} = \overline{AC} : \overline{CD}$

예제 2.10

a, b가 양수일 때, $\frac{a+b}{2} \geq \sqrt{ab}$(산술평균 $\geq$ 기하평균)임을 다음 반원을 이용하여 증명해 보라.

(단, 직각삼각형 ABC에서 $\angle A = 90°$, 점 A에서 $\overline{BC}$에 내린 수선의 발이

H일 때, $\overline{AH}^2 = \overline{BH} \times \overline{CH}$임을 이용하라.)

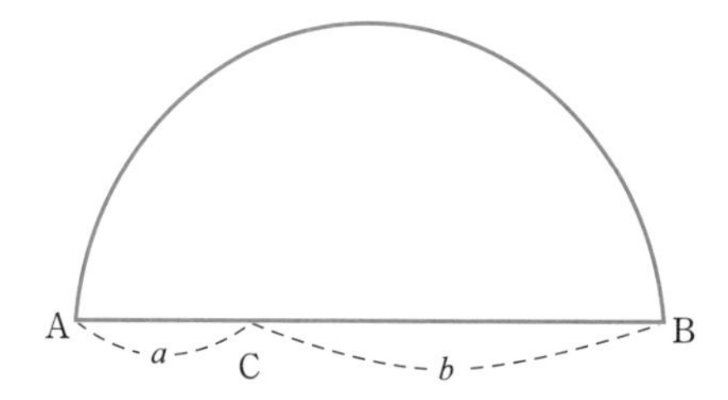

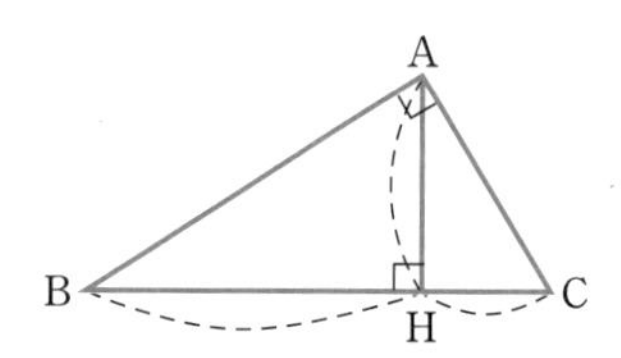

풀이

주어진 반원에 직각삼각형을 만들기 위해 점 C에서 $\overline{AB}$에 수직인 선분을 긋는다. 이 선분이 원과 만나는 점을 D라 하면 △ADB는 직각삼각형이다.

따라서 $\overline{CD}^2 = \overline{AC} \times \overline{BC} = ab$,

$\therefore \overline{CD} = \sqrt{ab}$

'$\overline{CD} \leq$반지름'이므로

$\sqrt{ab} \leq \dfrac{a+b}{2}$ 이다.

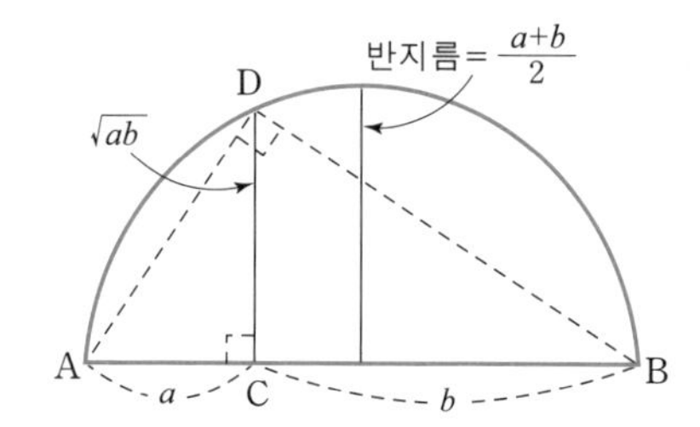

7. 표 만들기

주어진 문제를 표로 만들면 해결의 실마리가 보이는 경우가 많다. 예를 들어 다음과 같은 문제를 살펴보자.

네 쌍의 부부가 있다. 남편의 이름은 기호, 남훈, 동민, 민수이고 부인의 이름은 보경, 상희, 아라, 장미이다. 남훈이와 아라는 남매이고, 아라는 민수와 사귀다 헤어져 지금의 남편과 결혼했다. 보경이는 동민이와 결혼했다. 장미는 언니, 오빠가 있는데, 그녀의 남편은 외동아들이다. 어떤 사람끼리 부부인지 짝지어라.

이 문제는 표를 만들어 부부가 될 수 없는 쌍을 지워나가면 된다.

	보경	상희	아라	장미
기호				
남훈			×	
동민	○			
민수			×	

	보경	상희	아라	장미
기호	×			
남훈	×		×	
동민	○	×	×	×
민수	×		×	

∴ 아라－기호

	보경	상희	아라	장미
기호	×	×	○	×
남훈	×		×	
동민	○	×	×	×
민수	×		×	

∴ 장미－민수(남훈이는 형제가 있음)

∴ 상희－남훈

문제 2.6

네 축구팀 A, B, C, D가 홈 앤드 어웨이(home and away) 방식으로 경기를 하여 다음과 같은 결과가 나왔다. 각 팀의 승패수를 구하라. (단, 홈 앤드 어웨이 방식이란 자기 연고지와 상대 연고지에서 번갈아 경기하는 것이며, 비기는 경기는 없었다.)

- A팀은 홈 경기에서 모두 졌다.
- A팀은 D팀을 한번도 이기지 못했다.
- B팀은 홈 경기에서 모두 이겼다.
- C팀은 네 경기를 이겼다.
- D팀은 세 경기를 이겼는데, 그 중 하나는 홈경기였다.

8. 특수화하기

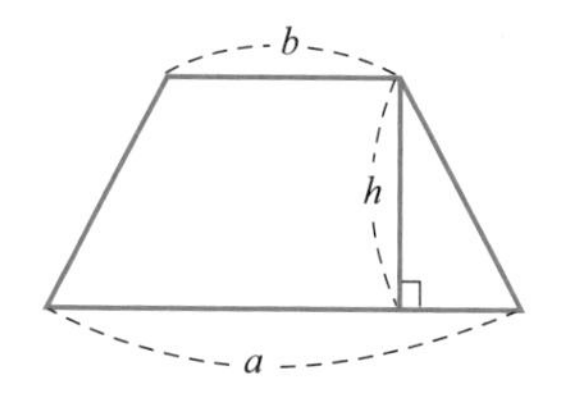

특수화란 일반화의 반대로서, 주어진 문제의 조건을 특수한 경우로 축소시켜 생각하는 것이다. 극단적인 경우를 생각해보는 것도 특수화의 한 예이다.

예를 들어, 밑변의 길이가 a, 윗변의 길이가 b, 높이가 h인 사다리꼴의 넓이를 S를 구하는 공식은 다음과 같다.

$$S=\frac{(a+b)\mathrm{h}}{2}$$

이 공식이 참인지 확인하기 위하여(그러나, 참이라고 단정은 못함) 특수한 경우 윗변의 길이 b가 0 또는 a가 될 수 있다. $b=0$이면 $S=\frac{a\mathrm{h}}{2}$ (삼각형의 넓이공식), $b=a$이면 $S=a\mathrm{h}$(평행사변형의 넓이공식)가 되어, 이 공식이 참이 될 수 있음을 알 수 있다. 또한 이 과정은 사다리꼴의 넓이를 구하는 공식을 증명할 때, 사다리꼴을 두 삼각형으로 쪼개든지 아니면 적당히 쪼개고 붙여 직사각형으로 만들면 됨을 알려준다.

또 다른 예로 정사각뿔대의 부피 구하는 공식이 있다.

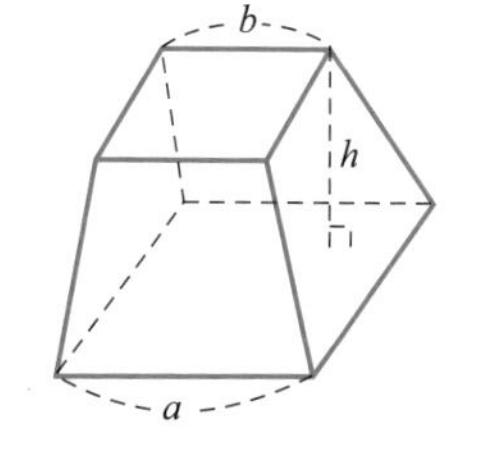

밑면의 한 변의 길이가 a, 윗면의 한 변의 길이가 b, 높이가 h인 정사각뿔대의 부피 V를 구하는 공식은 다음과 같다.

$$V=\frac{a^2+ab+b^2}{3}\mathrm{h}$$

특수한 경우, $b=a$이면 정사각뿔대는 정사각기둥으로 바뀌고, 부피는 $a^2\mathrm{h}$가 된다. 또 $b=0$이면 정사각뿔대는 정사각뿔로 바뀌고, 부피는 $\frac{a^2\mathrm{h}}{3}$가 된다.

예제 2.11

100이하의 자연수를 10행 10열의 네모칸에 하나씩 써 놓을 때, 임의의 이웃한 칸의 두 수의 차가 5이하가 되게 할 수는 없음을 증명하여라.

풀이

임의의 이웃한 칸의 두수의 차가 특수하게도 5이하라고 가정하자. 100이하의 자연수 중 특수한 두 수 1과 100이 쓰여진 위치를 살펴보자.

1이 제 i행에, 100이 제 j열에 있다고 하고 i행과 j열이 만나는 위치에 a가 쓰여있다고 하자. a와 1사이에 8개 이하의 칸이 존재하므로

$a-1 \leq 5\times(8+1)=45 \qquad \therefore\ a\leq 46 \cdots\cdots$ ①

또, a와 100사이에 8개 이하의 칸이 존재하므로

$100-a \leq 5\times(8+1)=45 \qquad \therefore\ a\geq 55 \cdots\cdots$ ②

① ②를 모두 만족하는 a는 없으므로 모순이다.

$\therefore$ 임의의 이웃한 칸의 두 수의 차가 5이하가 되게 할 수는 없다.

지금까지 문제해결에 유용하게 쓰이는 여덟 가지 사고전략에 대하여 알아보았다. 어떤 문제를 푸는 데는 위에서 언급한 사고전략 중 하나만 쓰이기보다는, 여러 사고전략이 복합적으로 사용되는 경우가 많다. 예를 들어 문제 속에 숨어 있는 규칙을 발견하기 위해서는 단순화하기를 사용할 수 있고, 단순화한 문제를 풀기 위해서 식 세우기를 사용할 수도 있다.

한편 한 문제를 푸는 데도 여러가지 사고 전략을 활용하여 다양한 풀이를 찾을 수 있다.

예를 들어 다음 문제를 여러가지 방법으로 풀어보자.

예제 2.12

닭과 개를 머리만 세면 70개이고, 다리만 세면 220개이다. 닭과 개는 각각 몇 마리인가?

[풀이1 - 식 세우기]

닭이 x마리라 하면 개는 $(70-x)$마리이므로

$2x+4(70-x)=220$, $\therefore\ x=30,\ \ 70-x=40$

따라서 닭은 30마리, 개는 40마리이다.

[풀이2 - 예상과 확인]

닭과 개가 각각 35마리라면 다리는 총 210개이다.

닭 한마리는 줄이고 개 한마리를 늘리면 다리수는 2개가 늘어난다.

다리의 총 수가 210개에서 220개로 10개가 늘어야 하므로

닭은 5마리가 줄고 개는 5마리가 늘어야 한다.

따라서 닭은 30마리, 개는 40마리이다.

[풀이3 - 표 그리기]

닭이 0마리, 개가 70마리인 경우부터 차례로 다리의 수를 구해

표로 나타내면 다음과 같다.

닭	개	다리의 수
0	70	$2\times0+4\times70=280$
1	69	$2\times1+4\times69=278$
⋮	⋮	⋮
29	41	$2\times29+4\times41=222$
30	40	$2\times30+4\times40=220$

[풀이4 - 단순화하기]

모든 닭과 개의 두 다리를 들게 하여 개의 다리만 남게 단순화시키자.

닭과 개가 총 70마리이므로 들고 있는 다리는 140개이고

남은 다리의 수는 개의 마리수의 두 배이므로

$220-140=80$, $80\div2=40$(개의 마리수)

따라서 닭은 30마리, 개는 40마리이다.

[풀이5 - 규칙성찾기]

닭과 개 70마리의 다리가 총 220개이므로 닭과 개 7마리의

다리는 총 22이다. $22=2\times3+4\times4$이므로 닭이 3마리, 개가 4마리이다.

이 비율을 10배 하면 되므로 닭은 30마리, 개는 40마리이다.

이와 같이 어떤 문제를 해결하고자 할 때 막무가내로 풀이를 시도하지 말고 사고전략을 종합적으로 활용하면, 이전보다 새로우면서도 훨씬 좋은 해법을 발견할 수 있으며 문제를 해결하는 능력 또한 개발될 것이다.

EXERCISE

둘째 날 연습문제

01 적당한 문제를 하나 골라, 폴리야의 문제 해결 4 단계를 적용한 보고서를 작성하라.

02 $1+8+27=36$

$1+8+27+64=100$

$1+8+27+64+125=225$

위 식의 규칙을 찾고, 이를 이용하여 $1+8+27+64+125+\cdots+1728$의 값을 구하라.

03 세 변의 길이가 a, b, c인 삼각형의 넓이 S를 구하는 방법의 하나로 널리 알려진 헤론의 공식은 다음과 같다.

$$S=\sqrt{s(s-a)(s-b)(s-c)}$$

$\left(\text{단, } s=\dfrac{a+b+c}{2}\right)$

(1) 한 변의 길이가 a인 정삼각형의 넓이가 $\frac{\sqrt{3}}{4}a^2$임을 헤론의 공식으로 설명하라.

(2) 빗변의 길이가 a, 나머지 두 변의 길이가 b, c인 직각삼각형의 넓이가 $\frac{bc}{2}$임을 헤론의 공식으로 설명하라.

(3) 원에 내접하는 사각형의 네 변의 길이를 a, b, c, d라 할 때 사각형의 넓이 S는 $S=\sqrt{(s-a)(s-b)(s-c)(s-d)}$, $\left(\text{단, } s=\dfrac{a+b+c+d}{2}\right)$이다. 이 공식을 브라마굽타의 공식이라고 하는데, 이 공식과 헤론의 공식의 관계를 설명하라.

04 오른쪽 그림과 같이 바닥이 원형이고 옆면은 위로 곧게 뻗어 있는 병이 위쪽 끝 부분에서 좁아지고, 위에는 돌려서 따는 병 뚜껑이 달려 있다. 이 병을 똑바로 세웠을 때 절반 넘는 높이만큼 액체로 채워져 있을 때, 눈금 있는 곧은 자 하나만 가지고 이 병의 부피를 잴 수 있는 방법을 구하라. (단, 병의 두께는 무시한다.)

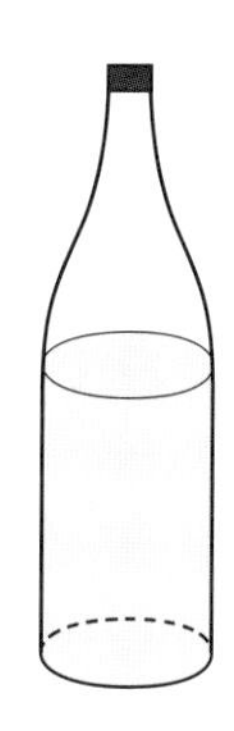

05 A, B, C 세 사람이 다음과 같이 차례로 사탕을 주고 받았다.

(1) A는 B, C에게 그들이 가지고 있던 사탕의 개수만큼 주었다.

(2) B는 A, C에게 그들이 가지고 있던 사탕의 개수만큼 주었다.

(3) C는 A, B에게 그들이 가지고 있던 사탕의 개수만큼 주었다.

세 사람에게 남은 사탕이 n개씩 같았다면 처음에 사탕을 몇 개씩 가지고 있었는가?

06 그림과 같이 물이 들어 있는 직육면체 모양의 수조를 밑면의 한 모서리를 책상 위에 고정한 채 기울인다. 이 때 변하지 않는 관계를 두 가지 이상 찾고 그 이유를 설명하라. (예: 수면의 모양은 항상 직사각형이다)

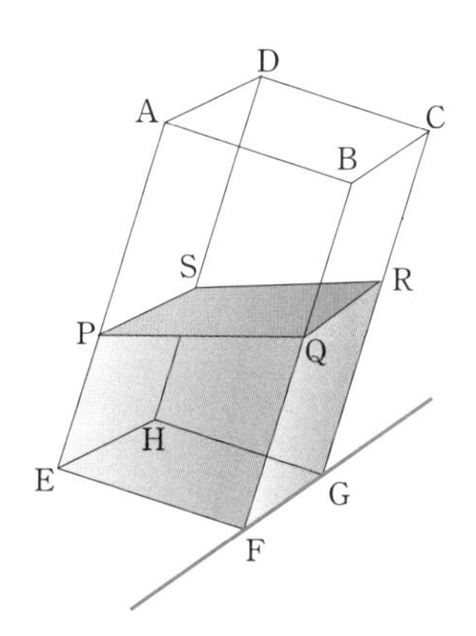

07 다음 그림과 같이 반지름이 r인 원의 넓이를 구하기 위해 폭이 일정한 둥근 밧줄로 원을 만든다. 잘라진 각 밧줄을 펼쳐 삼각형 모양으로 만들면, 폭이 좁은 밧줄을 사용할수록 밧줄을 펴서 만든 도형이 삼각형에 가까워진다. 삼각형의 넓이를 이용하여 원의 넓이를 구하는 공식을 만들어라. (단, 원의 반지름의 2π배가 원둘레라는 것은 이미 알고 있다고 한다.)

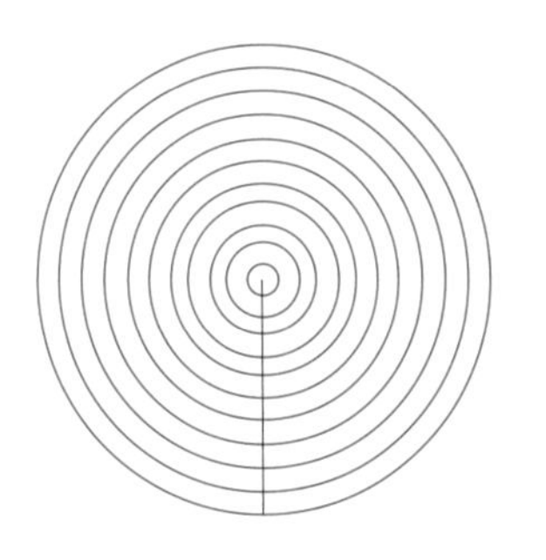

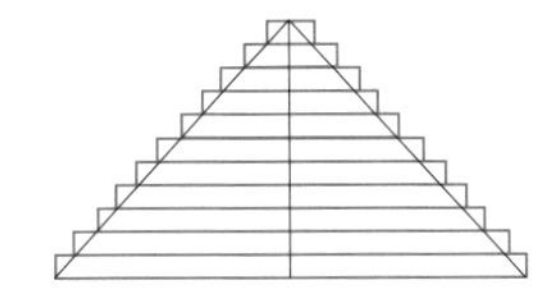

08 고대 이집트에서는 분수 계산을 할 때 분자가 1인 분수만 다루었기 때문에, 어떤 분수를 분자가 1인 두 분수의 합으로 고치는 아래와 같은 공식이 있었다.

$$\frac{1}{2}=\frac{1}{3}+\frac{1}{6}=\frac{1}{4}+\frac{1}{4} \qquad \frac{1}{3}=\frac{1}{4}+\frac{1}{12}=\frac{1}{6}+\frac{1}{6}$$

두 식에 어떤 규칙이 있는지 찾아내어 $\frac{1}{11}$도 분자가 1인 두 분수의 합으로 나타내라.

09 태풍의 중심이 직선 $y=2x+100$을 따라 시속 40km의 속력으로 이동하고 있다. 태풍의 중심에서 500km 이내의 지역은 태풍의 영향권에 들어 있다. 태풍의 중심이 이동하는 직선에서 400km 떨어진 지역이 이 태풍의 영향권 안에 들어 있는 시간은 몇 시간인지 구하라.

10 영희가 철교를 건너고 있을 때 뒤쪽에서 기차 소리가 들렸다. 영희가 머릿 속으로 재빨리 계산을 해 보니 힘껏 달리면 다리의 한쪽 끝, 다른 쪽 끝 어느 쪽으로나 똑같이 아슬아슬하게 목숨을 건질 수 있다는 사실을 알았다. 영희는 철교의 $\frac{3}{8}$ 만큼 지나온 상태였고 기차의 속력은 시속 60km였다. 영희가 달려야 하는 최저 속력은 얼마인가?

11 어떤 통신회사는 전화를 신청한 고객에게 회선 설치비는 무료로 해주고, 매달 6천 원씩 이용료를 받는다. 그런데 회선 유지비를 조사해 보니 전화 1회선에 3천 원, 2회선에 5천 원, 3회선에 8천 원, 4회선에 1만 2천 원, 5회선에 1만 7천 원, …이 규칙으로 계속 늘어난다는 것을 알았다. 몇 대 이상의 전화를 설치하면 손해가 되는지 다음과 같은 사고전략에 따라 구하라.

(1) 표 그리기로 풀어 보라.

(2) 식 세우기로 풀어 보라.

12 (1) 그림과 같이 큰 원 안에 작은 원 3개가 접하면서 들어있으며, 작은 원의 중심은 모두 큰 원의 지름 위에 있다. 작은 원의 둘레의 길이의 합은 큰 원의 둘레의 길이와 어떤 관계인지 쓰고 이유를 설명하라.

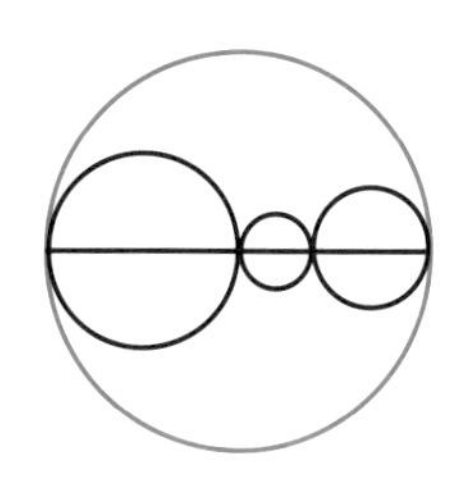

(2) (1)과 다음 그림을 참고하여, 일반화한 명제를 쓰고 그것이 참임을 설명하라.

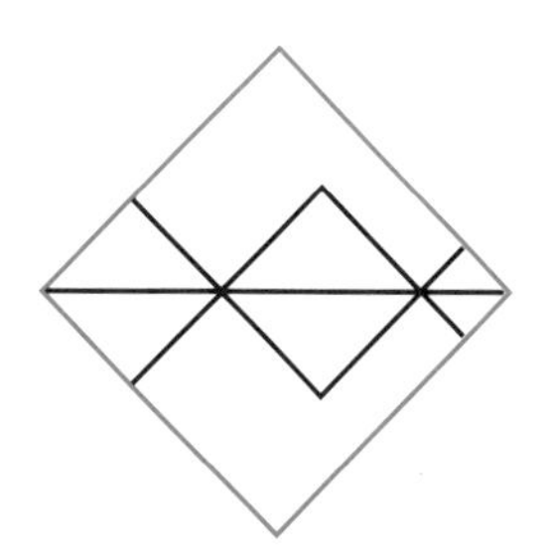

13 다음 그림의 $\triangle ABC$에서 $\overline{AB} = 13$, $\overline{BC} = 14$, $\overline{AC} = 15$이고, 세 변은 모두 반지름의 길이가 6인 구와 접하고 있다. 구의 중심 O에서 평면 ABC까지의 거리를 구하라. (단, 점에서 평면까지의 거리는 점과 평면 위의 점을 잇는 신분이 평면과 수직이 되는 선분의 길이이다.)

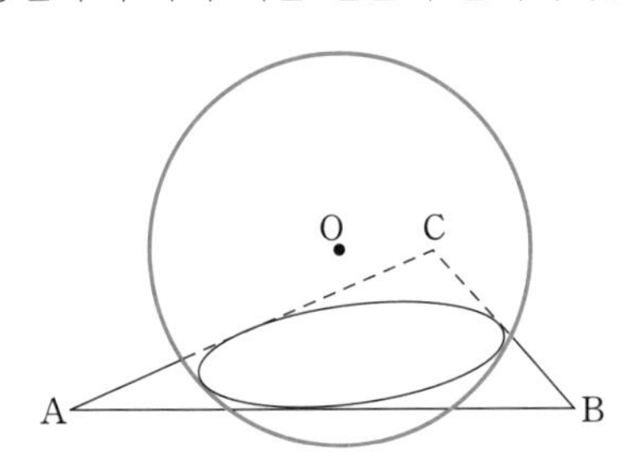

14 다음 모눈종이의 한 칸의 길이가 1일 때, 길이가 8이 되는 경로를 만들어라. (단, 경로는 곡선으로 연결되어서는 안 된다.)

(예)

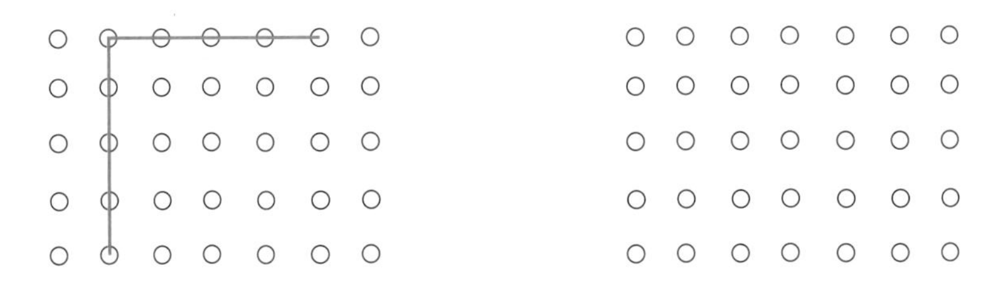

15 한 직선 위에 있지 않은 세 점 A, B, C가 있다. A를 통과하여 B와 C 사이를 지나되 B와 C에서 같은 거리에 있는 직선을 그리는 방법을 구하라.

B

A

C

16 다음은 $1+2+3+\cdots+n=\dfrac{n(n+1)}{2}$ 을 증명하기 위하여 그린 그림이다.

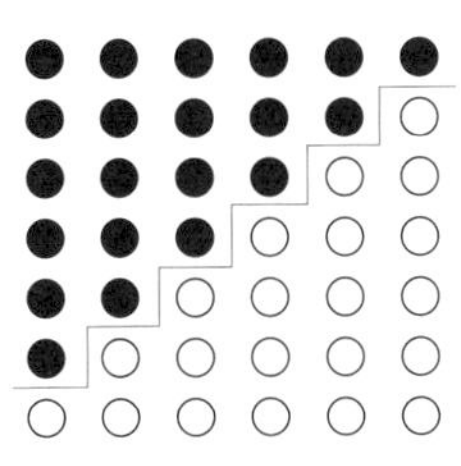

(1) 이 그림이 어떻게 위 사실을 증명하는 지 설명하라.

(2) $1+3+5+\cdots+(2n-1)=n^2$을 그림으로 증명하라.

(3) 입체도형을 그려서 $1^3+2^3+3^3+\cdots+n^3=(1+2+3+\cdots+n)^2$을 증명하라.

17 231213은 두 개의 1 사이에 1개의 숫자가, 두 개의 2 사이에 2개의 숫자가, 두 개의 3 사이에 3개의 숫자가 있다. 일반적으로, 1, 2, 3, …, n이 각각 두 개씩 있고, 두 개의 $k(1\le k\le n)$사이에 k개의 숫자가 오는 수열을 만들 수 있는가 하는 문제를 랭포드 문제(Langford problem)라고 한다. 231213은 $n=3$일 때의 수열이다. 312132는 같은 수열로 간주한다.

(1) $n=4$일 때의 수열은 무엇인가?

(2) n 값에 따라 몇 개의 수열이 존재하는 지 알아보라.

(박부성, 2001,『재미있는 영재들의 수학퍼즐1』, 자음과 모음)

쉼

하노이의 탑

고대 인도로부터 다음과 같은 전설이 전해져 내려온다.

베나레스에는 세계의 중심이 있고, 그곳에는 아주 큰 사원이 있다. 이 사원에는 높이 50cm 정도 되는 다이아몬드 막대 3개가 있다. 그 중 한 막대에 신神은 구멍이 뚫린 각각 크기가 다른 64개의 순금으로 만든 원판을 크기가 큰 것부터 아래에 놓이도록 차례로 쌓아 놓았다.

그리고 신은 승려들에게 밤낮으로 쉬지 않고 원판을 한 개씩 옮겨서 빈 다이아몬드 막대 중 어느 한 곳으로 원판을 모두 옮겨 놓도록 명령하였다. 이 때, 원판은 한 번에 한 개씩만 옮겨야 하고 절대로 작은 원판 위에 큰 원판을 올려놓아서는 안 된다. 64개의 원판이 본래의 자리를 떠나 다른 한 막대로 모두 옮겨졌을 때에는 탑과 사원, 승려들은 모두 먼지가 되어 사라지면서 세상의 종말이 온다.

위에서 예언한 세상의 종말까지 걸리는 시간은 얼마일까?

64개의 원판을 모두 다른 한 막대로 옮기기 위해서는 최소한 원판을 $2^{64}-1$번 옮겨야 한다. 승려들이 원판을 1번 옮기는데 1초가 걸린다고 하면, 원판을 모두 옮기는데 걸리는 시간은 다음과 같다.

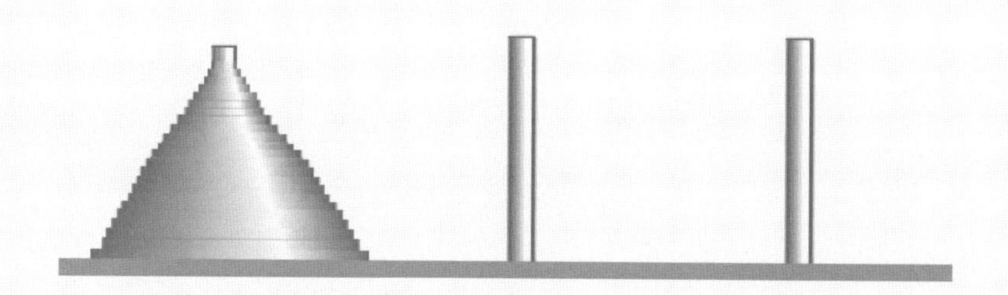

$$2^{64}-1 = 18446744073709551615(\text{초})$$
$$\fallingdotseq 583334858456(\text{년})$$
$$\fallingdotseq 5833(\text{억 년})$$

천문학자들에 의하면 우주의 나이는 약 200억 년, 지구의 나이는 약 30억 년이라고 한다. 이 전설대로라면 세상의 종말이 올 때까지는 아직도 많은 세월이 남아 있다.

드 모르간

Augustus De Morgan(1806~1871)

드 모르간은 영국의 수학자로 1806년 인도의 마드라스에서 태어났다. 그는 런던 대학교의 교수로서 많은 논문을 쓰고 뛰어난 제자를 많이 길러 영국 수학계에 큰 영향을 미쳤다. 역사상 드문 논쟁가이기도 하며 위대한 논리학자였던 드 모르간은 논리학의 선구적 연구를 하였으며 수학을 기초 연산의 집합에 종속되는 기호의 추상으로 간주하였다. 집합론에서의 쌍대의 원리를 밝히면서 집합의 대수에 관한 연구를 했는데, 소위 드 모르간 법칙이 이것의 한 예이다.

셋째 날
논리

01 명제와 논리

순간을 사랑하라. 그러면 그 순간의 힘이 모든 한계를 넘어 퍼져가리라.

– 켄트Corita Kent(1918~1986, 미국의 미술가)

옛날부터 지금까지 재미있는 논리(궤변?)가 여러 가지 전해 내려오고 있다. 예를 들어, "화살을 쏘았을 때 과녁까지 도달하는 데 무한한 시간이 걸린다"든가 "반원의 둘레는 원의 지름의 길이와 같다"는 말은 사실 성립하지 않지만 궤변의 논리를 따라가다 보면 논리에 모순이 없는 것같이 보인다. 현실에서는 화살을 쏘면 약간의 시간만 지나면 과녁에 도달하고, 반원의 둘레는 결코 원의 지름의 길이와 같지 않음을 알고 있다. 그렇다면 이 논리의 어디엔가 잘못이 있을 것이다. 상식의 세계에서 있을 수 없는 일이 논리적으로 맞는 것이라면 그 논리를 이루는 근거의 어디인가에 잘못이 있다는 것이다. 인간이 위대한 것은 동물이나 식물과 달리 생각을 할 수 있기 때문이다. 이 생각하는 방법은 바로 '논리'에 따른다. 논리란 올바르게 생각하는 방법이므로 논리적으로만 전개되면 누구든지 납득시킬 수 있다. 수학이 모든 학문의 근원이 되는 이유 또한 논리에 바탕을 두고 있기 때문이다. 이제부터 수학의 한 연구 분야인 논리에 대해 알아보도록 한다.

논리(logic)는 인간이 의사를 표현하는 언어 중에 내포되어 있는 법칙을 체계적으로 추구하며 그 구조를 명확하게 분석하고 탐구하는 것을 목적으로 하는 수학의 한 연구 분야로서, 추론을 위한 규칙의 집합으로 구성된다.

논리는 크게 명제논리(propositional logic)와 술어논리(predict logic)의 영역으로 구분된다. 명제논리는 명제를 그 내용에 관계없이 참과 거짓만을 구별하여 이에 대한 법칙을 연구하는 분야이고, 술어논리는 대상이 무엇인가까지 고려한, 명제의 참과 거짓에 관련된 법칙을 다루는 분야이다.

1. 명제

어떤 주장이나 판단을 나타내는 언어나 문장으로서 그 사실의 참, 거짓을 구별할 수 있는 것을 명제(proposition)라고 한다. 명령문, 의문문, 감탄문 또는 애매 모호한 문장 등은 참, 거짓을 구별할 수 없으므로 명제가 아니다.

예를 들면, "1년은 365일이다", "2005는 무리수이다", "오늘은 월요일이다", "2+14=16", "서울은 대한민국의 수도이다"는 모두 명제이다. 그러나 "가버려!", "무슨 일이지?", "그는 참 멋있다", "그녀는 키가 크다"는 모두 명제가 아니다.

명제는 기호나 식으로 표기할 수 있다. 명제는 p, q, r,…로 표기하며, 진리값은 참일 때는 T 또는 1로 표기하고, 거짓일 때는 F 또는 0으로 표기한다.

2. 논리연산

추론은 두 개 이상의 명제를 연결하여 새로운 명제를 이끌어내는 것이므로, 명제들이 어떻게 연결되며 그 결과 얻어지는 새로운 명제의 진리값은 어떻게 되는지 알아보자.

'그리고', '또는', '이면' 등과 같은 논리 연산자(logical connectives)를 써서 몇 개의 명제들을 결합시켜 새로운 명제를 만들거나 한 명제를 부정하여 새로운 명제를 만드는 것을 명제의 합성(composition of the propositions)이라고 한다. 이 새로운 명제를 합성명제(composite proposition)라고 하며, 원래의 명제들을 단순명제(simple proposition) 또는 부분명제(subproposition), 또는 성분(component)이라고 한다. 복잡한 합성명제는 몇 개의 단순명제로 분해할 수 있다.

예를 들면, "내일은 토요일이다", "3×3=9"는 단순명제이고, "장미꽃은 붉고 제비꽃은 푸르다", "하늘은 푸르거나 회색이다"는 합성명제이다.

1) 논리곱

임의의 두 명제를 논리 연산자 '그리고' 나 '및' (and)을 써서 결합시킨 합성명제를 두 명제의 논리곱(conjunction)이라고 하고, 두 명제 p와 q의 논리곱 "p 그리고(and) q"를 $p \wedge q$로 표기한다.

예 3.1

p : 나는 500원짜리 동전을 가지고 있다.

q : 나는 100원짜리 동전을 가지고 있다.

$p \wedge q$: 나는 500원짜리 동전과 100원짜리 동전을 가지고 있다.

위 예에서 "나는 500원짜리 동전과 100원짜리 동전을 가지고 있다" 라는 합성명제의 진리값을 알아보기 위해 4가지의 경우를 생각할 수 있다.

a. 나는 500원짜리 동전을 가지고 있다. 나는 100원짜리 동전을 가지고 있다.
b. 나는 500원짜리 동전을 가지고 있다. 나는 100원짜리 동전을 가지고 있지 않다.
c. 나는 500원짜리 동전을 가지고 있지 않다. 나는 100원짜리 동전을 가지고 있다.
d. 나는 500원짜리 동전을 가지고 있지 않다. 나는 100원짜리 동전을 가지고 있지 않다.

명제 p, q가 둘 다 참, 즉 "나는 500원짜리 동전을 가지고 있다", "나는 100원짜리 동전을 가지고 있다" 둘 다 참일 때, $p \wedge q$도 참, 즉 "나는 500원짜리 동전과 100원짜리 동전을 가지고 있다"가 참임을 알 수 있다. 그러나, 두 명제 p와 q 중 어느 한쪽이라도 거짓이면 논리곱 $p \wedge q$도 거짓이다.

논리곱의 경우, 위 4가지의 경우를 고려하여 명제의 진리값을 표로 만들어 보면 다음과 같다.

이와 같이 명제들의 진리값을 표로 만들어 놓은 것을 진리표(truth table)라고 한다.

p	q	$p \wedge q$
T	T	T
T	F	F
F	T	F
F	F	F

참고) 합성 명제는 스위치 회로로 해석하여 응용 해 볼 수 있다.

두 명제의 논리곱은 두 개의 스위치가 직렬로 연결되어 있는 회로로 대응된다. 직렬회로에서는, 첫 번째(A)와 두 번째(B) 스위치 모두 닫혀 있을 때만 전류가 흐른다.

예제 3.1

다음 네 명제의 진리값을 구하라.

① 서울은 대한민국에 있고, 3+3=7이다.

② 서울은 미국에 있고, 3+3=6이다.

③ 서울은 미국에 있고, 3+3=7이다.

④ 서울은 대한민국에 있고, 3+3=6이다.

풀이

위 네 명제 중 ④만 참이다.

2) 논리합

임의의 두 명제 p와 q를 논리 연산자 '또는'(or)을 써서 결합시킨 합성 명제를 두 명제의 논리합(disjunction)이라고 하고, 두 명제 p와 q의 논리합 "p 또는(or) q"를 $p \vee q$로 표기한다.

예 3.2

p : 그는 대학에서 수학을 전공했다.

q : 그는 대한민국에서 살았다.

$p \vee q$: 그는 대학에서 수학을 전공했거나 대한민국에서 살았다.

p가 참이거나 q가 참이거나, 또는 p와 q가 모두 참일 때에 $p \vee q$도 참이다. 즉, 두 명제 p와 q가 모두 거짓일 때만 논리합 $p \vee q$는 거짓이다. 위 예에서 명제 p "그는 대학에서 수학을 전공했다"와 명제 q "그는 대한민국에서 살았다" 중 적어도 하나가 참이면 $p \vee q$ "그는 대학에서 수학을 전공했거나 대한민국에서 살았다"도 참이며, 만약 p와 q가 모두 거짓, 즉 수학을 전공하지 않고 대한민국에 살지도 않았을 때에는 명제 $p \vee q$ "그는 대학에서 수학을 전공했거나 대한민국에서 살았다"는 거짓이다.

이러한 내용을 진리표로 만들어 보면 다음과 같다.

p	q	$p \vee q$
T	T	T
T	F	T
F	T	T
F	F	F

참고) 두 명제의 논리합을 스위치 회로로 응용 해 보면 두 개의 스위치가 병렬로 연결되어 있는 회로에 대응된다. 이 경우에는 둘 중 하나 아니면 둘 다 닫혀 있을 때만 전류가 흐른다.

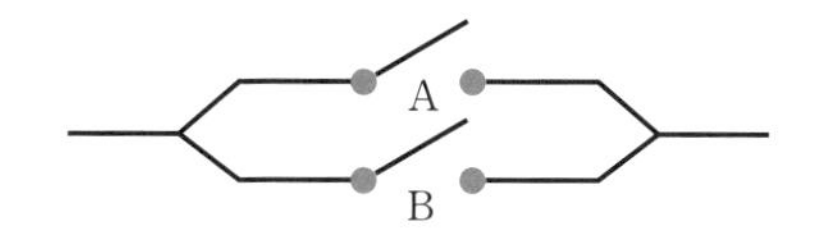

예제 3.2

다음 네 명제의 진리값을 구하라.

① 서울이 대한민국에 있거나 $3+3=7$이다.

② 서울이 미국에 있거나 $3+3=6$이다.

③ 서울이 미국에 있거나 $3+3=7$이다.

④ 서울이 대한민국에 있거나 $3+3=6$이다.

풀이

위 네 명제 중 ③만 거짓이다.

3) 부정

명제 "준석이의 차는 흰색이다"의 부정은 "준석이의 차는 흰색이 아니다"이고, 명제 "정주는 진실만을 말한다"의 부정은 "정주는 진실만을 말하지는 않는다" 즉, "정주가 진실을 말하지 않을 때도 있다"이다.

주어진 한 명제 p를 부정하여 만든 새로운 명제를 p의 부정(negation)이라고 하고, 한 명제 p의 부정 "p가 아니다"를 $\sim p$로 표기한다.

예를 들면, 명제 p가 "이것은 붉다"일 때 $\sim p$는 "이것은 붉지 않다"이다. 이 경우 p가 참이면 $\sim p$는 거짓이다. 또한 q가 "이것은 둥글다"이면 $\sim q$는 "이것은 둥글지 않다"이고 q가 거짓이면, $\sim q$는 참이다. 이와 같이 한 명제가 참이면 그 부정은 거짓이고, 거짓이면 그 부정은 참임을 알 수 있다.

이러한 내용을 진리표로 만들어 보면 다음과 같다.

p	$\sim p$
T	F
F	T

4) 조건문과 쌍조건문

"p이면 q이다"와 같은 형태의 합성명제를 조건문(conditional proposition)이라고 하고 $p \to q$로 표기한다.

예 3.3

p : 나는 그 게임에서 이긴다.

q : 나는 너에게 상금을 줄 것이다.

$p \to q$: 내가 그 게임에서 이기면 너에게 상금을 줄 것이다.

만일 위 예의 합성명제처럼 "내가 그 게임에서 이기면 너에게 상금을 줄 것이다"라는 약속을 했다면 약속을 지킬 경우 위 명제는 참, 그렇지 못한 경우는 거짓이 된다. 따라서 게임에서 이겼는데도 상금을 주지 않을 경우를 제외하고는 모두 참이다.

이와 같이, 조건문 "p이면 q이다"는 p이면 q이고, p이면서 q아닌 것은 없다는 의미이다. 즉, "p이면서 동시에 q가 아닌 것은 없다"라는 의미이므로 $\sim(p \wedge \sim q)$와 같이 바꾸어 쓸 수 있다. 따라서, 조건문 $p \to q$의 진리값은 p가 참이고, q가 거짓인 경우에만 거짓이고, 그 외에는 모두 참이다.

이러한 내용을 진리표로 나타내면 다음과 같다.

p	q	$p \to q$
T	T	T
T	F	F
F	T	T
F	F	T

예제 3.3

p를 '고양이는 동물이다', q를 '진달래는 동물이다' 라고 할 때, 다음 명제의 진리값을 구하라.

① $p \to q$: 고양이가 동물이면 진달래는 동물이다.

② $p \to \sim q$: 고양이가 동물이면 진달래는 동물이 아니다.

③ $\sim p \to q$: 고양이가 동물이 아니면 진달래는 동물이다.

④ $q \to p$: 진달래가 동물이면 고양이는 동물이다.

풀이

위 네 명제 중 ①은 거짓이며, ②, ③, ④는 참이다.

두 명제 p, q로 만든 조건문 $p \to q$와 $q \to p$의 논리곱, 즉

$(p \to q) \wedge (q \to p)$를 p와 q의 쌍조건문(biconditional proposition)이라고 하고, $p \leftrightarrow q$로 표기한다.

$p \leftrightarrow q$는 "p이면 q이고 또 q이면 p이다", "p가 되는 필요하고 충분한 조건은 q이다", "p일 때 또 그 때만 q이다(p if and only if q)"와 같이 읽는다.

예 3.4

p : 삼각형이다

q : 다각형이 세 변을 갖는다.

$p \leftrightarrow q$: 삼각형일 필요하고 충분한 조건은 다각형이 세 변을 갖는 것이다.

이러한 내용의 쌍조건문에 대한 진리표는 다음과 같다.

p	q	$p \rightarrow q$	$q \rightarrow p$	$(p \rightarrow q) \wedge (q \rightarrow p)$
T	T	T	T	T
T	F	F	T	F
F	T	T	F	F
F	F	T	T	T

위 진리표에서 보면 쌍조건문 $p \leftrightarrow q$의 진리값은 p와 q의 진리값이 서로 다를 때 거짓임을 알 수 있다.

조건문 $p \rightarrow q$가 참일 때 'p는 q를 함의한다(p implies q)' 고 하고, 이와 같은 논리함의(implication)를 $p \Rightarrow q$로 표기한다. 이 때 $\rightarrow$는 논리 기호이지만 $\Rightarrow$는 '$\rightarrow$가 참이다' 는 사실을 나타내는 표현으로 논리 기호가 아니다.

마찬가지로 쌍조건문 $p \leftrightarrow q$가 참일 때 $p \Leftrightarrow q$로 표기하고, p와 q를 동치관계라고 한다.

5) 동치명제

$\sim(p\vee q)$와 $\sim p\wedge\sim q$의 진리값을 조사해 보면 다음과 같다.

p	q	$p\vee q$	$\sim(p\vee q)$
T	T	T	F
T	F	T	F
F	T	T	F
F	F	F	T

p	q	$\sim p$	$\sim q$	$\sim p\wedge\sim q$
T	T	F	F	F
T	F	F	T	F
F	T	T	F	F
F	F	T	T	T

위 표에서 $\sim(p\vee q)$와 $\sim p\wedge\sim q$의 진리값은 같음을 알 수 있다. 이와 같이 두 명제의 진리값이 같을 때, 두 명제는 서로 동치(equivalent)라 하고, 기호 $\equiv$로 동치임을 표시한다. 위 표에서 알 수 있듯이 $\sim(p\vee q)\equiv\sim p\wedge\sim q$ 이다. 이를 드 모르간 법칙(De Morgan's law)이라 한다.

동치의 예를 들면, 이중부정은 긍정이므로 $\sim(\sim p)\equiv p$, 쌍조건문의 정의에서 $(p\rightarrow q)\wedge(q\rightarrow p)\equiv p\leftrightarrow q$, 조건문의 뜻과 위 예에서
$p\rightarrow q\equiv\sim(p\wedge\sim q)\equiv\sim p\vee q$이다.

문제 3.1

진리표를 이용하여 $p\rightarrow q\equiv\sim(p\wedge\sim q)\equiv\sim p\vee q$ 임을 밝혀라.

예제 3.4

$p\vee(q\wedge r)\equiv(p\vee q)\wedge(p\vee r)$임을 밝혀보자.

풀이

$p\vee(q\wedge r)$와 $(p\vee q)\wedge(p\vee r)$의 진리표를 조사해보면,

p	q	r	$p\vee(q\wedge r)$	$(p\vee q)\wedge(p\vee r)$
T	T	T	T	T
T	T	F	T	T
T	F	T	T	T
T	F	F	T	T
F	T	T	T	T
F	T	F	F	F
F	F	T	F	F
F	F	F	F	F

위 표에서 $p\vee(q\wedge r)$와 $(p\vee q)\wedge(p\vee r)$가 동치임을 알 수 있다.

따라서 $p\vee(q\wedge r)\equiv(p\vee q)\wedge(p\vee r)$이다.

6) 항진명제와 모순명제

논리 연산자 ~, ∧, ∨, → 등을 사용하여 명제 p, q,…로부터 합성명제를 구성하였다면, p, q,… 등을 이 합성명제의 변수(variable)라고 한다.

주어진 합성명제에서 각 변수의 진리값에 상관없이 그 합성명제의 진리값이 항상 참일 때 이 합성 명제를 항진명제(tautology)라고 한다. 반대로 변수들의 어떤 진리값에 대해서도 합성명제의 진리값이 항상 거짓이면 이 합성명제를 모순명제(contradiction)라고 한다.

다음 진리표를 보면,

p	$\sim p$	$p\vee\sim p$	$p\wedge\sim p$
T	F	T	F
F	T	T	F

$p\vee\sim p$는 항진명제이고 $p\wedge\sim p$는 모순명제임을 알 수 있다.

예제 3.5

명제 $((p \to q) \wedge \sim q) \to \sim p$가 항진명제임을 보여라.

풀이

p	q	$p \to q$	$\sim q$	$(p \to q) \wedge \sim q$	$\sim p$	$((p \to q) \wedge \sim q) \to \sim p$
T	T	T	F	F	F	T
T	F	F	T	F	F	T
F	T	T	F	F	T	T
F	F	T	T	T	T	T

위 진리표에서 $((p \to q) \wedge \sim q) \to \sim p$가 항진명제임을 알 수 있다.

앞에서 설명한 명제에 관한 연산들은 다음과 같은 법칙들을 만족한다. 여기에서 t 는 항진명제를, f 는 모순명제를 의미한다.

정리 3.1

① 멱등법칙 (idempotent law)

$$p \wedge p \equiv p \qquad p \vee p \equiv p$$

② 교환법칙 (commutative law)

$$p \wedge q \equiv q \wedge p \qquad p \vee q \equiv q \vee p$$

③ 결합법칙 (associative law)

$$p \wedge (q \wedge r) \equiv (p \wedge q) \wedge r$$

$$p \vee (q \vee r) \equiv (p \vee q) \vee r$$

④ 분배법칙 (distributive law)

$$p \wedge (q \vee r) \equiv (p \wedge q) \vee (p \wedge r)$$

$$p \vee (q \wedge r) \equiv (p \vee q) \wedge (p \vee r)$$

⑤ 항등법칙 (identity law)

$p \wedge t \equiv p \qquad p \vee t \equiv t$

$p \wedge f \equiv f \qquad p \vee f \equiv p$

⑥ 이중부정의 법칙 (double negation law)

$\sim(\sim p) \equiv p$

⑦ 여법칙 (complement law)

$p \wedge \sim p \equiv f \qquad p \vee \sim p \equiv t \qquad \sim t \equiv f \qquad \sim f \equiv t$

⑧ 드 모르간 법칙 (De Morgan's law)

$\sim(p \wedge q) \equiv \sim p \vee \sim q \qquad \sim(p \vee q) \equiv \sim p \wedge \sim q$

7) 역, 이, 대우

조건문 $p \to q$에 대하여 다음과 같이 p와 q를 포함하는 3개의 조건문 $q \to p$, $\sim p \to \sim q$, $\sim q \to \sim p$를 각각 조건문 $p \to q$의 역(converse), 이(converse of contraposition), 대우(contraposition)라고 한다.

이 네 개의 논리식을 진리표로 만들면 다음과 같다.

p	q	$p \to q$	$q \to p$	$\sim p \to \sim q$	$\sim q \to \sim p$
T	T	T	T	T	T
T	F	F	T	T	F
F	T	T	F	F	T
F	F	T	T	T	T

위 진리표에서 조건문 $p \to q$는 그 대우 $\sim q \to \sim p$와 동치이고, 그 역이나 이와는 동치가 아님을 알 수 있다.

즉, $p \to q \equiv \sim q \to \sim p$, $q \to p \equiv \sim p \to \sim q$

조건문 "$p \to q$: 사람이면 동물이다"의 역, 이, 대우를 구하라.

풀이

역 $q \to p$: 동물이면 사람이다.

이 $\sim p \to \sim q$: 사람이 아니면 동물이 아니다.

대우 $\sim q \to \sim p$: 동물이 아니면 사람이 아니다.

3. 술어논리

지금까지는 명제의 참, 거짓만을 문제시하였고 그 밖의 요소들은 생각하지 않았다. 즉, 다루고 있는 명제가 어떤 대상에 관한 것인지는 고려하지 않았다. 이 절에서 다루는 술어논리에서는 대상이 무엇인가까지 고려한 명제를 다루게 된다.

"$x=3$", "$x+y=z$"와 같은 수식들은 진리값을 명확히 알 수 없으므로 명제가 아니다. 그러나 위 수식의 변수에 어떤 값을 대치시키면 명제가 될 수 있다.

"$4=3$" ("$x=3$")

"$3+4=7$" ("$x+y=z$")

위에서 괄호 밖의 문장들은 명제이고, 괄호 안의 문장들은 어떤 대상들 사이의 관계 또는 어떤 대상의 성질을 표현하기 위하여 변수를 사용한 것인데, 이를 술어(predicate)라고 한다. 이렇게 술어와 변수로 만들어진 서술문은 변수에 특정값이 대치되었을 때 진리값을 갖게 된다. 앞으로는 술어를 포함한 서술문을 그냥 술어라고 부르기로 한다.

술어를 편리하게 함수 기호를 사용하여 나타낼 수 있다.

예를 들어,

"x가 여자이다"를 $F(x)$로

"x는 y와 결혼했다"를 $M(x, y)$로

"$x+y=z$"를 $S(x, y, z)$와 같이 나타낼 수 있다.

술어 한정자(predicate quantifier)는 변수의 존재 범위나 한계를 한정하기 위한 것으로서 두 가지가 있다. 하나는 '모든 …에 대하여' 로서 $\forall$로 표기하고, 또 다른 하나는 '…가 존재한다' 로서 $\exists$로 표기한다.

예제 3.7

(1) 명제 "$x^2=9$를 만족하는 정수 x가 존재한다"를 논리적 표기로 바꾸어라.

(2) 술어 한정자를 이용한 다음과 같은 논리적 표기

$\forall x[P(x)]$, $\exists x[P(x)]$, $\forall x \forall y[x^2+y^2 \geq x^2]$, $\forall x \exists y[y^2>x]$

를 명제로 서술해 보라.

(3) x를 자연수라 할 때 ① $\forall x[P(x)]$와 ② $\exists x[P(x)]$의 부정을 구하라.

풀이

(1) x를 정수라 할 때 술어 "$x^2=9$"를 $P(x)$라 하자. 술어 $P(x)$는 모든 정수 x에 대하여 성립하는 것이 아니라 $x=\pm 3$일 때만 성립한다. 따라서 술어 한정자를 사용하여 이 명제를 논리적 표기로 바꾸면 $\exists x[P(x)]$이다.

(2) $\forall x[P(x)]$: 모든 x에 대하여 $P(x)$가 성립한다.

$\exists x[P(x)]$: $P(x)$를 만족하는 x가 존재한다.

$\forall x \forall y[x^2+y^2 \geq x^2]$: 모든 x, y에 대하여 $x^2+y^2 \geq x^2$이 성립한다.

$\forall x \exists y[y^2>x]$: 모든 x에 대하여 $y^2>x$를 만족하는 y가 존재한다.

(3) ① 술어 $P(x)$가 모든 x에 대하여 참은 아니므로, $P(x)$가 거짓인 x도 존재한다.

따라서

$\sim(\forall x[P(x)]) \equiv \exists x[\sim P(x)]$

② 같은 방법으로 $\sim(\exists x[P(x)]) \equiv \forall x[\sim P(x)]$

예제 3.8

x를 정수라 하고, $P(x)$는 '$2x = x^2$' 인 술어라 할 때 $\forall x[P(x)]$와 $\exists x[P(x)]$의 진리값을 구하라.

풀이

① $\forall x[P(x)]$은 $x=1$인 경우에는 성립하지 않는다. 따라서 모든 x에 대하여 $P(x)$가 성립한다는 것은 거짓이다.

② $\exists x[P(x)]$은 $x=2$인 경우에 성립한다. 따라서 술어 $P(x)$를 만족하는 정수 x가 존재하므로 참이다.

문제 3.2

"모든 정수 x에 대하여 $x+y=7$이 되게하는 어떤 정수 y가 존재한다"를 술어논리로 나타내고 진리값을 구하라.

02 추론

인간의 어떠한 탐구도 수학적인 증명을 거친 것이 아니면 참된 과학이라 부를 수 없다.
– 레오나르도 다 빈치

주어진 몇 개의 명제로부터 새로운 명제를 이끌어 내는 것을 추론(argument)이라고 한다. 이 때 처음 명제들을 전제(premise)라고 하고, 얻어진 새로운 명제를 결론(conclusion)이라고 한다.

전제 P_1, P_2, P_3, $\cdots$, P_n으로부터 결론 C를 얻는 추론을
$P_1, P_2, \cdots, P_n \vdash C$로 표기한다.

다음과 같은 추론을 살펴보자.

P_1 : 다음 주에는 크리스마스가 있다.
P_2 : 크리스마스에는 눈이 내린다.

C : 다음 주에는 눈이 내린다.

위 추론에서 P_1과 P_2는 전제이고 C는 결론이며, 실선은 전제와 결론을 구분한다. 또 전제 P_1과 P_2가 참일 때 결론 C는 언제나 참이므로 추론 $P_1, P_2 \vdash C$는 타당한 추론이다. 특히 이러한 추론을 삼단논법(syllogism)이라고 한다.

1. 추론의 타당성

추론 자체는 한 명제이므로 진리값을 갖는다. 그 추론이 참이면 타당한 추론(valid argument)이라고 하고, 추론이 거짓이면 오류(fallacy argument)라고 한다.

추론 $P_1, P_2, \cdots, P_n \vdash C$는 $P_1, P_2, \cdots, P_n$가 전부 참이면 C가 참인 경우에 타당하다. 바꾸어 말하면, 전제의 논리곱이 결론을 함의할 때, 즉 $(P_1 \wedge P_2 \wedge \cdots \wedge P_n) \to C$가 참일 때 추론은 타당하다.

정리 3.2

추론 $P_1, P_2, \cdots, P_n \vdash C$가 타당한 추론일 필요충분조건은 합성명제 $(P_1 \wedge P_2 \wedge \cdots \wedge P_n) \to C$가 항진명제인 것이다.

예 3.5

추론 $p, p \to q \vdash q$를 생각해 보자.

아래의 진리표에서 p와 $p \to q$가 동시에 참일 때는 q도 참이므로 $p, p \to q \vdash q$는 타당한 추론이다.

p	q	$p \to q$
T	T	T
T	F	F
F	T	T
F	F	T

예제 3.9

추론 $p \to q, \sim q \vdash \sim p$는 타당한가를 알아보자.

풀이

① $p \rightarrow q$와 $\sim q$가 참일 때는 q는 거짓이고, $p \rightarrow q$가 참이 되려면 q가 거짓인 경우 p도 거짓이다. 따라서 $\sim p$는 참이므로 타당하다.

② 진리표를 이용하면 $p \rightarrow q$와 $\sim q$가 참일 때는 $\sim p$도 참이므로 타당하다.

p	q	$p \rightarrow q$	$\sim q$	$\sim p$
T	T	T	F	F
T	F	F	T	F
F	T	T	F	T
F	F	T	T	T

③ $p \rightarrow q$가 참이고 $\sim q$도 참이라 하자. $p \rightarrow q$의 대우인 $\sim q \rightarrow \sim p$가 참이고 $\sim q$가 참이므로 $\sim p$도 참이다. 따라서 타당하다

예 3.6

"오늘 비가 오면 나는 산책을 가지 않는다. 그러나 나는 산책을 갔다. 그러므로 오늘은 비가 오지 않았다."

이 추론에서 "오늘 비가 온다"를 명제 p로, "나는 산책을 간다"를 명제 q로 놓으면 위 추론은 다음과 같은 논리식으로 표현이 가능하다.

$$p \rightarrow \sim q,\ q \vdash \sim p$$

이 추론의 경우 $p \rightarrow \sim q$와 q가 모두 참일 때 결론 $\sim p$도 참이므로 이 추론은 타당한 추론이다. 또한 정리 3.2에 의해 합성명제 $[(p \rightarrow \sim q) \wedge q] \rightarrow \sim p$도 항진명제이다.

예 3.7

P_1 : 좋은 옷을 입으면 당신의 기분이 좋아진다.

P_2 : 당신의 기분이 좋아지면, 당신은 건강해질 것이다.

C : 좋은 옷을 입으면 당신은 건강해질 것이다.

위 추론에서 p를 "좋은 옷을 입다", q를 "기분이 좋아진다", r을 "건강해진다"로 놓으면 P_1, $P_2 \vdash C$는 $(p \to q)$, $(q \to r) \vdash (p \to r)$와 같이 표기되며, 이것은 삼단논법의 추론으로 타당한 추론이다. 따라서 주어진 추론은 타당하다.

명제 "사람은 죽는다"가 참일 때 사람의 집합을 M, 죽는 것의 집합을 C라고 하면 $M \subset C$임을 알 수 있다. 이와 같이 문장을 집합에 관한 표현으로 바꾸어 놓을 수 있고, 벤 다이어그램(Venn diagram)으로 나타낼 수 있으므로, 추론의 타당성을 판정하는 데에 벤 다이어그램을 흔히 이용한다.

다음과 같은 추론을 살펴보자.

P_1 : 흐린 날은 구름이 끼었다.

P_2 : 비 오는 날은 흐린 날이다.

P_3 : 수요일에는 비가 왔다.

C : 수요일은 구름 낀 날이었다.

P_1에서 흐린 날의 집합은 구름 낀 날의 부분집합이다. P_2에서 비 오는 날은 흐린 날의 부분집합이다. P_3에서 수요일은 비 오는 날에 속한다. 따라서 다음과 같은 벤 다이어그램을 얻는다.

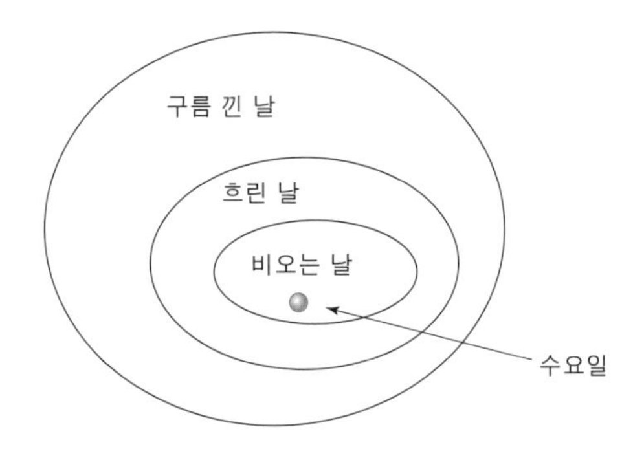

여기서 수요일은 구름 낀 날에 속하므로 "수요일은 구름 낀 날이었다"는 P_1, P_2, P_3로부터의 타당한 결론이다.

즉, P_1, P_2, $P_3 \vdash C$ 는 타당한 추론이다.

문 제 3 · 3

다음 전제를 이용하여 타당한 추론을 만들어라.

P_1 : 사장은 부자다.

P_2 : 작가는 신경이 예민하다.

P_3 : 최군은 사장이다.

P_4 : 신경이 예민한 사람은 부자가 아니다.

2. 추론의 방법

논리적 추론의 규칙에는 다음과 같은 것들이 있다.

1) 삼단긍정논법(modus ponens)

삼단긍정논법은 가정과 결론으로 이루어진 어떤 명제가 참임을 알고 있을 때, 그 명제의 가정이 참임을 알면 결론도 참이라고 규정하는 논증의 방법이다. 예를 들어, 피타고라스의 정리를 알고 있다면, 어떤 직각삼각형에서 세 변의 길이를 알고 있을 때 빗변의 길이의 제곱은 다른 두 변의 길이의 제곱의 합과 같다는 것을 참인 것으로 받아들이는 것이다. 이 추론의 규칙을 다음과 같은 형식으로 나타낼 수 있다.

$$\begin{array}{l} P \Rightarrow Q \\ \underline{P \quad\quad} \\ \therefore\ Q \end{array}$$

2) 삼단부정논법(modus tollence)

가정과 결론으로 이루어진 어떤 명제가 참임을 알고 있을 때, 그 명제의 결론의 부정이 참임을 알고 있으면 가정은 참이 아니라고 규정하는 논증의 방법이다. 예를 들면, 피타고라스의 정리를 알고 있을 때, 어떤 삼각형의 세 변의 길이 사이에 빗변의 길이의 제곱이 다른 두 변의 길이의 제곱의 합보다 클 때 그 삼각형은 직각삼각형일 수 없다는 것이다. 이 추론의 규칙을 다음과 같은 형식으로 나타낼 수 있다.

$$\begin{array}{l} P \Rightarrow Q \\ \sim Q \\ \hline \therefore\ \sim P \end{array}$$

3) 조건삼단논법(hypothetical syllogism)

두 명제 'P이면 Q이다'와 'Q이면 R이다'가 참임을 알고 있을 때, P가 참임을 알면 R이 참이라고 규정하는 논증의 규칙이다. 예를 들면, 방정식 $x^2-4=0$이면 $(x+2)(x-2)=0$이 성립하고, $(x+2)(x-2)=0$이 성립하면 $x=2$ 또는 $x=-2$가 성립한다. 따라서, $x^2-4=0$의 해는 $x=2$ 또는 $x=-2$라고 보는 것이다. 이 논법은 다음과 같이 형식화할 수 있다.

$$\begin{array}{l} P \Rightarrow Q \\ Q \Rightarrow R \\ \hline \therefore\ P \Rightarrow R \end{array}$$

4) 선언삼단논법(disjunctive syllogism)

두 명제 P, Q가 있고, P 또는 Q가 참임을 알고 있을 때 P가 참이 아니라고 하면 Q가 참이라고 규정하는 논법이다. 예를 들어, 방정식을 푸는 과정에서 $x=-2$ 또는 $x=2$를 알았지만, x는 음수가 될 수 없다는 조건이 있으면 $x=-2$가 아니다. 따라서 $x=2$가 그 방정식의 해가 되는 것이다. 이 논법을 다음과 같이 형식화할 수 있다.

$$\begin{array}{l} P \lor Q \\ \sim P \\ \hline \therefore\ Q \end{array}$$

5) 기타 논법들

- **구성적 양도논법(constructive dilemma)**

$$\begin{array}{l} (P \Rightarrow Q) \land (R \Rightarrow S) \\ P \lor R \\ \hline \therefore\ Q \lor S \end{array}$$

- **파괴적 양도논법(destructive dilemma)**

$$\begin{array}{l} (P \Rightarrow Q) \land (R \Rightarrow S) \\ \sim Q \lor \sim S \\ \hline \therefore\ \sim P \lor \sim R \end{array}$$

- **흡수논법(absorption)**

$$\begin{array}{l} P \Rightarrow Q \\ \hline \therefore\ P \Rightarrow P \land Q \end{array}$$

- **분리논법(simplification)**

$$\begin{array}{l} P \land Q \\ \hline \therefore\ P \end{array}$$

- **연접논법(conjunction)**

$$\begin{array}{l} P \\ Q \\ \hline \therefore\ P \land Q \end{array}$$

• **선접논법(addition)**

$$\begin{array}{l} P \\ \hline \therefore P \vee Q \end{array}$$

3. 증명의 방법

증명(proof)이란 논리적 법칙을 이용하여 주어진 전제로부터 결론을 유도해 내는 추론의 한 방법이다. 따라서 논리적인 추론은 증명 그 자체가 된다.

수학에서 나타나는 대부분의 증명문제는 $P \Rightarrow Q$ 와 같은 논리적 함의를 증명하는 것이다. 예를 들어 "a, b, c를 직각삼각형의 세 변의 길이라 할 때, $a^2+b^2=c^2$이다"와 같은 피타고라스 정리에서, 삼각형 x에 대하여, 명제 $P(x)$를 "x는 c를 빗변의 길이, a, b를 나머지 두 변의 길이로 하는 직각삼각형이다"로 놓고, 명제 $Q(x)$를 "삼각형 x의 세 변 a, b, c에 대하여 $a^2+b^2=c^2$ 이다" 라 놓자. 그러면 피타고라스 정리를 증명하기 위하여 $\forall x\,[\,P(x) \Rightarrow Q(x)\,]$임을 밝히면 된다.

$P \Rightarrow Q$ 를 증명하는 데에는 다음과 같은 방법들이 있다.

1) 직접 증명법(direct proof)

P가 참이라고 가정할 때, P에 뒤따르는 명제로부터 타당한 추론을 써서 Q를 연역해 냄으로써 $P \Rightarrow Q$가 참임을 밝히는 방법이다.

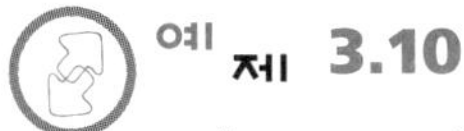

“$|x|>|y|$일 때 $x^2>y^2$”임을 증명하라.

풀이

우선 $x>0$, $y>0$이고 $x>y$이면 항상 $x^2>y^2$이다. 그런데 어떤 x, y에 대해서도 $|x|>0$, $|y|>0$이므로, $|x|>|y|$일 때 $|x|^2>|y|^2$이다. 그런데 $|x|^2=x^2$이고, $|y|^2=y^2$이므로, $|x|>|y|$일 때 $x^2>y^2$이다.

2) 간접증명법(indirect proof)

직접증명법으로 증명하기가 복잡하거나 어려운 경우 증명하고자 하는 명제를 부정함으로써 모순을 도출하여 그 명제가 참임을 증명할 수 있는데, 이런 증명방법을 간접증명법이라고 한다.

명제를 부정하는 방법으로는 그 명제의 가정을 부정하거나 결론을 부정하거나 가정과 결론을 모두 부정하는 방법이 있다. 그런데 어떤 명제의 가정이 거짓이면 그 명제는 결론의 참, 거짓에 관계없이 항상 참이다. 그러므로 가정이 거짓인 명제는 증명의 대상이 될 필요가 없다. 따라서 간접증명을 위해 명제를 부정할 때는 그 명제의 결론을 부정한다. 명제의 결론을 부정한 결과 그 명제의 가정에 모순됨을 보임으로써 그 명제가 참임을 보이는 증명법을 대우법(contrapositive proof)이라고 하고, 결론의 부정이 참이라고 밝혀진 다른 사실(공리, 정의, 정리 등)에 모순됨을 보임으로써 그 명제가 참임을 보이는 증명법을 귀류법이라고 한다. 예를 들면, 명제 ‘공집합은 모든 집합의 부분집합이다’를 증명하기 위하여 공집합이 어떤 집합의 부분집합이 아니라고 가정하면, 공집합에는 어떤 집합에 속하지 않는 적어도 한 원소가 속해 있어야 한다. 이는 공집합의 정의에 모순이다. 따라서 공집합은 모든 집합의 부분집합이라고 증명하는 방법은 간접증명법으로서 대우법에 해당한다. 또한 $\sqrt{2}$가 무리수임을 증명하기 위하여 $\sqrt{2}=\frac{b}{a}$ (기약분수)로 가정하고 모순을 찾아내는 간접증명 방법은 귀류법이다.

예제 3.11

"n이 2가 아닌 소수이면, n은 홀수이다"를 대우법을 이용하여 증명하라.

풀이

이를 증명하기 위해 "n이 짝수이면, n은 2이거나 소수가 아니다"가 참임을 밝힌다. n이 짝수이면 $n=2p$인 자연수 p가 있다. 이 때 p는 자연수이므로 $p=1$이거나 $p>1$이다. 따라서 $p=1$이면 $n=2$이고, $p>1$이면 n이 p로 나누어지기 때문에 소수가 아니다.

이 결과로부터 주어진 논리는 참이다.

예제 3.12

"x, y가 실수일 때, $x+y>2$이면 $x>1$ 또는 $y>1$"을 대우법을 이용하여 증명하라.

풀이

결론을 부정하여 "$x\le 1$이고 $y\le 1$"이라고 가정하면, $x-1\le 0$이고 $y-1\le 0$이므로

$$(x+y)-2=(x-1)+(y-1)\le 0 \qquad \therefore\ x+y\le 2$$

이것은 $x+y>2$라는 가정에 모순이므로, $x+y>2$이면 $x>1$ 또는 $y>1$이다.

3) 반례법

어떤 주장이 성립하지 않음을 보이려면 그 주장이 성립하지 않는 한 예

를 제시할 수 있으면 충분하다. 이러한 증명법을 반례법이라 한다. 예를 들면, "$x \leq 1$이면 $x^2 < 4$"는 $x = -3$을 예로 들어 참이 아님을 보일 수 있다.

4) P가 거짓이면 논리함의 $P \Rightarrow Q$는 참이므로 P가 거짓임을 밝힌다.

5) Q가 참이면 논리함의 $P \Rightarrow Q$는 참이므로 Q가 참임을 밝힌다.

6) 수학적 귀납법

수학적 귀납법은 자연수 $n \geq k$에 관한 어떤 성질 $p(n)$이 타당함을 증명하는 데 사용하는 한 증명 방법이다. 수학적 귀납법의 원리는 도미노의 원리로 설명될 수 있다.

수학적 귀납법의 원리

① $p(k)$는 참이다.

② 임의의 자연수 $n\,(\geq k)$에 대하여 $p(n)$이 참이라고 가정하면, $p(n+1)$도 참이다.

③ 그러면, 모든 자연수 $n\,(\geq k)$에 대하여 $p(n)$은 참이다.

예 3.8

n이 자연수일 때, 등식

$$1+3+5+\cdots+(2n-1)=n^2 \qquad \cdots\cdots\cdots\cdots\cdots \ (*)$$

이 성립함을 수학적 귀납법으로 증명하면,

① $n=1$일 때, $(*)$의 좌변은 1이며, 우변은 $1^2=1$이므로, $n=1$일 때, 등식 $(*)$는 성립한다.

② $n=k$일 때 성립한다고 가정하면,

$$1+3+5+\cdots+(2k-1)=k^2$$

이 식의 양변에 $2k+1$을 더하면,

$$1+3+5+\cdots+(2k-1)+(2k+1)=k^2+(2k+1)$$

이며, 이 식의 우변을 정리하면, $(k+1)^2$이 된다. 따라서,

$$1+3+5+\cdots+(2k-1)+(2k+1)=(k+1)^2$$

이며, 이 식은 (*) 식에 $n=k+1$을 대입한 것이다.

따라서 $n=k$일 때 성립한다고 가정하면 $n=k+1$일 때도 성립하므로 ①, ②에 의하여 등식 (*)는 모든 자연수 n에 대하여 성립한다.

문제 3 · 4

n이 양의 정수라고 하자. 만약 $(n+1)$ 마리의 비둘기가 n개의 비둘기 집으로 들어간다면 어떤 비둘기집에는 적어도 두 마리의 비둘기가 들어가게 됨(비둘기집의 원리)을 '수학적 귀납법'으로 증명하라.

4. 불완전한 추론과 사회적 추론

가정이 참임에도 불구하고 결론이 항상 참이라고 할 수 없는 추론이 있다. 이러한 추론들은 수학에서 증명을 위해 사용될 수는 없다. 그러나 이러한 추론은 어떤 사실이 성립할 것이라고 예측을 하는 데는 도움이 되는 경우가 많다. 이와 같은 추론을 불완전한 추론이라고 한다. 실생활에서 흔히 사용되는 추론들은 불완전한 추론인 경우가 많으며, 불완전한 추론은 다음과 같은 불완전한 증명의 형식을 사용하는 경우가 많다.

1) 타당하지 않은 추론 첫 번째(역의 성질 이용)

$$\begin{array}{l} P \Rightarrow Q \\ \underline{Q \qquad\quad} \\ \therefore\ P \end{array}$$

새로 증명하고자 하는 명제는 $Q \rightarrow P$이며, 가정은 Q, 결론은 P이다. 일반적으로 어떤 명제가 참이라도 그 역을 항상 참이라고는 할 수 없다.

2) 타당하지 않은 추론 두 번째(이의 성질을 이용)

$$\begin{array}{l} P \Rightarrow Q \\ \underline{\sim P \qquad} \\ \therefore \sim Q \end{array}$$

새로 증명하고자 하는 명제는 $\sim P \rightarrow \sim Q$이며, 가정은 $\sim P$, 결론은 $\sim Q$이다. 일반적으로 어떤 명제가 참이라고 해도 그 이도 항상 참이라고는 할 수 없다.

3) 타당하지 않은 사회적 추론의 첫 번째 예

두 사람의 후보가 출마하여 선거 유세를 하는 경우 자기의 훌륭한 점이나 정책을 제시하기보다는 상대방의 약점이나 실책을 들추어내어 공격함으로써 자기를 간접적으로 내세우는 경우가 많이 있다. 이 유세의 논리는 타당한듯하지만 수학적으로 보면 타당하지 못하다. 이 유세의 추론은 다음의 추론 형식을 이용한다.

$$\begin{array}{l} P \vee Q \\ \underline{\sim Q \qquad} \\ \therefore\ P \end{array}$$

이 추론의 형식 자체는 옳다. 그러나 잘못된 부분은 현실 세계에서 $P \vee Q$가 참이라고 보장되어 있지 못하다는 것이다. 즉, 두 사람 모두 후보자로서 훌륭하지 못한 경우도 현실적으로 있을 수 있기 때문이다. 따라서 이 유세의 추론은 타당하다고 할 수 없다.

4) 타당하지 않은 사회적 추론의 두 번째 예

다음 광고를 보자.

"이 세상에서 가장 맛있는 짜장면을 먹고 싶으면 우리 식당으로 오시오."

이 광고의 주인은 손님들이 자신의 식당의 짜장면이 이 세상에서 가장 맛있다고 판단하고 자기 식당으로 올 것을 기대하고 있을 것이다. 이 광고를 보고 그 식당의 짜장면이 이 세상에서 가장 맛있다고 추론하는 것은 옳은 것인가? 이 주장에서 사용한 문장은 명령문으로서 참이나 거짓을 가릴 수 없으므로 논리적 추론 형식을 갖추고 있지 못하다. 이 광고에는 자기 식당의 짜장면이 가장 맛있다고 표현한 부분이 없으며, 논리적으로 그렇게 추론할 수도 없다. 따라서 설령 그 식당의 짜장면 맛이 이 세상에서 가장 나쁘더라도 논리적 추론에 의하면 그 주인을 거짓말을 했다고 비난할 이유가 없다.

EXERCISE

셋째 날 연습문제

01 우리가 일상에서 사용했던 추론들을 찾아보고 그 추론들이 논리적으로 타당한 추론이었는지 오류였는지를 판단 해 보라.

02 두 명제 p와 q를 각각

p : 준석이는 영어를 말할 수 있다.
q : 준석이는 독일어를 말할 수 있다.

라고 할 때 다음 각 논리식을 문장으로 나타내 보라.

(1) $p \wedge q$

(2) $p \rightarrow \sim q$

(3) $\sim(\sim p)$

(4) $\sim p \vee \sim q$

(5) $p \leftrightarrow \sim q$

03 p를 "소은이는 건강하다", q를 "소은이는 행복하다"라고 할 때, 다음 각 문장을 논리식으로 고쳐라.

(1) 소은이는 건강하지 않지만 행복하다.

(2) 소은이는 건강하지도 행복하지도 않다.

(3) 소은이는 건강하고 행복하다.

(4) 소은이는 건강하면 행복하다.

04 다음 명제의 진리표를 작성하라.

(1) $(p \wedge q) \rightarrow (p \vee q)$

(2) $\sim p \vee (q \wedge \sim r)$

(3) $\sim(p \wedge q) \vee \sim(q \leftrightarrow p)$

05 진리표를 이용하여 다음이 성립함을 보여라.

(1) $p \wedge (\sim p \vee q) \equiv p \wedge q$

(2) $\sim(p \leftrightarrow q) \equiv p \leftrightarrow \sim q \equiv \sim p \leftrightarrow q$

(3) $p \rightarrow q \equiv \sim p \vee q$

06 진리표를 이용하여 다음 논리식의 참, 거짓을 밝혀라.

(1) $p \rightarrow (p \wedge q)$

(2) $p \rightarrow (p \vee q)$

07 드 모르간의 법칙(De Morgan's law)을 이용하여 다음 식을 간단히 하라.

(1) $\sim(p \wedge \sim q)$

(2) $\sim(\sim p \wedge \sim q)$

08 (1) $p \wedge q$가 p를 논리적으로 함의함을 보여라.

(2) $p \vee q$가 p를 논리적으로 함의하지 못함을 보여라.

09 다음 명제 중 항진명제인 것과 모순명제인 것을 찾아라.

(1) $\sim(p \vee \sim p)$

(2) $\sim(p \vee q) \wedge (p \wedge q)$

(3) $\sim p \rightarrow (p \rightarrow q)$

(4) $q \rightarrow (p \rightarrow q)$

(5) $\sim q \wedge q$

10 다음 각 명제의 역, 이, 대우를 구하라.

(1) 물고기라면 수영을 할 것이다.

(2) 내가 목이 마르다면 나의 컵은 비워져 있다.

(3) 그가 건강하다면 병을 이겨낼 것이다.

11 다음 논리식에 대한 역, 이, 대우는?

(1) $p \to \sim q$

(2) $\sim p \to \sim q$

12 술어 한정자를 이용하여 주어진 명제를 술어논리로 나타내라.

(1) 모든 물고기들은 헤엄을 친다.

(2) 수학을 전공하는 사람으로서 컴퓨터를 알지 못하는 사람은 없다.

(3) 모든 고양이들은 개를 싫어한다.

13 다음 문장을 술어논리로 나타내고 그 부정을 구하라.

(1) 모든 사람은 어리석다.

(2) 어떤 사람도 어리석지 않다.

14 다음 추론의 타당성을 조사하라.

(1) $p \to q,\ r \to \sim q \vdash r \to \sim p$

(2) $\sim p \to q,\ q \vdash \sim p$

15 다음 추론을 논리식으로 변환하고, 추론이 타당한가를 판정하라.

(1) 친구가 생일이면, 선물을 준다.
친구가 생일이거나 수업이 늦게 끝났다.
오늘은 친구에게 선물을 주지 않았다.
따라서, 오늘은 수업이 늦게 끝났다.

(2) 내가 일을 하면, 공부를 할 수 없다.
나는 공부하지 않거나 영어 시험에 통과했다.
나는 일을 했다.
따라서, 나는 영어 시험을 통과했다.

16 다음 명제를 증명하라.

"정수 a, b에 대하여, 2차 방정식 $x^2+ax+b=0$이 적어도 한 개의 정수해를 가지면 a, b중 적어도 하나는 짝수이다."

17 실수 x에 대하여, $|x|>1$이면 $x>1$ 또는 $x<-1$임을 대우법으로 증명하라.

18 다음에 제시된 문제를 논리적인 방법으로 해결하라.

한 선원이 인간과 뱀파이어가 살고 있는 섬에 상륙했다. 그 섬의 인간은 언제나 진실을 말하고 뱀파이어는 언제나 거짓을 말한다. 인간과 뱀파이어의 절반은 제정신이 아니어서 진실을 거짓으로 거짓을 진실로 믿는다. 그 선원이 A, B 자매를 만났다. 그는 그들 중 하나는 인간이고 다른 하나는 뱀파이어임을 알고 있다. 그들 중 A가 먼저 "우린 둘 다 제정신이 아니에요."라고 말하자 선원은 "진실인가요?"라고 물었고 B가 "아니오."라고 대답했다. 선원은 둘 중 A가 뱀파이어임을 알았다. 어떻게 알았을까?

쉼

아인슈타인 문제

전 세계 인류의 2%만 풀 수 있다는 문제. 바로 아인슈타인 문제라고 알려진 다음 문제이다. 논리를 이용하여 풀 수 있는 아인슈타인 문제에 도전해보자.

5채의 각각 색깔이 다른 집이 있다. 각 집에는 각각 다른 국적의 사람이 살고 있고 다른 음료를 마시며 다른 종류의 담배를 피우고 그리고 서로 다른 애완동물을 기르고 있다. 아래 조건이 주어졌을 때 금붕어를 키우는 사람은 어느 집에 살까?

1. 영국인은 빨간색 집에 산다.
2. 스웨덴인은 개를 기른다.
3. 덴마크인은 홍차를 마신다.
4. 녹색집은 흰색집 왼쪽에 있다.
5. 녹색집에 사는 사람은 커피를 마신다.
6. 폴몰을 피우는 사람은 새를 기른다.
7. 노란집에 사는 사람은 던힐을 피운다.
8. 가운데 집에 사는 사람은 우유를 마신다.
9. 노르웨이 사람은 첫 번째 집에 산다.
10. 블랜드를 피우는 사람은 고양이를 기르는 사람 옆집에 산다.
11. 말을 기르는 사람은 던힐을 피우는 사람 옆집에 산다.
12. 블루매스터를 피우는 사람은 맥주를 마신다.
13. 독일인은 프린스를 피운다.
14. 노르웨이 사람은 파란 집 옆집에 산다.
15. 블랜드를 피우는 사람은 물을 마시는 사람 옆집에 산다.

이 문제의 정답은 무엇일까? 주어진 조건들을 이용하여 논리적으로 문제를 풀면 의외의 답을 얻을 수 있다.

이상혁(1810~?)

중인출신으로서 조선후기 대표적 수학자이다. 산학 고시에 급제한 후 역학을 취급하는 서운관의 천문관리직을 맡았고, 『익산(翼算)』(1868), 『차근방몽구(借根方蒙求)』(1854), 『산술관견(算術管見)』(1855)을 지었다. 종래 산학이 주로 현실적인 문제 풀이에 초점을 맞춘 반면 이상혁은 이론적인 면을 중시했다. 『익산(翼算)』상편에서 정부론(正負論)을, 하편에서 급수론을 다루었으며, 『차근방몽구(借根方蒙求)』에서 유럽의 대수방정식을 해설하였다. 한편 『산술관견(算術管見)』에서는 본인의 연구결과를 발표하였는데, 일본의 수학자가 "조선에서 그야말로 전인미답의 경지를 개척하였다"고 감탄했다고 한다.

넷째 날
우리나라 수학

01 우리나라 수학사

혁신은 리더와 추종자를 구분 짓는 잣대이다.
(Innovation distinguishes between a leader and a follower)
– 스티브 잡스(1955~2011, 미국 IT 사업가)

현재 우리가 알고 있는 대부분의 수학은 서양수학에 근간을 두고 있다. 서양수학은 공리와 정의에 기반한 논리체계 중심의 수학이고, 동양수학은 현실적인 필요에 기초한 실용 중심의 수학이다.
흔히 서양수학이 동양수학보다 더 앞선 것으로 생각하나, 대수학에서는 동양수학이 서양수학보다 일찍 발달한 것이 많다.

인도-아라비아와 함께 동양수학의 핵심적 역할을 했던 중국은『주비산경』[1], 『구장산술』, 『해도산경』, 『손자산경』, 『오조산경』, 『하후양산경』, 『장구건산경』, 『오경산술』, 『철술』, 『집고산경』(이 열권은 당나라 때 정비된 산경십서(算經十書)임) 등 많은 수학책을 발간하며 수학을 꽃피웠다.

우리나라는 중국과 밀접한 관계를 맺었으므로 수학에서도 중국의 영향을 많이 받았다.

1. 현존하는 중국의 가장 오래된 천문학책으로 수학적인 내용도 많이 포함됨

우리나라 수학은 중국 수학의 축소판 정도로 생각되고 있지만, 우리 특유의 수학과 그 사상의 발자취가 있었다. 우리나라 수학이 중국의 수학과 다른 고유한 특징으로 다음을 들 수 있다.

⑴ 우리나라의 수학은 왕권의 보호아래 관(官)에서 주도한 관영(官營)수학이었으므로, 정치권력의 풍토가 바뀌면 수학에도 새로운 풍토가 생겼다. 중국수학은 처음에는 관영수학이 발전하였으나 이후에는 민간수학도 꽤 발전하였다. 그러나 우리나라는 정부주도하에 수학이 발전하였으므로 민간수학이나 민간수학자는 존재하지 않았다.

⑵ 우리나라 수학의 전성기였던 세종대왕 시기에 중국 수학은 쇠퇴하였다. 따라서 우리나라가 중국과는 다른 수학의 발전이 있었음을 알 수 있다.

⑶ 우리나라 수학은 사대부의 교양수학과 중인들의 실용수학으로 이원화되어 있었다. 교양수학이 이상적인 관념적 수학이라면 실용수학은 실천적이고 현실적인 필요에 의한 수학이었다. 조선시대 말에는 교양수학과 실용수학이 통합되었다.

⑷ 산학(算學)을 담당하는 관리들이 꾸준히 양산되면서 이들만의 튼튼한 공동체가 형성되었다.

1. 삼국시대

우리나라의 수학이 언제부터 시작되었는지 말하기는 쉽지 않다. 그러나 보통 문자를 자유롭게 사용하고, 법률에 근거한 정치가 시행된 삼국시대부터 시작되었다고 본다.

통일신라 용강도 고분의 문인상

김부식의 『삼국사기』에 있는 일식에 관한 기록은 삼국시대에 실용적 지식으로서의 수학이 존재하였음을 의미한다.

고구려에서는 소수림왕 2년(372)에 중국 제도를 본뜬 율령(법률)정치가 성립되었면서 정부에 산부(算賦, 과세)와 양전(量田, 토지측량)에 쓰이는 계산 지식을 담당하는 관리가 있었다. 일찍부터 관리제도가 정비된 백제에서도 역산(曆算)[2]을 담당하는 일관부(日官部)와 도량형을 담당하는 도시부(都市部) 등이 있었던 것을 통해 수학지식이 상당히 넓게 쓰였음을 알 수 있다. 신라에서는 공물과 조세를 담당하는 조부(調部, 584)와 창고를 담당하는 창부(倉部, 651) 등 재무를 담당하는 부서가 정부조직에 있었음을 통해 수학이 어느 정도 발전했음을 알 수 있다.

676년 신라가 삼국을 통일한 이후 우리나라 수학은 더욱 발전하게 된다. '국학(682)' 이라는 정식 교육기관을 통해 산학을 가르쳤다는 기록이 『삼국사기』에 다음과 같이 있다.

> 산학박사(算學博士) 또는 조교 한 사람을 두어 『철술(綴術)』[3], 『삼개(三開)』[4], 『구장』[5], 『육장』을 가르친다.

2. 천체를 관측하여 해와 달, 별의 운행과 절기를 알아내는 일을 역(曆)이라 함. 따라서 역산(曆算)이란 이러한 일을 하는 데 사용하는 계산을 말한다.
3. 원주율의 계산과 무한급수 이론을 다루었던 고대 중국의 조충지가 지은 수학책으로 지금은 남아있지 않다.
4. 『삼개』의 내용이 구체적으로 무엇인지에 관해서는 알 수 없으나, 일본측의 『삼개중차』라는 명칭, 그리고 고려의 산학제도의 기사 속에 '삼개 3권' (三開 三卷)이라는 구절이 있는 사실에 비추어, 중국의 산서 중에서 측량술에 관한 부분만을 간추려서 재편집한 교과서인 것으로 추정된다. 육장과 삼개는 중국으로부터 전해졌다는 기록이 없다.
5. 지금 남아있는 중국의 고대 수학서는 10종류(산경십서,算經十書)인데 그 중 가장 오래된 책이 주비산경(천문학책)이고 그 다음이『구장산술』(263년 이전)인데 신라의 『구장』은 구장산술과 비슷한 책이라고 여겨진다.

모든 학생은 대사(大舍 : 중앙관서의 17위계 중 제12위)로부터 관직이 없는 자에 이르기까지 지위에 관계없으며, 나이는 15세 이상 30세 이하까지인 자를 입학시켰다.

재학연령은 9년으로 하되 만약 우둔하여 학업을 계속할 가망이 없는 자는 중도에서 퇴학시키고, 미숙한 데가 있으나 재주와 기량이 이룰만한 자는 9년을 넘는 일이 있어도 계속 재학할 것을 허락한다. 그리고 졸업과 동시에 대나마(제10위) 또는 나마(제11위)의 관직을 준다.

이렇게 수학을 체계적으로 교육하게 된 것은 토지측량, 조세, 국고 관리 등 행정 실무를 위해 현실적인 수학이 필요하였기 때문이다.

천문학분야에서도 수학지식은 필요했는데, 749년에 천문박사 등을 임명하였다는 『삼국사기』의 기록으로 미루어 볼 때, 이들 교수직 밑에 천문역생(天文曆生)을 둔 것으로 보인다. 또 산경십서(算經十書) 중의 하나이며 동양천문학자들의 필독서이기도 하였던 『주비산경』도 역생의 양성과정에서 사용되었을 것이다.

2. 고려시대

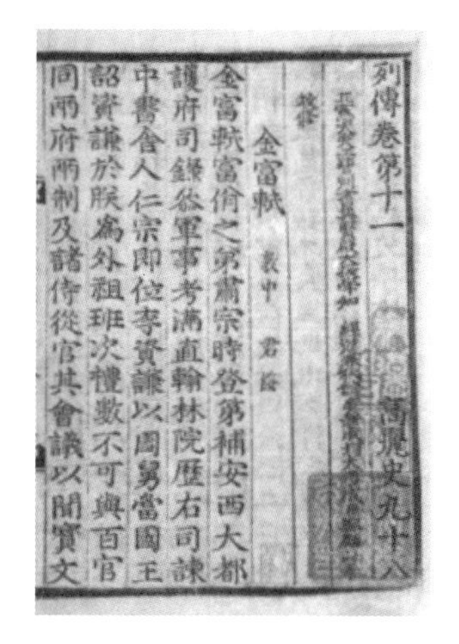
列傳卷第十一　高麗史九十八

金富軾

金富軾富佾之弟肅宗時登第補安西大都
護府司錄參軍事考滿直翰林院歷右司諫
中書舍人仁宗即位李資謙以國舅當國王
詔資謙於朕爲外祖班次禮數不可與百官
同兩府兩制及諸侍從官共會議以聞寶文

고려시대(918~1392)는 중국 수학의 황금기였던 송, 금, 원나라에 해당한다. 당시 중국은 이야, 양휘, 진구소, 주세걸 등의 수학자들이 관료사회를 떠나 개인적인 저술에 의한 민간수학을 발전시킨 반면, 고려는 관학의 영역에 국한되어 있었다. 고려의 수학책이 남아있는 것이 없으므로 다른 책에 언급된 내용으로 당시 수학을 살펴볼 수 있다.

『고려사』에는 통일신라의 국학을 이은 고려의 국자감에서 정한 산생(算生)의 자격과 입학시험인 명산과에 대해 다음과 같이 서술되어 있다.

> 율 · 서 · 산의 학생은 모두 8품 이하의 자제 및 서인 출신으로 하되, 7품 이상의 자제도 청원하면 이를 허락한다.
>
> (중략)
>
> 명산과는 2일에 걸친 시험에서 산서의 내용을 출제하여 답안을 작성하게 한다.
>
> 제1일에는 『구장』, 2일에는 『철술』,『삼개』,『사가』를 치르게 한다. 또, 『구장』 10권의 내용을 암송하고 그 이치를 설명하는데, 각 시험관마다 여섯 문제씩 묻고 그 중 네 명을 통과해야 한다.

여기서 산생의 모집정원에 대한 언급이 없는 데, 이는 산학의 관료를 그때그때 필요할 때마다 달리 했기 때문으로 보인다. 당시의 신분제도는 엄격하게 규제되어 특별한 소양이나 연고 없이는 산생으로 입학할 수 없었다. 이러한 폐쇄성으로 인해 고려시대 수학은 큰 발전 없이 정체되었다.

고려 수학의 성격을 정리하면 다음과 같다.

① 산학제도가 통일신라시대의 연장이었다. 즉, 당 · 송의 문물제도를 본받았으나 산학은 통일신라의 것을 거의 그대로 이어받았으며, 중국에서 직접적인 영향을 받은 흔적이 없다. 신라로부터 계승된 『철술』이 송대에는 이미 존재하지 않았다는 사실은 고려와 송나라의 산학제도가 서로 무관한 것이었음을 말해준다.

② 수학의 지위가 낮아졌다. 당초 국자감에 속했다가 고려중기 이후 잡과(雜科) 중의 하나로 옮겨졌다는 것은 그나마 학문적인 성격을 인정받았던 수학이 기술로 격하되었음을 뜻한다.

③ 수학이 제한된 특수신분층에서만 다루어졌다. 산사는 민간의 접촉이 차단된 내무직이자 특수한 전문직이었으며 수적으로도 제한되었다. 또한, 폐쇄된 사회에서 산사직의 세습화 경향은 수학의 발전에 장애가 되었다. 즉, 고려는 신라 이래의 산학을 이어받아 간직하였을 뿐 그 수준을 크게 벗어나지 못하였다.

④ 고려 말기에 중국으로부터 산서를 도입하였다. 산학 고시의 과목 이름 외에 고려에 어떤 수학책이 있었는지 알 수 없다. 그러나 송대의 많은 산서 중 적어도 『철술』을 제외한 산경십서가 전해졌을 가능성은 충분히 있으며, 『산학계몽(算學啓蒙)』, 『양휘산법(楊輝算法)』, 『상명산법(詳明算法)』등이 들어온 것은 틀림없다. 이를 통해 조선의 수학을 준비하였다는 점에서 고려 수학의 의의를 다소나마 평가할 수 있다.

3. 조선시대

1) 조선 초기

고려가 패망한 중요한 원인 중의 하나는 양전(量田), 즉 농지측량의 제도가 문란하였다는 것이다.

세종대왕(1419~1450) 시기에는 전제평정소(田制評定所)를 설치하여 양전 제도의 확립을 꾀하였고, 이에 따라 통일신라나

고려 초기처럼 수학에 대한 수요가 갑자기 늘어났다.

『세종실록』에 기록된 세종 25년 11월 17일 세종의 다음 칙서는 이것을 단적으로 말해 준다.

> 산학은 비록 한낱 기술에 지나지 않는다고 하지만 국가의 행정을 위해서는 필수적인 것이다. ……
>
> 최근 농지를 등급별로 측량하는 데 있어서 이순지 · 김담 등의 활약이 없었던들 그 셈을 능히 할 수 있었을까. 널리 산학을 익히게 하는 방안을 강구하라.

세종대왕은 부제학 정인지(鄭麟趾)로부터 『산학계몽』에 관한 강의를 받았을 정도로 산학을 강조하였다. 뿐만 아니라 고위층 문관인 집현전 교리도 산학을 배우게 하였고, 상류층 자제들이 산학을 배우도록 장려하였다. 왕이 스스로 산학을 배우고 고위 관료들이 산학을 중시하는 풍토를 만든 것은 세종대왕 시기 뿐이었다. 이것은 재능만 있으면 보수 관료의 반대에도 불구하고 신분에 관계 없이 등용한 세종대왕의 정치 덕택이었다. 이 밖에 세종대왕은 산법교정소, 역산소 등을 설치하여 산학의 회복을 위하여 많은 노력을 기울였다. 중국의 중요한 수학책인 「상명산법」, 「양휘산법」, 「산학계몽」이 다시 인쇄되어 관리 입학시험에 이용된 것도 세종대왕 때부터이다.

세조(1455~1468)시기에는 산학의 제도가 더욱 정비되어 세종대왕 시기까지 있었던 산학박사 대신에 산학교수(算學教授, 종6품) 1인, 별제(別提, 종6품) 2인, 산사(算士, 종7품) 1인, 계사(計士, 종8품) 2인, 산학훈도(算學訓導, 정9품) 1인 등의 관직을 두었다.

경국대전에 의하면 천문학(역산) 분야에서도 수학이 상당 수준 발전했음을 알 수 있다.

2) 조선 중기

이 시기에는 연산군의 학자 박해, 연산군-중종-명종에 걸친 3대 사화, 선조대에 일어난 임진왜란(1592), 정유재란(1957) 등으로 관영학문인 수학이 정체되었다. 특히 양란에서 일본은 조선의 수학책을 가져가 그들의 전통수학인 와산의 기초를 다진 반면, 조선은 독자적으로 싹트던 수학이 주춤하게 되었다.

다만 양란 이후 국정이 안정 되면서 토지측량, 조세 납부 등 실용적인 필요에 의한 산사의 채용 부활과 꾸준히 이어진 산학은 전통수학의 명맥을 잇게 했다.

조선 중기는 산학의 기술관리직을 독점하는 중인(中人) 산학자의 집단이 형성되는 기틀이 마련되었다는 점에서 우리나라 수학사상 중요한 시기였다.

3) 조선 후기

일본의 조선침략으로 조선의 많은 수학책들이 소실되었지만, 무너진 질서를 회복하려고 노력하는 가운데 실제적인 것을 중시하는 실학이라는 새로운 학풍이 생겨났다. 중국을 통한 서양과학의 유입으로 대두된 실학은 17세기 중엽부터 19세기 중엽까지 왕성했으며, 천문학, 수학 등 실제적인 학문을 중시하였다. 특히, 조선 문화의 중흥기였던 영조, 정조대에는 산사를 포함한 기술관료의 수가 대폭 늘어났다. 현재 남아있는 우리나라의 전통수학책은 모두 조선 후기에 간행된 것이다.

조선시대의 수학은 산사라는 중인계급에 의해 주도되었고, 다른 한 편에는 사대부 출신의 수학자들이 있었다. 당시 산사는 시험을 통해 선발되었는데 그 합격자 명단인 『주학입격안』을 보면, 산사는 거의 세습되었으며 결혼도 산사집안끼리 할 정도로 공동체화 되었다. 대표적인 산사 출신의 수학자로 홍정하, 경선징, 이상혁 등이 있다. 이들은 집안끼리 서로 연결되어 상호교류하며 수학을 쉽게 접할 수 있었는데, 유럽의 대표적인 수학자 집안인 베르누이 가문과 비견된다.

한편 사대부 출신의 수학자로는 최석정, 황윤석, 홍대용, 남병길 등이 있다. 특히 남병길은 중인 출신의 이상혁과 공동연구를 하여 훌륭한 업적을 남겼다.

당시의 수학자와 저서를 살펴보면 다음 표와 같다.

연도	산학자(신분)	산서	특징
1616~?	경선징(중인)	묵사집산법	현존하는 최초의 조선 산서
1645 ~1725	최석정(영의정)	구수략	서양수학을 최초로 언급, 등차 · 등비수열의 합 소개
1684~?	홍정하(중인)	구일집	산학 전반을 다룸, 천원술을 활용한 방정식 문제의 해결
1729 ~1791	황윤석(유학자)	산학입문 산학본원	
1731 ~1783	홍대용(유학자)	주해수용	삼각함수를 최초로 다룸
1810~?	이상혁(중인)	차근방몽구, 산술관견, 익산	서양수학 연구, 산학의 수학화, 정리를 먼저 설명하고 예를 제시하는 체제
1820 ~1869	남병길(판서)	구장술해, 집고연단, 유씨구고술요도해, 측량도해, 산학정의	산학정의는 이상혁과 공동으로 연구한 것을 총망라, 정의나 정리를 먼저 제시하고 예제를 설명하는 체제

이 중에서 최석정은 영의정의 자리에까지 오른 유학자로서 수학에 대해 많은 연구를 하였다. 그는 초월적인 수의 신비성과 같이 형이상학적인 역학사상에 의해 수론을 전개하였다. 특히 그는 마방진에 관심이 많았는데 저서 『구수략』에 그림과 같은 9×9마방진을 만들었다. 이 마방진은 가로, 세로, 대각선의 합이 369일 뿐만 아니라 9개로 쪼갠 3×3도 합이 123이다.

50	18	55	70	5	48	3	76	44
66	31	26	29	81	13	52	11	60
7	74	42	24	37	62	68	36	19
54	67	2	65	25	33	28	23	72
59	21	43	9	41	73	15	61	49
10	35	78	42	57	17	80	39	4
79	6	38	20	69	34	32	64	27
30	71	22	45	1	77	16	51	56
14	46	63	58	53	12	75	8	40

한편, 홍정하는 중인 출신의 수학자로서 저서 『구일집』에서 천원술을 중국의 책보다 더 많이 다루고, 10차 다항식을 취급하여 그 우수성을 과시하였다. 그 책 '잡록'에는 조선을 방문한 중국 수학자 하국주와 나눈 수학 대담이 실려 있다. 서로 문제를 내어 답을 하는 것이었는데, 하국주가 낸 문제에 홍정하가 모두 답한 반면, 홍정하가 낸 문제에 하국주가 답을 못하고 내일 알려 주겠다고 하고는 결국 풀지 못하였다. 홍정하가 산대를 이용하여 방정식 문제를 풀자 하국주가 신기하다며 이를 중국으로 돌아갈 때 얻어갔다고 한다.

이상혁은 산사 집안 출신의 중인 수학자이다. 그는 '문제-답-풀이' 방식으로 전개된 기존의 수학책의 형식에서 벗어나, 주제를 먼저 서술한 후 예를 도입하였다. 다수의 중국 수학책을 섭렵한 이상혁은 풀이방법의 한계를 지적하며 스스로 더 나은 방법을 보여 주었다. 그는 수학을 체계적이고 구조적으로 접근하고 이론화하였다는 면에서 우리나라 최고의 수학자라 할 수 있다.

그는 저서 『차근방몽구』에서 서양의 방정식 풀이를 이용하여 해를 구하는 방법을 소개하고 있는데, 여기서 차근방이란 대수학 'algebra'를 번역한 말이다. 또한 『산술관견』에서는 기하와 삼각함수를 다루었는데, 다음과 같이 크게 다섯 부분으로 나누어져 있다.

① 각등변형습유(角等變形拾遺)-정다각형의 한 변을 알 때 그것의 넓이와 내접원의 지름 및 외접원의 지름을 구하거나, 역으로 정다각형의 넓이를 알 때 한 변을 구한다.

② 원용삼방호구(圓容三方互求)-원 안의 한 변의 길이를 알고 합동인 3개의 정사각형이 품(品)자 모양으로 있을 때 원의 지름을 구하며, 역으로 원의 지름을 알 때 정사각형의 한 변을 구한다.

③ 호선구현시(弧線求弦矢)-호의 길이나 각의 크기를 알 때 정현(正弦) $r\sin\theta$와 정시(正矢) $r-r\sin\theta$를 구한다.

④ 현시구호도(弦矢求弧度)-호선구현시의 역으로 정현과 정시로부터 호의 길이 $r\theta$와 각의 크기 θ를 구한다.

⑤ 불분선삼률법해(不分線三率法解)-구면삼각형에서 두 변과 그 낀 각을 알 때 나머지 두각을 구하며, 역으로 두 각과 그 사이에 낀 변을 알 때 나머지 변을 구한다.

또한 『익산』에서는 방정식과 급수론에 대한 이론적인 접근을 보여주었는데, 수열의 부분합에 대한 독창적인 연구결과도 들어있다.

남병길은 사대부 출신의 수학자로서 같은 수학자인 형 남병철과 함께 수학연구에 열심이었다. 특히 저서 『측량도해』와 『유씨구고술요도해』에서 이전까지 볼 수 없었던 그림을 이용하여 해법의 정당성을 밝히는 방법을 사용하였다.

02 우리나라 수학 체험해보기

나만큼만 깊이 그리고 끊임없이 수학적 진실을 생각하기만 한다면 내가 발견한 것 정도는 누구든지 발견할 수 있다.

– 가우스(1777~1855, 독일 수학자)

1. 산가지

중국이나 우리나라 수학의 큰 특징 중의 하나는 대수학을 숫자를 써서 계산하는 필산(筆算)이 아닌 도구를 이용하여 계산하는 산기대수학(算器代數學)을 발전시켰다는 것이다. 그 도구 중에서도 중국에서는 나중에 없어졌지만 우리나라에서는 조선말기까지 계속 사용된 산가지가 있다. 산가지는 산대, 산목, 수가비, 주가비라고도 하며 중국에서는 산(算)·주(籌)라고도 한다. 보통 대나무로 만들고, 길이는 10㎝가량이고 원통형이나 삼각기둥 모양이다.

산가지를 이용해서 숫자를 나타낼 때는 일의 자리는 세로로, 십의 자리는 가로로, 백의 자리는 다시 세로로, … 하며, 음수는 0이 아닌 가장 아랫자리에 사선을 그어 나타낸다. 예를 들어, –839은 𝍧𝍫𝍨로 나타낸다.

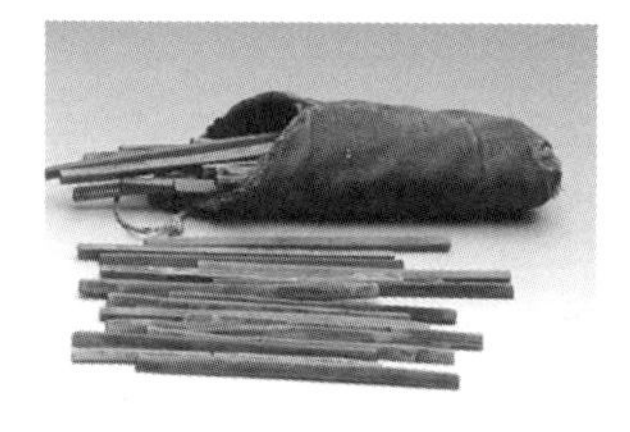

𝍠	𝍡	𝍢	𝍣	𝍤	𝍥	𝍦	𝍧	𝍨	○
1	2	3	4	5	6	7	8	9	0
𝍩	𝍪	𝍫	𝍬	𝍭	𝍮	𝍯	𝍰	𝍱	
10	20	30	40	50	60	70	80	90	
𝍠	𝍡	𝍢	…						
100	200	300							
⋮									

(1) 산가지를 이용한 계산

산가지를 이용해서 계산을 해 보자.

덧셈에 관한 연산

	32		𝍫𝍡
+	9	+	𝍨
	41		𝍬𝍠

뺄셈에 관한 연산

	32		𝍫𝍡
−	9	−	𝍨
	23		𝍪𝍢

곱셈에 관한 연산

①

	𝍩	𝍦
	𝍪	𝍢

17× 23을 셈을 해보자.

그림의 표현에서처럼 칸을 세 부분으로 나누어 가장 위 칸에 17을 놓고 제일 아래 칸에 23을 놓는다.

②

	𝍩	𝍦
𝍪	𝍢	

17의 십의 자리 숫자 밑에 23을 이동시킨다.

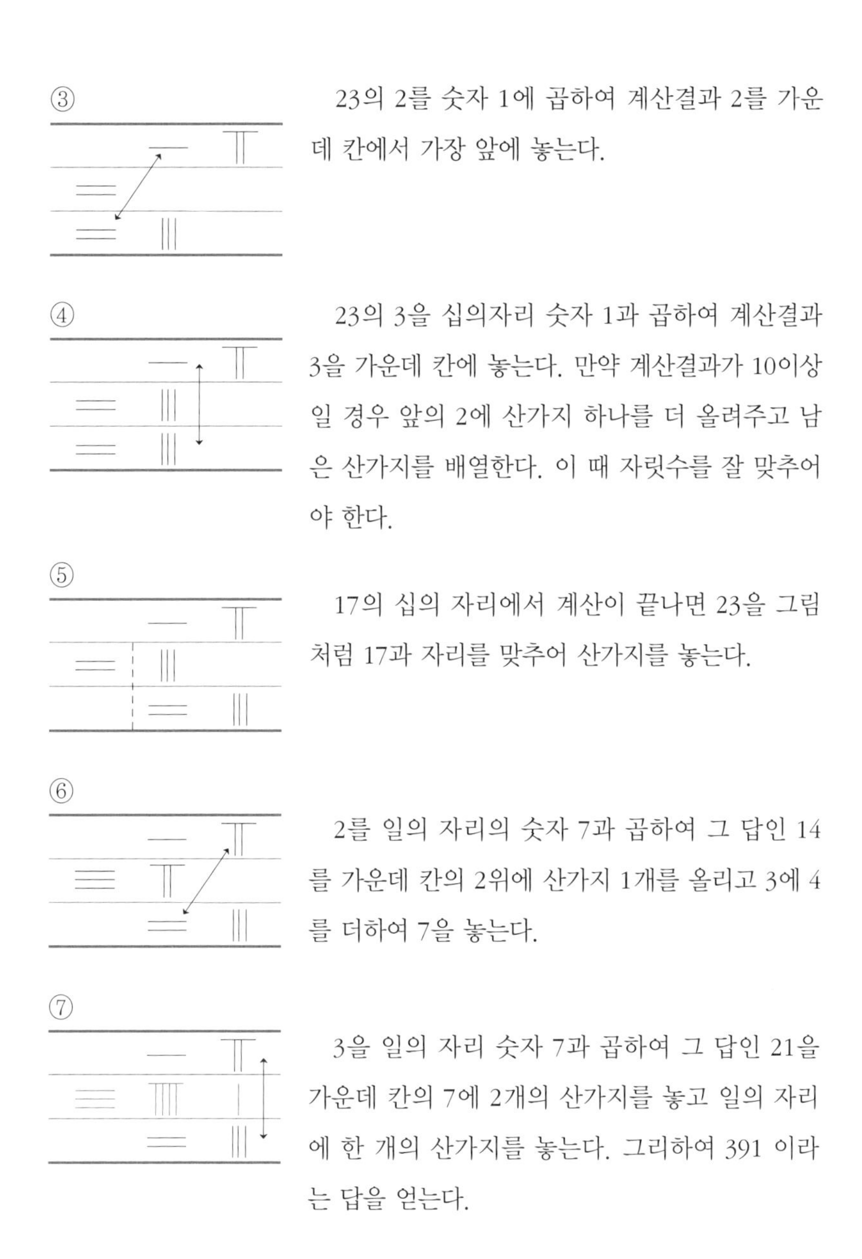

③ 23의 2를 숫자 1에 곱하여 계산결과 2를 가운데 칸에서 가장 앞에 놓는다.

④ 23의 3을 십의자리 숫자 1과 곱하여 계산결과 3을 가운데 칸에 놓는다. 만약 계산결과가 10이상일 경우 앞의 2에 산가지 하나를 더 올려주고 남은 산가지를 배열한다. 이 때 자릿수를 잘 맞추어야 한다.

⑤ 17의 십의 자리에서 계산이 끝나면 23을 그림처럼 17과 자리를 맞추어 산가지를 놓는다.

⑥ 2를 일의 자리의 숫자 7과 곱하여 그 답인 14를 가운데 칸의 2위에 산가지 1개를 올리고 3에 4를 더하여 7을 놓는다.

⑦ 3을 일의 자리 숫자 7과 곱하여 그 답인 21을 가운데 칸의 7에 2개의 산가지를 놓고 일의 자리에 한 개의 산가지를 놓는다. 그리하여 391 이라는 답을 얻는다.

문제 4.1

산가지를 이용하여 다음을 계산하라.

(1) 198+57　　(2) 216−49　　(3) 36×27

2. 조선시대 수학책의 수학문제 풀어보기

조선시대 산학서는 우리 고유의 수학연구 방법, 수학문제해결관점, 수학에 대한 태도 등을 알 수 있는 좋은 기회를 제공한다. 이제 몇 가지 산학서에 제시된 문제를 통해 우리 나라의 수학을 이해해 보도록 하자.

1) 묵사집산법에 나오는 문제

다음은 중인 출신의 산학자 경선징이 집필한 『묵사집산법』에 나오는 문제이다. 문제를 어떻게 풀었는 지 그 해법의 원리를 알아보자.

지금 둔한 말과 좋은 말 두 필이 있는데, 좋은 말이 31일 가고 둔한 말이 49일 가면 그 간 거리는 서로 똑같다. 다만, 좋은 말이 하루에 90리씩 더 간다. 두 말이 하루에 가는 거리는 각각 얼마인가?

해법

31일과 49일을 놓고, 서로 곱하면 1519를 얻는다. (좋은 말이) 하루에 더 많이 가는 90리를 이에 곱하여 얻은 13만 6710리를 포라고 하자. 또, 일수를 놓고 작은 것을 큰 것에서 뺀 나머지 18을 법이라고 하자. 포를 법으로 나누면 7595리를 얻는다. 이것이 곧 똑같이 간 거리이다. 또, 이 거리를 각 일수로 나누면 각각이 하루에 간 거리를 얻어서 물음에 합당한 답이 된다.

별해

49일을 놓고, (좋은 말이)하루에 더 많이 가는 90리를 이에 곱하여 얻은 4410리를 실이라고 하자. 또, 일수를 놓고 큰 것에서 작은 것을 뺀 18을 법이라고 하자. 실을 법으로 나누면 좋은 말이 하루에 가는 거리를 얻는다. 그것에서 하루에 더 많이 가는 거리를 빼면 둔한 말이 하루에 가는 거리를 얻는데, 이 또한 물음에 합당하다.

위 문제의 해법은 좋은 말이 하루에 x리, 둔한 말이 하루에 y리 간다고 하여 다음과 같은 연립방정식을 만들어 푸는 과정과 일치한다.

$31x=49y$ …… ①

$x-y=90$ …… ②

$x=(31\times49\times90)\div(49-31)\div31=245$

$y=(31\times49\times90)\div(49-31)\div49=155$

다음은 홍정하가 지은 『구일집』에 나오는 문제와 풀이다. 어떤 점에서 이 풀이가 독특한지 찾아보자.

갑, 을 두 사람이 있다. 갑이 을에게 말하기를, "네가 네 나이 8세를 내게 주면 내 나이는 네 나이보다 네 나이만큼 많다." 을이 갑에게 말하기를 "네가 네 나이 8세를 내게 주면 너와 나는 나이가 같다." 갑, 을의 나이는 각각 얼마인가?

풀이

8세에 갑의 비율 7을 곱하면 갑의 나이이고, 을의 비율 5를 곱하면 을의 나이를 얻는다. [주: 갑 7, 을 5라는 것은 갑이 7이고 을이 5일 때 갑이 을에게서 1만큼 가져오면 갑은 8이고 을은 4가 되어 갑은 을의 2배이다. 또 을이 갑에게서 1만큼 가져오면 갑도 6이고 을도 6이되어 서로 같다.]

풀이에서 갑의 비율 7, 을의 비율 5라는 것은 두 수 a, b에 대해 d가 있어 $a+d=2(b-d)$, $a-d=b+d$ 이면 $a=7d$, $b=5d$ 인 관계를 상정하고 있음을 저자의 주(7과 5에 대해, $7+1=2(5-1)$, $7-1=5+1$)로부터 알 수 있고, 문제는 $d=8$인 경우이다.

3. 천원술 (天元術)

천원술은 중국의 송 · 원대에 발달한 수학으로 현대의 일원방정식으로 유도되는 문제를 해결하는 방법이다. 입천원일(立天元一), 즉 "미지수를 x로 삼는다." 라는 서술에서 명칭이 유래되었다. 산가지를 이용하여 천원술로 방정식을 풀 수도 있는데, 문제의 조건에 맞도록 방정식을 구하여 가장 위에서 부터 상수항, x의 계수, x^2의 계수, x^3의 계수, … 순으로 정렬하여 계산한다.

산가지의 계산에서는 각 항의 계수에 명칭이 부여되는데 이차방정식의 경우 2차항의 계수는 우법, 1차항의 계수를 종방, 상수항을 실이라 하고, 삼차방정식에서는 3차항의 계수를 우법, 2차항의 계수를 종렴, 1차항의 계수를 종방, 상수항을 실이라 한다. 계수의 개수가 많아지면 갑,을,병,정,…의 십간을 이용하여 상수항을 실, 1차항의 계수를 갑종, 2차항의 계수를 을종, …으로 나타낸다.

중국에서는 명대 이후로 산학의 폐지, 상업 발달로 인한 주산의 보급, 서양 수학의 전래로 천원술의 전통이 사라질 무렵, 그것을 이어받은 우리나라에서는 오히려 중국 보다 더욱 발전된 형태로 남아 조선 산학 발달의 중요한 역할을 하였다.

천원술은 산가지를 사용했기 때문에 '도구적 대수학' 이라고도 불리고 있지만 필산(筆算)형식으로 나타나기도 하였다. 우리나라에 천원술이 전해진 것은 『산학계몽』으로 보여지나 방정식의 해법에 관해서는 진구소의 『수서구장』에만 설명이 있을 뿐 『산학계몽』에도 이에 대해서는 전혀 언급되지 않은 것으로 보아 한국에서의 천원술 해법은 독자적으로 알아낸 것으로 보인다.

예를 들어, $f(x)=a_4x^4+a_3x^3+a_2x^2+a_1x+a_0=0$의 해를 구해보자.

$f(x)=0$의 해의 근사값을 h라고 하자.

$x=y+h$를 $f(x)$ 에 대입하면

$g(y)=b_4y^4+b_3y^3+b_2y^2+b_1y+b_0$를 얻는다. 이 때 계수 b_4, b_3, b_2, b_1, b_0를 구하는 방법은 지금의 조립제법과 동일하다.

h	a_4	a_3	a_2	a_1	a_0
		a_4h	$a_3'h$	$a_2'h$	$a_1'h$
h	a_4	a_3'	a_2'	a_1'	$a_0'=b_0$
		a_4h	$a_3''h$	$a_2''h$	
h	a_4	a_3''	a_2''	$a_1''=b_1$	
		a_4h	$a_3'''h$		
h	a_4	a_3'''	$a_2'''=b_2$		
		a_4h			
	$a_4=b_4$	$a_3''''=b_3$			

다음에는 $g(y)=0$의 근사해 r을 잡는다.

$y=z+r$을 $g(y)$ 에 대입하여 얻은 $h(z)$ 에서 $h(0)=0$이면 $f(x)=0$의 해는 $x=h+r$이다.

만일 답을 얻지 못하면 이 작업을 반복하면 된다.

예를 들어 $x^2+6x-616=0$의 해를 구해보자.

$f(x)=x^2+6x-616$이라 하고 방정식 $f(x)=0$의 해의 근삿값을 20이라 하자.

$x=y+20$을 $f(x)$에 대입하면

$g(y)=y^2+46y-96$

$g(0)=0$이 아니므로 이 작업을 다시한다.

방정식 $g(y)=0$의 해의 근삿값을 2라 하자.

$y=z+2$를 $g(y)$에 대입하면

$h(z)=z^2+50z$

$h(0)=0$이므로 구하는 방정식 $f(x)=0$의 해는 $20+2=22$

20	1	6	−616	
		20	520	
20	1	26	−96	$(=b_0)$
		20		
	$1\,(=b_2)$	$46\,(=b_1)$		

2	1	46	−96	
		2	96	
2	1	48	0	$(=c_0)$
		2		
	$1\,(=c_2)$	$50\,(=c_1)$		

이번에는 산가지를 이용하여 천원술로 $x^2+6x-616=0$의 해를 구해보자.

① 산가지로 '우법'에 1을, '종방'에 6을, '실'에 −616을 나타낸다.

② $x^2+6x-616=0$의 근사해로 20을 잡는다. 이 근사해를 '상'이라 한다.

'상' 20에 '우법' 1을 곱한 20을 '종방' 6에 더하면 '종방' 은 26이 된다.
'종방' 26에 '상' 20을 곱하면 26 × 20 = 520이 된다.

③ '실' − 616에 520을 더하면 '실' 은 − 616 + 520 = − 96이 된다.

④ 다시 '상' 20과 '우법' 1을 곱한 20을 '종방' 에 더하면 '종방' 은 46이 된다.

⑤ '상' 1의 자리에 근사값 2를 놓는다.

⑥ '상' 의 2와 '우법' 1을 곱한 2를 '종방' 에 더하면 '종방' 은 46 + 2 = 48이 된다.

'종방' 48을 '상' 2와 곱하여 '실' 에 더하면 '실' 은 48 × 2 = 96,
− 96 + 96 = 0이 된다.
따라서 첫 번째 근삿값 20과 두 번째 근삿값 2를 더하면 22가
$x^2 + 6x - 616 = 0$의 근이다.

①

천	백	십	일	
				상(근사해)
	𝍥	𝍩	𝍥⃥	실(상수항)
			𝍥	종방(x항)
			𝍠	우법(x^2항)

②

천	백	십	일	
		𝍪		상(근사해)
	𝍥	𝍩	𝍥⃥	실(상수항)
		𝍪	𝍥	종방(x항)
			𝍠	우법(x^2항)

③

천	백	십	일	
		𝍪		상(근사해)
		𝍱	𝍥⃥	실(상수항)
		𝍪	𝍥	종방(x항)
			𝍠	우법(x^2항)

④

천	백	십	일	
		𝍪		상(근사해)
		𝍱	𝍥⃥	실(상수항)
		𝍫	𝍥	종방(x항)
			𝍠	우법(x^2항)

⑤

천	백	십	일	
		𝍪	𝍡	상(근사해)
		𝍱	𝍥⃥	실(상수항)
		𝍫	𝍥	종방(x항)
			𝍠	우법(x^2항)

⑥

천	백	십	일	
		𝍪	𝍡	상(근사해)
				실(상수항)
		𝍫	𝍧	종방(x항)
			𝍠	우법(x^2항)

문제 4.4

$x^2+4x-672=0$의 해를 첫 번째 근삿값을 20, 두 번째 근삿값을 4로 잡아 산가지를 이용하여 풀라.

넷째 날 연습문제

01 동양수학의 고전이라 할 수 있는 중국의 『구장산술』에는 활꼴 밭(弧田)의 넓이를 구하는 공식이 다음과 같이 나온다. 이 값은 활꼴을 어떤 도형으로 바꾸어서 얻은 근삿값이다. 어떤 도형인지 찾아라.

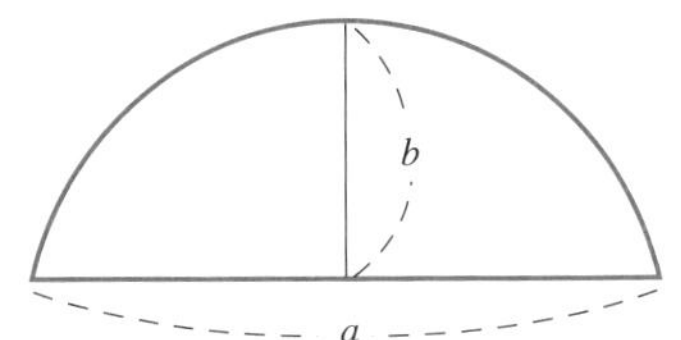

현의 길이가 a, 높이(시, 矢)가 b인 활꼴의 넓이는 $\frac{1}{2}(ab+b^2)$이다.

02 조선시대 사대부 출신의 수학자 최석정이 지은 『구수략』(1700년경)에는 그가 만든 독창적인 마방진이 많은데, 다음은 그 중 하나인 낙서육구도(洛書六九圖)이다. 이것은 1부터 30까지의 자연수를 그림과 같은 모양의 빈 칸에 채워 아홉 개의 육각형의 수들의 합이 모두 93으로 같게 한 것이다. 각 육각형의 합이 모두 90이 되도록 만들어 보라. (합이 91, 95가 되는 것도 해 보라.)

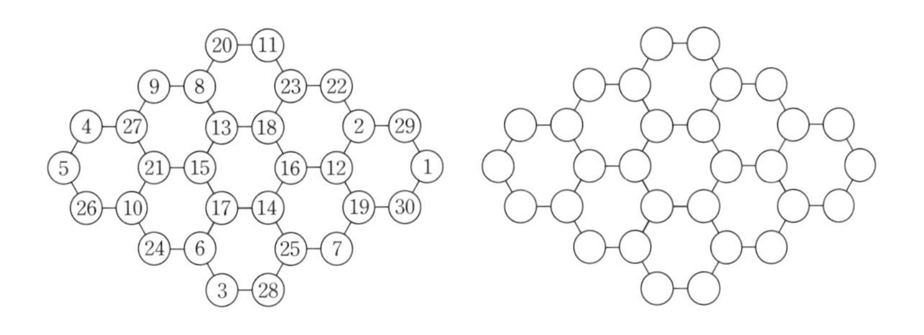

03 조선시대 사대부 출신의 남병길이 지은 『유씨구고술요도해』에는 직각삼각형의 지름을 구하는 방법이 다음과 같이 두 가지 제시되어 있다. 각각을 지금 우리가 사용하는 식으로 옮겨서 설명하라.

(1)

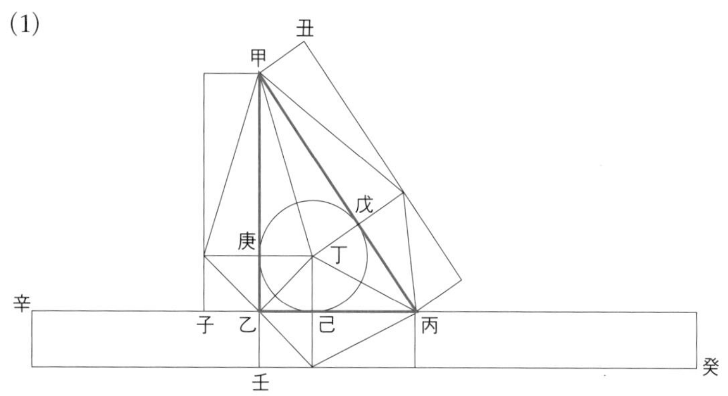

선분 辛癸를 대각선으로 하는 직사각형을

□辛癸라 하면,

□辛癸 = □辛壬+□丙壬+□丙癸

= □甲子+□丙壬+□丙丑

= 2(△甲丁乙+△乙丁丙+△甲丁丙)

= 2 △甲乙丙

따라서 (지름) = $\dfrac{2\times甲乙\times乙丙}{甲乙+乙丙+甲丙}$

(2)

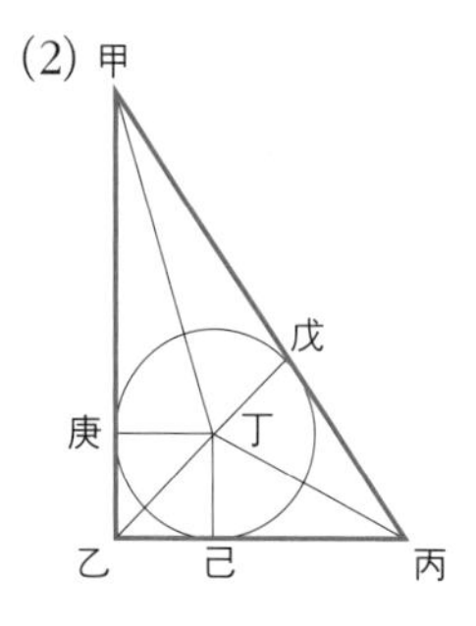

甲乙+乙丙−甲丙

= (甲庚+乙庚)+(乙己+丙己)−(甲戊+丙戊)

= (甲庚−甲戊)+(丙己−丙戊)+(乙庚+乙己)

= 乙庚+乙己

04 다음은 조선시대 수학자 황윤석의 『산학입문』(1774)에 나오는 '차분화합법(差分和合法)' 으로 단가나 속도가 다른 대상에 대한 조건을 다루는 문제이다.

단가가 a와 b인 ($a>b$) 두 물건의 총 개수를 m, 총액을 p라 하면,

싼 물건의 개수는 $\dfrac{am-p}{a-b}=\dfrac{(\text{비싼 단가})\times(\text{총 개수})-(\text{총액})}{\text{두 단가의 차}}$ 이다.

이 공식이 어떻게 성립하는 지 설명하고, 이 공식을 다음 문제에 적용해 보라.

지금 닭과 토끼가 100마리 있는데 다리의 총 개수는 272개이다.
닭과 토끼는 각각 몇 마리인가?

05 조선시대 최고의 수학자 이상혁이 쓴『산술관견』(1855) 제2장 '원용삼방호구' 에는 다음과 같이 지름을 알고 있는 원에 品자 모양으로 내접하는 정사각형의 한 변의 길이 x를 구하는 문제에 대한 풀이가 두 가지 있다. 다음을 참고하여 문제의 답을 구하라.

(1)

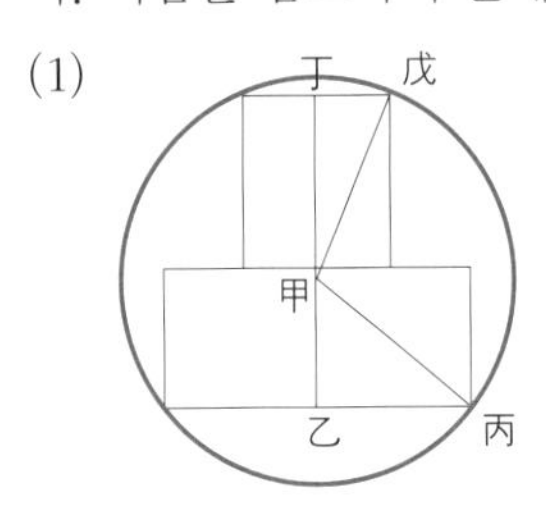

• △甲丁戊와 △甲乙丙에서

$\left(\dfrac{x}{2}\right)^2+\text{甲丁}^2=x^2+\text{甲乙}^2$

• $\text{甲乙}^2+\text{乙丙}^2=\text{甲丙}^2$

(2)

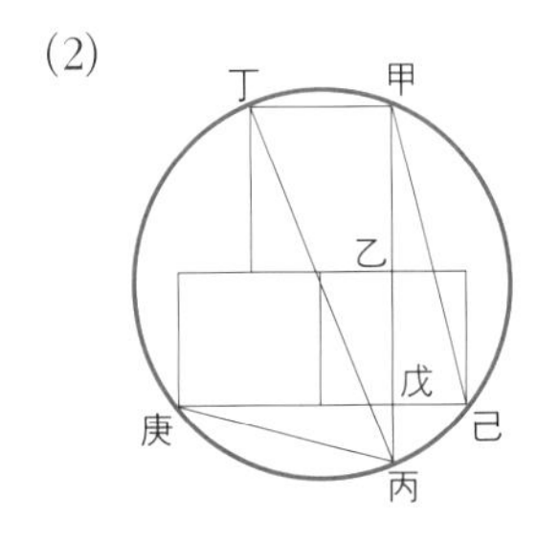

• △甲戊己와 △庚戊丙은 닮음

• △甲丙丁에서 $\text{甲丙}^2+\text{甲丁}^2=\text{丙丁}^2$

쉼

방정식 해결에서는 훨씬 앞섰던 동양수학

일차 방정식, 유리방정식, 삼각방정식이라고 할 때의 방정식이라는 말은 『구장산술』이라는 중국 책에서 유래된 것이다. 『구장산술』은 동양의 「원론」이라고 불리는 고전으로, 기하학과 수론에서는 그리스 수학에 못 미치나 산술과 대수면에서는 당시 서양의 수준을 능가한다. 책의 저작년도는 분명치 않으나 유휘(劉徽)가 263년에 구장산술에 주를 달았던 것으로 보아 그 이전이라고 추측할 뿐이다. 이 책은 총 9개의 장으로 구성되어 있는데 8장이 바로 방정(方程)장으로 1원 연립방정식을 푸는 문제들로 구성되어 있다. 여기서 방정이란, 수를 네모 모양으로 늘어놓고 계산하는 것을 말한다.

방정장의 첫 문제인 다음 문제를 살펴보자.

상품(上品)인 좁쌀 3다발, 중품의 좁쌀 2다발, 하품의 좁쌀 1다발을 모으니 알맹이가 모두 39말이다. 이번에는 상품 2다발, 중품 3다발, 하품 1다발을 모으니 모두 34말이고, 상품 1다발, 중품 2다발, 하품 3다발을 모으니 모두 26말이다. 그러면 상·중·하품의 좁쌀 한 다발의 알맹이는 각각 몇 개인가?

풀이

먼저 상·중·하품의 다발 수와 총 알맹이 수를 네모 모양으로 늘어 놓으면

3	2	1	39	$3x+2y+z=39$
2	3	1	34	$2x+3y+z=34$
1	2	3	26	$x+2y+3z=26$

이것을 풀기 위해 각 행에 상수를 곱하여 다른 행에 더하는 방법을 써서 미지수를 하나씩 소거한다. 즉,

➜ 1행×(−1)+3행×3

3	2	1	39
2	3	1	34
0	4	8	39

➜ 1행×(−2)+2행×3

3	2	1	39
0	5	1	24
0	4	8	39

➜ 2행×(−4)+3행×5

3	2	1	39
0	5	1	24
0	0	36	99

➜ 3행×1/9

3	2	1	39
0	5	1	24
0	0	4	11

➜ 2행×4+3행×(−1)

3	2	1	39
0	20	0	85
0	0	4	11

➜ 2행÷5

3	2	1	39
0	4	0	17
0	0	4	11

➜ 1행×2+2행×(−1)

6	0	2	61
0	4	0	17
0	0	4	11

➜ 1행×2+3행×(−1)

12	0	0	111
0	4	0	17
0	0	4	11

$\therefore\ x=\frac{111}{12},\ y=\frac{17}{4},\ z=\frac{11}{4}$

이 방법을 서양에서 발견한 사람이 가우스(Carl Friedrich Gauss,1777~1855)와 조르단(Wilhelm Jordan,1842~1899)인데, 그들이 태어난 연도를 보면 동양의 산학이 서양보다 얼마나 앞섰는지 알 수 있다.

Mathematics Journey

오일러

Leonhard Euler(1707~1783)

오일러는 스위스 바젤에서 출생한 수학자로 해석학의 화신(化身), 최대의 알고리스트로 불린다. 베르누이 밑에서 수학과 물리학을 배운 후, 러시아의 피테스부르그 학사원에서 수학과 물리학을 가르쳤다. 수학의 천재인 오일러는, 병으로 시력을 잃어 나중에 장님이 되었으나 죽기까지 연구를 그치지 않고 뛰어난 기억력과 계산력 그리고 강인한 정신력으로 많은 분야에서 빛나는 업적을 남겼다. 그래프 이론의 창시자이기도 한 오일러는 우리가 쉽게 접할 수 있었던 오일러의 공식, 삼각 함수의 sin, cos, tan 등의 생략된 기호와 허수의 기호, 자연 대수의 밑수 e를 처음으로 쓰기 시작하였다.

다섯째 날

그래프

01 무향 그래프

마음이 거기에 있지 않으면 보아도 보이지 않고, 들어도 들리지 않으며, 먹어도 그 맛을 알 수 없느니라.

– 『대학』

우리나라의 지도를 보면 각 도시들이 점으로 표시되어 있고 도시와 도시를 연결하는 도로들은 선으로 표시되어 있다. 이는 도시와 도시 사이의 연결 상태를 중요시하여 점과 선으로 그려 놓은 것이다. 또, 5명의 사람이 참가한 어떤 모임에서 사람을 점으로, 악수한 것을 선으로 연결하여 5명 중 악수한 사람들을 그림으로 나타낼 수 있다. 이처럼 우리가 사는 현실 세계를 점과 선만으로 구성하여 나타내어도 필요한 정보들을 제시해 주기 때문에 실생활에서 큰 도움이 됨을 알 수 있다. 이와 같이 몇 개의 점과 점을 연결한 변으로 이루어진 도형을 그래프(graph)라고 한다. 그래프를 이용하면 현실 세계의 복잡하고 추상적인 관계나 표현을 보다 단순한 수학적 모델로 바꿀 수 있다.

그래프 이론은 18세기에 수학자 오일러가 쾨니히스베르크(Königsberg) 다리 문제를 해결하는 과정에서 최초로 소개되었다고 알려지고 있다. 그 후 그래프 이론은 최단경로 찾기, 통신 네트워크의 설계 같은 여러 응용 분야에 폭넓게 사용되고 있다. 이제 그래프에 대하여 자세히 공부하기로 하자.

1. 그래프

그래프는 도형으로 정의가 되지만 도형의 성질보다는 그래프를 이루는 점들과 그 점들 사이의 관계를 나타내주는 선분에 주로 관심을 둔다.

그런 의미에서 그래프 G는 2가지 집합 V와 E로 구성되며 $G=(V, E)$로 표기한다. $V=\{v_1, v_2, \cdots, v_n\}$은 G의 꼭짓점(vertex)의 집합이며, $E=\{e_1, e_2, \cdots, e_m\}$은 G의 변(edge)의 집합으로서 변은 꼭짓점의 쌍 $\{v_i, v_j\}$로 구성된다.

예 5.1

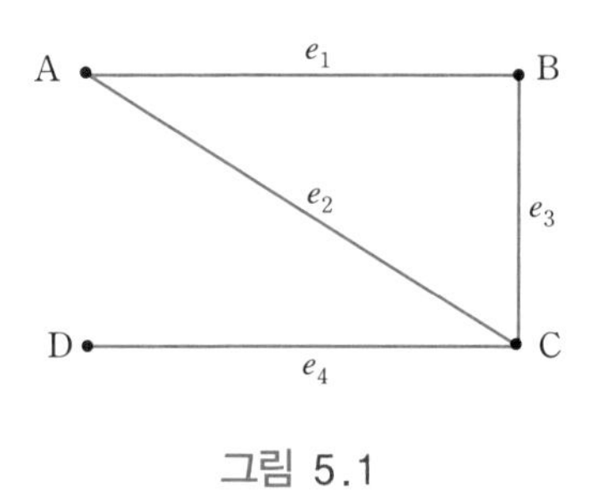

그림 5.1

위 그래프 $G=(V, E)$는 꼭짓점의 집합 $V=\{A, B, C, D\}$와 변의 집합 $E=\{e_1, e_2, e_3, e_4\}$로 구성된 그래프이다. 여기에서 $e_1=\{A, B\}$, $e_2=\{A, C\}$, $e_3=\{B, C\}$, $e_4=\{C, D\}$이며 이 꼭짓점들의 쌍들 간의 순서는 무관하다. 예를 들면 $e_1=\{A, B\}=\{B, A\}$이다.

두 꼭짓점 A와 B가 변 $e=\{A, B\}$로 이어져 있을 때, 꼭짓점 A와 B는 인접(adjacent)한다고 하며 꼭짓점 A와 B를 변 e의 끝점(end point)이라고 한다. 또 A가 변 e의 끝점이면 e는 A에 근접(incident)한다고 한다.

두 꼭짓점을 잇는 변이 2개 이상 있을 때 이들 변을 다중 변(multiple edge)이라고 하며, 두 끝점이 같은 꼭짓점인 변 즉, {A, A} 모양의 연결선을 고리(loop)라고 한다. 이와 같이 다중 변이나 고리를 가지는 그래프를 특히 다중 그래프(multi-graph)라고 하며, 다중 변과 고리가 없는 그래프는 단순 그래프 또는 그래프라고 한다.

예 5.2

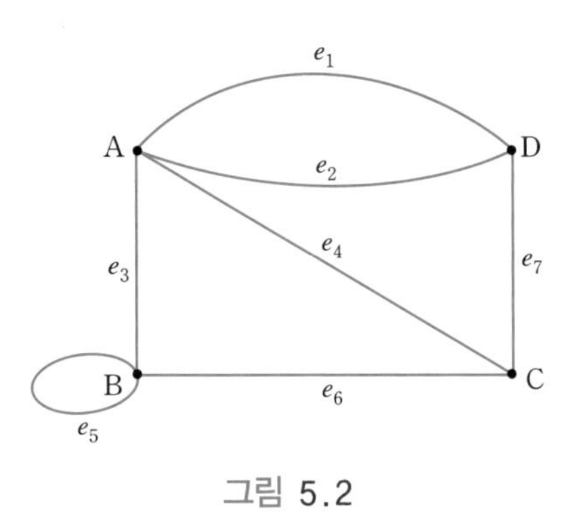

그림 5.2

위 그래프에서 e_1과 e_2의 끝점은 서로 인접한 꼭짓점 A와 D로 서로 같고, e_5의 끝점은 같은 꼭짓점인 B이다. 따라서 e_1과 e_2는 다중 변이고 e_5는 고리이며 이 그래프는 다중 그래프이다.

임의의 꼭짓점을 끝점으로 하는 변의 개수를 그 꼭짓점의 차수(degree)라고 하고 꼭짓점 v의 차수를 $\deg(v)$로 표기한다. 이 때 차수가 짝수인 꼭짓점을 짝수점(even vertex), 차수가 홀수인 꼭짓점을 홀수점(odd vertex)이라고 한다.

그래프에서의 각 변은 2개의 끝점을 가지므로, 변과 꼭짓점 사이에는 다음과 같은 관계가 성립한다.

정리 5.1

그래프상의 각 꼭짓점의 차수의 합은 변의 개수의 2배이다.

예 5.3

그림 5.1의 그래프에서 deg(A) = 2, deg(B) = 2, deg(C) = 3, deg(D) = 1이므로 각 꼭짓점의 차수의 합은 $2+2+3+1=8$이다. 변의 개수는 4이므로 변의 개수의 2배가 차수의 합과 같음을 알 수 있다.

따름정리

그래프상의 홀수점의 개수는 짝수 개이다.

예 5.4

어떤 모임에 참석한 사람을 꼭짓점으로, 서로 악수한 것을 변으로 나타내어 생각하면 홀수 번 악수한 사람은 홀수점에 대응되므로 홀수 번 악수를 한 사람이 있다면 그 수는 짝수이다.

그림 5.3은 도시를 점으로, 그 도시들 사이에 운항되는 한 항공기회사의 항공편을 변으로 나타낸 그래프이다. 우리는 그림 5.3에서 시드니와 뉴욕 그리고 서울과 로마 사이에는 직항 비행기가 있지만, 런던과 뉴욕 사이에는 직항 비행기가 없음을 알 수 있다.

어떤 사람이 런던을 출발하여 뉴욕에 가기 위해 비행기편을 어떻게 이용해야 할지 그림 5.3을 보며 생각할 수 있다.

런던을 출발하여 서울을 거쳐 뉴욕에 갈 수도 있고, 런던을 출발하여 로마, 시드니를 거쳐 뉴욕에 갈 수도 있다.

런던을 출발하여 다시 런던으로 되돌아오는 길 또한 여러 가지가 있다.

그래프의 한 꼭짓점에서 변을 따라 변을 반복하지 않고 다른 꼭짓점으로 이동할 때, 꼭짓점을 순서대로 나열한 것을 그래프의 경로(path)라고 하고, 경로를 이루는 변의 개수를 경로의 길이(length)라고 한다. 경로는 보통 꼭짓점의 연속 $(v_1\ v_2\ \cdots\ v_n)$으로 나타내는데, $(v_1\ e_1\ v_2\ e_2\ \cdots\ v_n\ e_n)$과 같이 꼭짓점과 변의 연속이나 $(e_1\ e_2\ \cdots\ e_n)$과 같이 변의 연속으로 표현하기도 한다. 특히, 한 꼭짓점에서 출발하여 다시 그 꼭짓점으로 되돌아오는 경로를 회로(cycle)라고 한다.

그림 5.2에서 A에서 C로 가는 경로에는 (A C), (A B C), (A D C) 등이 있으며, A에서 출발하여 A로 되돌아오는 회로는 (A D C A), (A B C D A) 등이 있다.

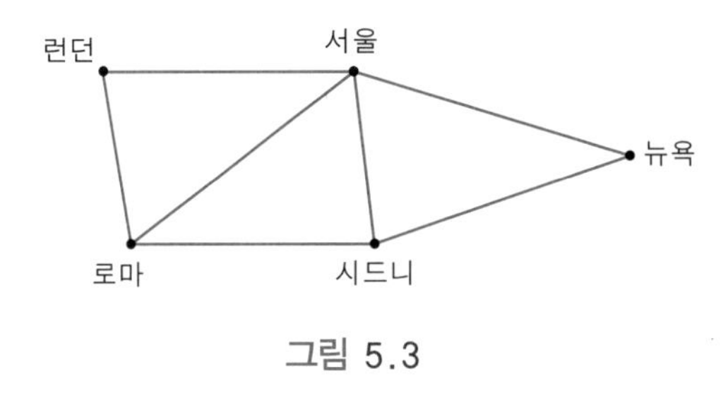

그림 5.3

그래프의 어떤 두 꼭짓점 간에도 경로가 존재할 때, 그 그래프를 연결 그래프(connected graph)라고 하고, 그렇지 않으면 비연결 그래프(disconnected graph)라고 한다.

2. 오일러 경로와 그 회로

18세기 프러시아의 쾨니히스베르크(Königsberg) 시에 있는 프레겔(Pregel) 강에는 그림 5.4와 같이 이 강을 가로지르는 7개의 다리가 있었다. 이 지역 주민들은 "같은 다리를 두 번 이상 건너지 않고 7개의 다리를 차례로 빠짐없이 건널 수 있는 산책로가 있을까?"라는 의문을 오랫동안 가져왔었고, 마침내 1736년에 스위스의 유명한 수학자 오일러(Leonhard Euler)에게 이 문제를 질문하였다. 그래프 이론의 창시자이기도 한 오일러는 이 질문을 받자마자 그 자리에서 "불가능하다"라고 대답했다고 전해진다.

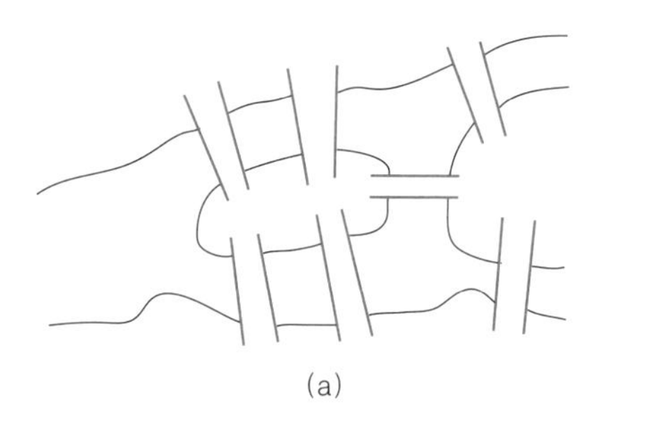

(a)

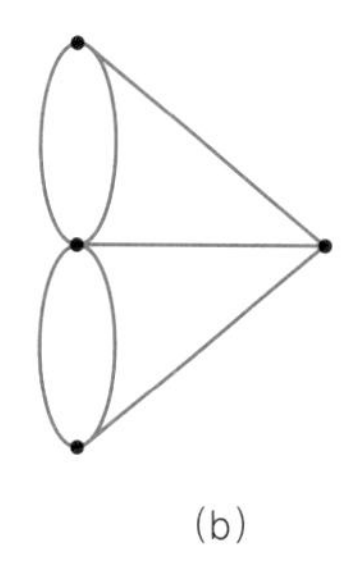

(b)

그림 5.4

이 질문을 그림 5.4(b)와 같이 그래프로 그려보면 다리와 각 지역 간의 관계가 더욱 분명해진다. 이 질문은 연필을 종이에서 떼지 않고 모든 변을 한 번씩만 지나게 그리는 한붓그리기 문제로 바꾸어 생각할 수 있다.

오일러는 그림 5.4(b)의 그래프의 한붓그리기가 불가능하고 따라서 쾨니히스베르크의 다리 문제가 해결 불가능임을 다음과 같이 설명하였다.

연결된 그래프가 한붓그리기가 가능하다면 출발점과 도착점을 제외한 나머지 점은 통과하는 점(통과점)이 된다. 이 때, 통과점에서는 그 점으로 들어오는 변의 수만큼 나가는 변이 있어야 한다. 따라서 통과점의 차수는

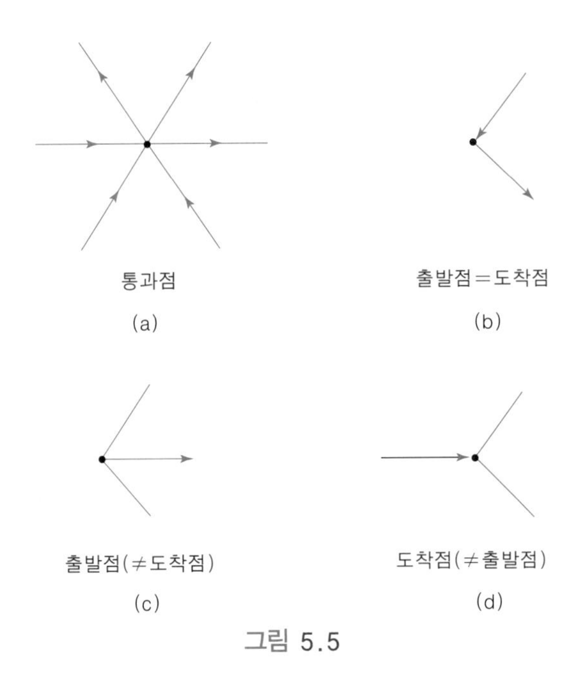

그림 5.5

짝수이다. 한편 출발점과 도착점의 차수는 두 가지 경우로 나누어 생각할 수 있는데, 만일 출발점과 도착점이 같은 점이면 이 점들의 차수는 짝수이고, 다른 점이면 이 점들의 차수는 각각 홀수가 된다.

이상에서 살펴본 내용을 종합하면, 연결 그래프가 한붓그리기가 가능하려면 홀수점이 없거나 2개만 있어야 한다는 사실을 알 수 있다.

이제, 쾨니히스베르크의 다리 문제로 되돌아가 보면, 그림 5.4(b)에서 각 꼭짓점의 차수는 5, 3, 3, 3으로서 홀수점이 4개임을 알 수 있다. 따라서 이 그래프는 한붓그리기가 불가능하며, 이 지역 주민들이 궁금해했던 '같은 다리를 두 번 이상 건너지 않고 7개의 다리를 차례로 빠짐없이 건널 수 있는 산책로'는 존재하지 않음을 알 수 있다.

그래프의 경로 중에서 모든 변을 단 한 번씩 지나는 경로를 오일러 경로(Eulerian path)라고 하며, 오일러 경로 중에서 출발점과 종착점이 같은 경로를 오일러 회로(Eulerian cycle)라고 한다.

앞에서 연결 그래프가 한붓그리기가 가능하기 위해서는 즉, 연결 그래프가 오일러 경로 또는 오일러 회로를 갖기 위해서는 홀수점이 없거나 2개만 있어야 한다는 것을 알았다. 오일러는 이 결과의 역도 성립한다는 것을 증명하였는데 이 두 사실을 종합한 것이 다음 정리이다.

정리 5.2

2개 이상의 꼭짓점을 가지는 연결 그래프가 오일러 경로를 가질 조건은 이 그래프가 홀수점을 0개 또는 2개 가지는 것이다. 특히 모든 꼭짓점이 짝수점이면 오일러 회로가 존재한다.

정리 5.3

홀수점이 2개인 연결 그래프는 한붓그리기가 가능하며, 이 때 오일러 경로는 한 홀수점에서 시작하여 또 다른 홀수점에서 끝난다.

예 5.5

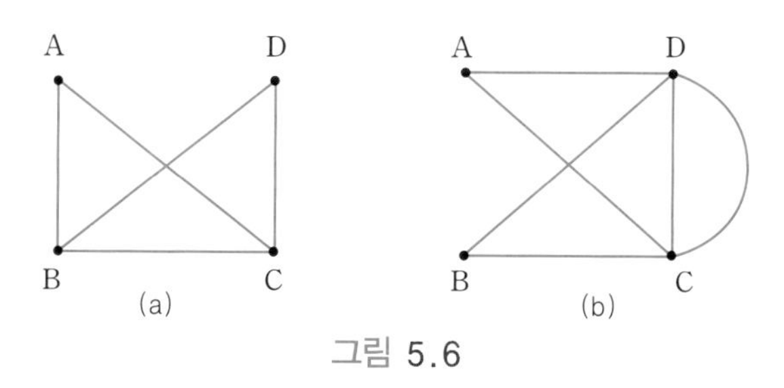

그림 5.6

① 그림 5.6(a)는 2개의 홀수점과 2개의 짝수점이 있으므로 한붓그리기가 가능한 그래프이다.

② 그림 5.6(a)의 그래프에는 오일러 경로는 존재하지만, 홀수점이 2개 있으므로 오일러 회로는 존재하지 않는다. 그림 5.6(b)는 모든 꼭짓점이 짝수점이므로 오일러 회로가 존재한다.

3. 해밀턴 경로와 그 회로

모든 꼭짓점을 한 번씩만 지나는 경로를 해밀턴 경로(Hamiltonian path)라고 하고, 해밀턴 경로 중 출발점과 종착점이 같은 경로를 해밀턴 회로(Hamiltonian cycle)라고 한다.

예 5.6

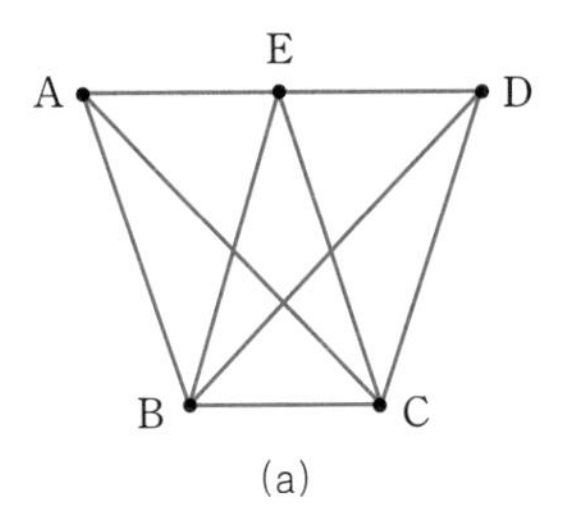

(a)

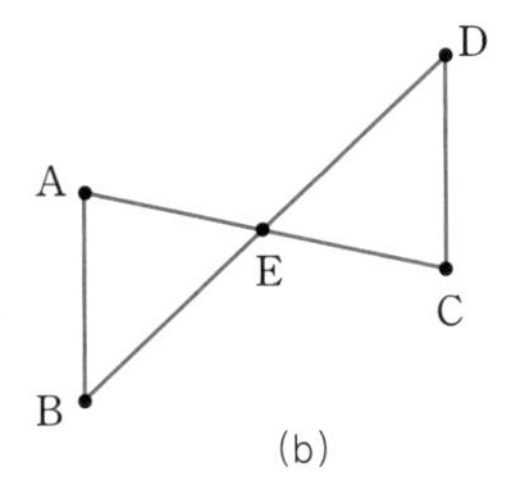

(b)

그림 5.7

(1) 위 그림 5.7(a)는 해밀턴 경로와 해밀턴 회로를 갖는다.

(2) 위 그림 5.7(b)는 해밀턴 경로는 있지만 해밀턴 회로를 갖지 않는다.

그래프에서 해밀턴 회로의 존재 유무를 결정하는 문제는 오일러회로의 존재 유무를 결정하듯이 쉽게 판별할 수 없다. 주어진 그래프에 해밀턴 회로가 있는지를 쉽게 알 수 있는 필요충분조건은 아직 발견되지 않았다. 해밀턴 회로를 응용한 한 문제로서 영업사원이 거래처가 있는 각 도시를 한 번씩만 거쳐서 회사로 돌아오는 문제인 '영업 사원 문제(salesman problem)'가 있다.

예제 5.1

어느 영업사원이 거래처가 있는 도시를 그래프로 그려보니 그림 5.8과 같았다. 회사 A를 출발하여 모든 거래처를 단 한 번씩 방문한 뒤 다시 회사로 되돌아와야 한다면 어떤 길을 선택해야 하는가?

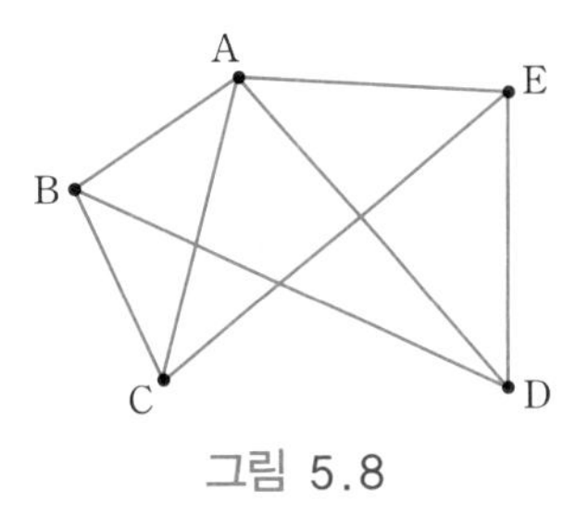

그림 5.8

풀이

해밀턴 회로를 구하면 거래처를 단 한 번씩 방문한 뒤 회사로 다시 돌아올 수 있다.
해밀턴 회로 : (A B C E D A), (A B D E C A), (A E C B D A), (A C B D E A), (A C E D B A), (A D E C B A), (A D B C E A), (A E D B C A)

문제 5.1

어느 지역의 관광지 A, B, C, D, E, F, G, H, I 를 나타내는 도로 망이 있다. 관광지 B를 출발하여 한 번 지나는 도로는 거치지 않고 모든 관광지를 다 둘러보고 H에서 끝나도록 하는 여행 코스를 잡을 수 있는가? 불가능하다면 어느 곳에 새로운 도로를 만들어야 할까?

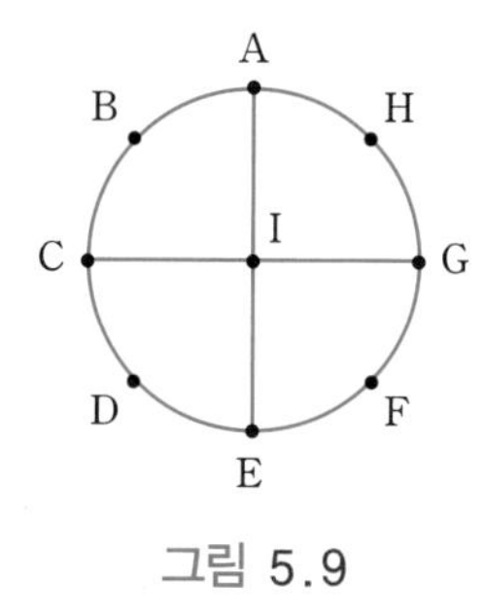

그림 5.9

문제 5.2

다음 그래프에서 해밀턴 회로를 찾아라.

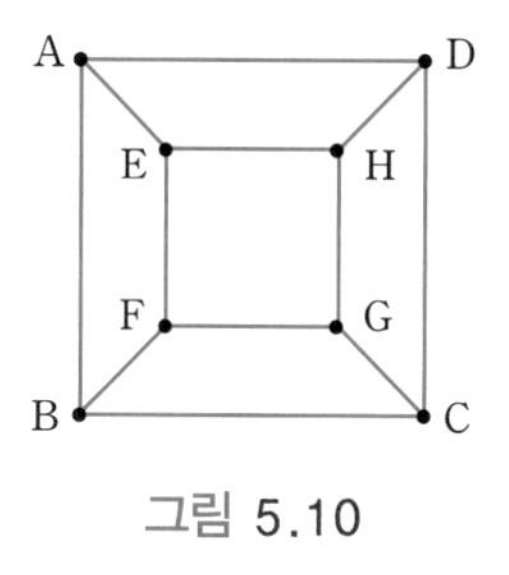

그림 5.10

4. 평면 그래프

그림 5.11의 두 그래프 (a), (b)는 모양은 다르지만 이웃하는 꼭짓점들 사이의 관계가 같은 그래프임을 알 수 있다. 이와 같이 평면 위에 그래프를 그릴 때 꼭짓점의 위치를 바꾸거나 변을 구부리거나 늘이거나 줄여서 만든 그래프 즉, 꼭짓점과 변의 개수가 각각 같고, 이웃하는 꼭짓점과의 관계가 같은 그래프를 같은 그래프(isomorphic graph)라고 한다.

지금까지는 평면 위에 그래프를 그릴 때 꼭짓점 사이의 변을 서로 교차

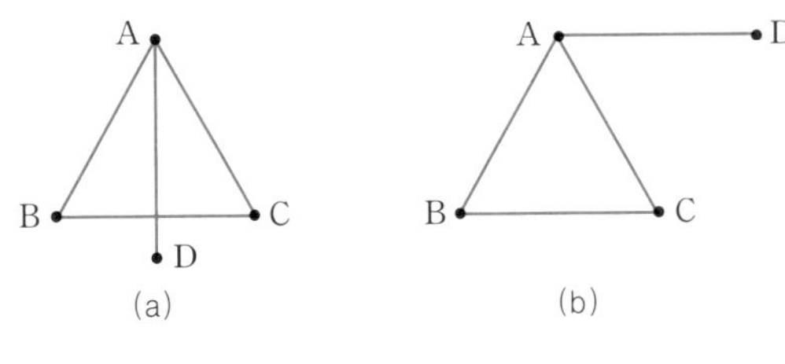

그림 5.11

하도록 그리는 것이 허용되었다. 그러나 변의 교차를 허용하지 않는다면, 어떤 그래프는 교차된 변을 교차하지 않도록 고쳐 그릴 수 있겠지만, 어떤 그래프는 변이 교차하지 않도록 고쳐 그리는 것이 불가능할 수 있다.

변들이 서로 교차하지 않게 평면상에 다시 그릴 수 있는 그래프를 평면 그래프(planar graph)라고 하고, 변을 교차시키지 않고는 평면상에 그릴 수 없는 그래프를 비평면 그래프(nonplanar graph)라고 한다. 평면 그래프를 평면상에 그리고 난 다음, 회로를 만드는 변을 따라 평면을 자른다면 평면은 면(face)이라고 부르는 여러 개의 영역으로 분할된다. 이 때 면 f의 경계를 이루는 회로의 길이를 면 f의 차수(degree)라고 하고 $\deg(f)$로 표기한다.

예 5.7

① 그림 5.12에서 (a)는 변이 교차하지만 (b)와 같이 교차하지 않도록 고쳐 그릴 수 있으므로 평면 그래프이며, $f_1, \cdots, f_5$의 5개의 면을 가진다.

② 그림 5.12(b)에서의 면 f_4의 경계를 이루는 회로는 (B C D B)이므로 $\deg(f_4) = 3$이고, 면 f_5의 경계를 이루는 회로는 (A B D E A)이므로 $\deg(f_5) = 4$이다.

③ 평면 그래프 그림 5.12(b)에서 변은 8개이고, $\deg(f_1) = 3$, $\deg(f_2) = 3$, $\deg(f_3) = 3$, $\deg(f_4) = 3$, $\deg(f_5) = 4$이다.

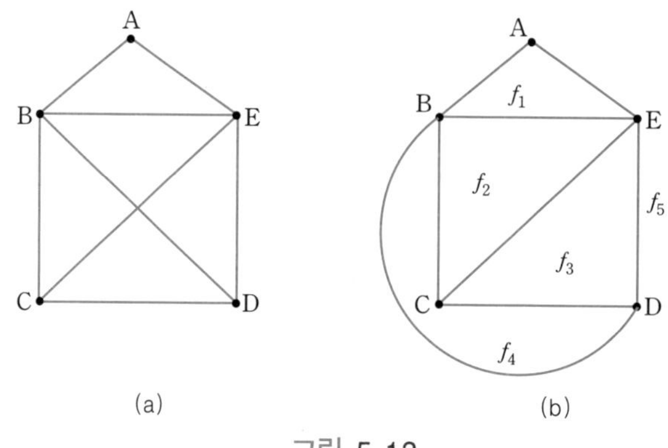

그림 5.12

예제 5.2

다음 그래프가 평면 그래프임을 설명하라.

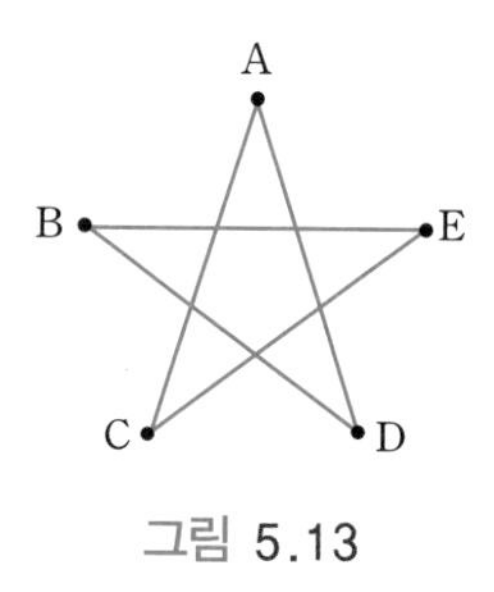

그림 5.13

풀이

변들이 서로 교차하지 않게 평면상에 다음과 같이 고쳐 그릴 수 있다.

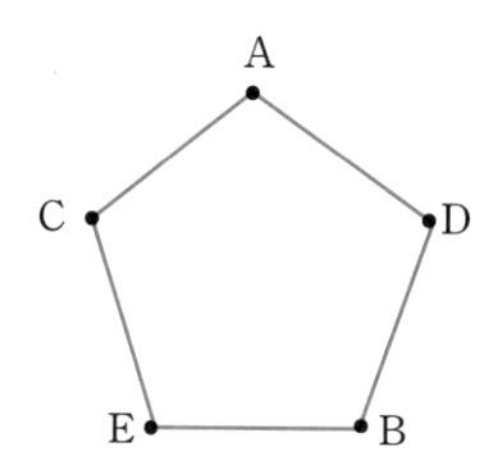

어떤 평면 그래프의 꼭짓점의 수를 v, 변의 수를 e, 면의 수를 f라고 할 때 오일러는 이들 간의 관계를 정리 5.4와 같은 식으로 표현하였다. 단, 이 식은 주어진 그래프가 연결된 평면 그래프일 것을 전제로 한다.

정리 5.4

오일러의 정리

그래프가 연결된 평면 그래프일 때, $v-e+f=2$이다.

예 5.8

그림 5.12(b)에서 $v=5$, $e=8$, $f=5$이므로 $v-e+f=2$이다.

예제 5.3

정육면체의 한 면에 구멍을 내어 평면 위에 펼쳐 그린 그래프가 오일러 공식을 만족함을 알아보라.

풀이

정육면체의 한 면에 구멍을 내어 평면 위에 펼치면 다음과 같은 연결된 평면그래프로 나타낼 수 있다.

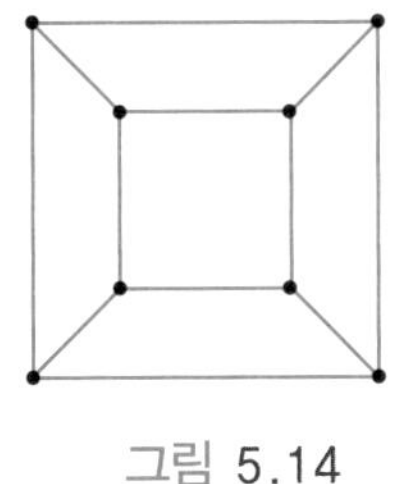

그림 5.14

이 그래프의 $v=8$, $e=12$, $f=6$이다.

따라서 오일러 정리 $v-e+f=2$를 만족한다.

02 수형도

자기안에 어떤 능력이 도사리고 있는지, 직접 해 보기 전에는 아무도 미리 알 수 없다.

– 어니스트 헤밍웨이 Ernest Hemingway
(1899~1961, 미국의 소설가)

1. 수형도

운동 경기에서 토너먼트 경기방식을 그래프로 나타낼 때, 집안의 가계도를 조사하여 이를 그래프로 나타낼 때, 컴퓨터에서 폴더나 파일이 기억장치에 저장되는 구조를 그래프로 나타낼 때는 회로를 갖지 않는 연결된 그래프로 그려짐을 알 수 있다. 앞에서 소개한 그래프의 특수한 형태인 회로를 갖지 않는 연결된 그래프를 수형도(tree)라고 한다. 계층적 구조를 갖는 현상을 수학적 모델로 표현하는데 수형도는 매우 유용하다. 특히 프로그래밍 언어의 구문을 정의하거나 데이터베이스를 구성할 때 또는 데이터의 정렬이나 탐색 등에 응용된다.

예 5.9

① 그림 5.15에서 (a)는 회로를 갖지 않고 연결된 그래프이므로 수형도이다.
② 그림 5.15에서 (b)는 그래프가 연결되어 있지 않으므로 수형도가 아니다. (c)는 회로를 가지므로 수형도가 아니다.

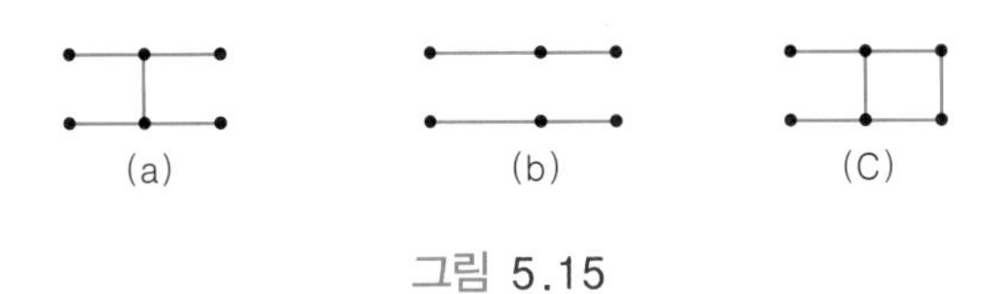

그림 5.15

예 5.10

다음은 고대 그리스 신들의 가계도의 일부이다.

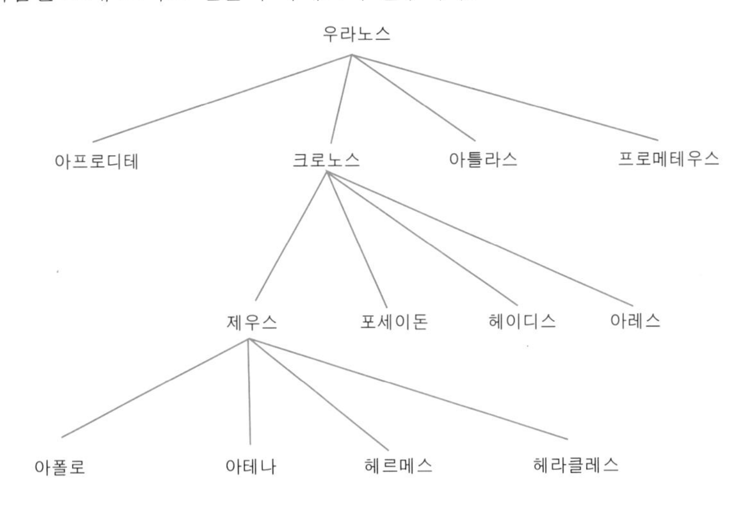

각 신들을 꼭짓점으로 하는 그래프를 그려보면 그림 5.16과 같은 수형도로 나타낼 수 있다.

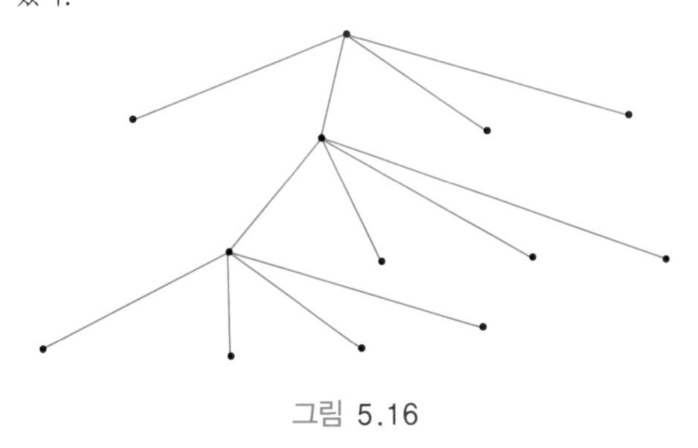

그림 5.16

예제 5.4

월드컵 경기에서 예선 경기는 리그전으로 치러지고 16강 본선경기부터는 토너먼트 방식으로 치러진다. 2014년 월드컵 16강 본선경기 대진표를 수형도로 나타내어 보자.

풀이

16강 본선에 오른 나라를 A, B, C, ⋯, O, P 라 하면 두 팀 간의 경기에서 진 팀은 탈락하고 이긴 팀이 다음 경기에 진출하는 방식인 토너먼트 경기는 다음과 같은 수형도로 나타낼 수 있다.

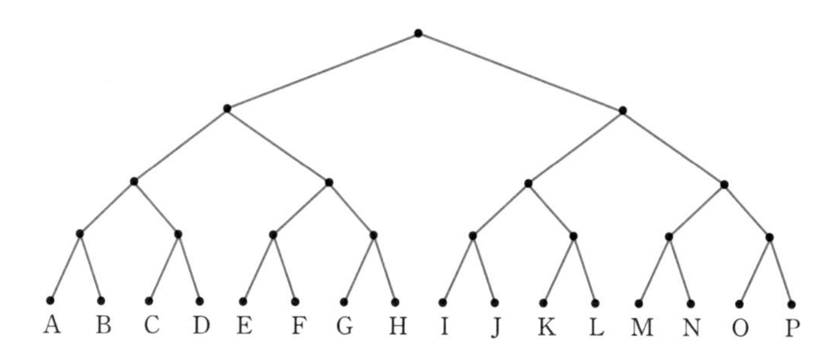

수형도의 성질에는 다음과 같은 것이 있다.

① 수형도의 임의의 두 꼭짓점 사이에는 단 하나의 경로가 있다.

② 수형도에서 변으로 연결되어 있지 않은 두 꼭짓점을 변으로 이어 만들어진 그래프는 수형도가 아니다.

③ 수형도의 한 변을 삭제하여 만들어지는 그래프는 연결되어 있지 않다.

정리 5.5

수형도에서 꼭짓점의 개수가 v, 변의 개수가 e일 때,
$v-e=1$이다.

문제 5·3

30명의 선수가 참가한 바둑 대회가 있다. 토너먼트로 우승자를 결정할 때, 총 대국 수를 구하라.

2. 생성수형도

어느 지역에 통신망을 설치하기 위한 조사를 통해 중계기를 설치할 위치와 연결이 가능한 중계기를 알려주는 광케이블 연결도를 얻은 뒤 이 연결도에 기초해서 중계기를 효율적으로 연결하는 방법을 생각해 보면 모든 연결선을 광케이블로 연결하는 것 보다는 모든 중계기를 연결하면서 연결선의 수를 최소화 하는 것이 효과적인 방법일 것이다. 이 때, 연결된 그래프인 주어진 연결도에서 변을 삭제하여 얻어지는 수형도를 그려 중계기의 연결선 수를 최소화 할 수 있는데 이러한 방법이 생성수형도를 이용하는 것이다. 즉, 연결된 그래프에서 변을 삭제하여 얻어지는 수형도를 그 그래프의 생성수형도라고 한다. 주어진 그래프의 생성수형도는 그 그래프의 변의 일부분과 모든 꼭짓점으로 이루어진 수형도이다. 생성수형도는 주어진 그래프의 꼭짓점의 개수 v와 변의 개수 e가 $v-e=1$이 될 때까지 변의 일부분을 삭제하여 만들 수 있다.

예 5.11

① 그림 5.17의 (b)는 (a)의 생성수형도이다.

② (C)는 (a)의 일부분이기는 하지만 (a)의 꼭짓점인 E를 갖지 않는다. 따라서 (C)는 (a)의 생성수형도가 아니다.

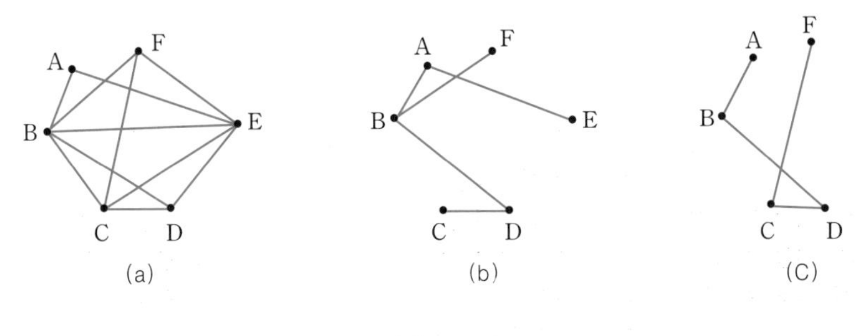

그림 5.17

컴퓨터에는 파일이 수형도와 같은 구조로 임의 접근 기억장치에 저장된다. 저장된 파일로부터 어떤 정보를 찾으려면 체계적으로 각 꼭짓점을 이동하면서 검색하게 된다. 생성수형도를 검색하는 방법은 한쪽 변에 연결된 꼭짓점을 모두 검색한 다음 순차적으로 다른 쪽 변에 연결된 꼭짓점을 검색하는 방법인 깊이 우선 검색 방법과 맨 위에 있는 꼭짓점과 연결된 꼭짓점을 모두 검색하고 다음 단계로 검색된 꼭짓점과 연결된 꼭짓점을 연결하는 너비 우선 검색 방법이 있다. 일반적으로 차수가 1인 두 꼭짓점 외에 다른 꼭짓점의 차수가 2인 수형도를 제외하면 검색되는 순서는 유일하게 결정되지 않는다.

예제 5.5

윈도우 탐색기의 파일 찾기를 이용하여 어떤 파일을 검색하면 컴퓨터는 각 폴더를 체계적으로 이동하면서 검색하게 된다. 그림 5.18은 재원이의 컴퓨터에 저장되어 있는 폴더의 일부를 나타낸 것이다. 재원이는 '보고서' 라는 파일을 컴퓨터에 저장해 두었는데 어떤 폴더에 들어 있는 지 기억을 못하고 있다. '보고서' 파일이 기초통계 폴더에 들어있고, 깊이 우선 검색 방법으로 컴퓨터의 C 드라이브를 검색할 때, 각 폴더가 검색되는 순서를 나타내고,

기초통계 폴더가 검색되는 순서를 구하여라.(단, 2012학년도 폴더가 첫 번째로 검색된다)

풀이

검색되는 폴더의 순서는 2012학년도 →연구→교내자료→교외자료→수업 →대수학→기하학→해석학→교양 →수학의 세계→영어→기초통계 이다. 따라서 기초통계 폴더는 12번째로 검색된다.

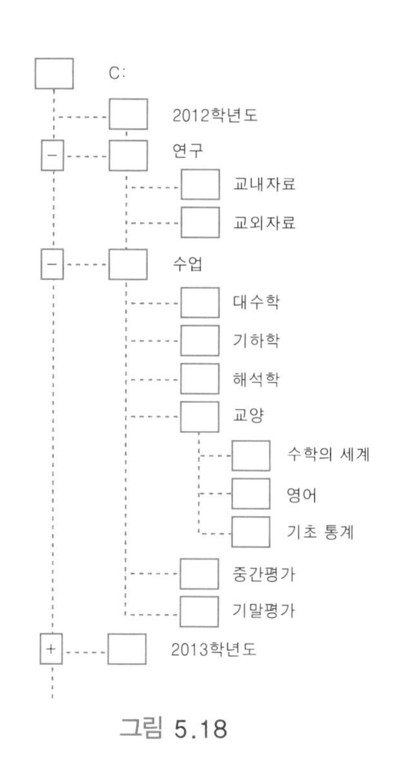

그림 5.18

문제 5.4

수형도 검색 방법을 이용하여 다음 미로를 찾아라.

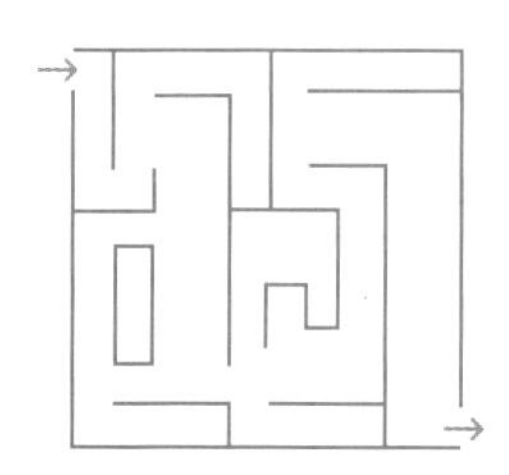

03 유향 그래프

우리가 아는 것은 너무나 적고, 모르는 것은 무한하다.

– 라플라스 Laplace(1749~1827, 프랑스의 수학자)

1. 유향 그래프

그래프의 각 변에 방향을 준 것을 유향 그래프(directed graph 또는 digraph)라고 한다. 유향 그래프는 아래 그림 5.19와 같이 의사전달체계, 고객 이동 추이, 일방 통행로가 있는 도로 교통망에서와 같은 일상생활에 직접 응용이 된다. 유향 그래프 D는 2가지 집합으로 구성되며 $D=(\mathrm{V}, \mathrm{A})$로 표기한다.

$\mathrm{V}=\{v_1, v_2, \cdots, v_n\}$은 D의 꼭짓점의 집합이며,

$\mathrm{A}=\{a_1, a_2, \cdots, a_n\}$은 D의 유향변(arc)의 집합으로서, 유향변은 꼭짓점의 순서쌍(v_i, v_j)로 구성된다.

유향변 $a=(u, v)$는 방향을 가지는 변으로서 화살표로 표기하는데, 유향변이 시작하는 꼭짓점을 시점(initial point)이라고 하고, 끝나는 꼭짓점을 종점(terminal point)이라고 한다.

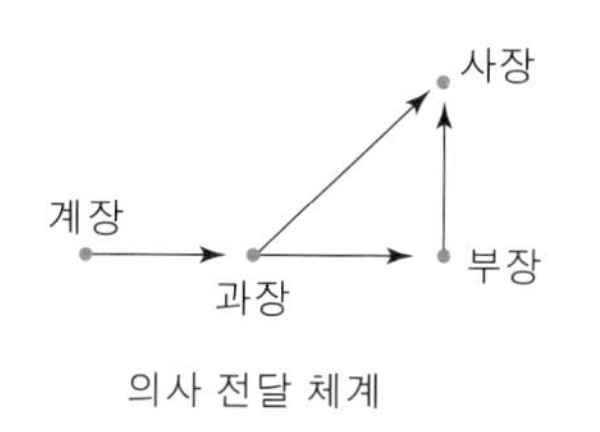

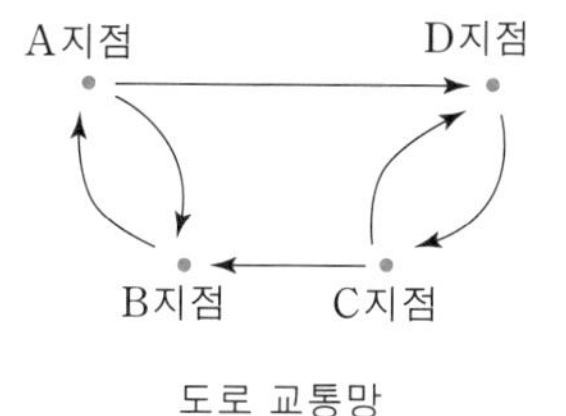

그림 5.19

유향 그래프 $D=(V, A)$의 꼭짓점 $v \in V$에 대하여 v를 종점으로 하는 유향변의 개수를 v의 진입차수(indegree)라고 하고 이를 indeg(v)로 나타낸다. 같은 방법으로 u를 시점으로 하는 유향변의 개수를 u의 진출차수(outdegree)라고 하고, 이를 outdeg(u)로 나타낸다. 이때 진입차수가 0인 꼭짓점을 근원점(source)이라고 하고 진출차수가 0인 꼭짓점을 흡입점(sink)이라고 한다.

예 5.12

그림 5.20의 유향 그래프 $D=(V, A)$에서

① V 는 6개의 꼭짓점 A, B, C, D, E, F로 구성된다.

② A는 다음과 같은 8개의 유향변으로 구성된다.

$a_1=(A, B)$, $a_2=(B, C)$, $a_3=(D, C)$, $a_4=(C, E)$

$a_5=(F, E)$, $a_6=(A, F)$, $a_7=(F, B)$, $a_8=(B, E)$

③ 유향변 $a_1=(A, B)$의 시점은 A이고 종점은 B 이다.

④ 꼭짓점 C 의 진입차수는 2이고 진출차수는 1이다.

⑤ 꼭짓점 A, D 는 근원점이고, 꼭짓점 E 는 흡입점이다.

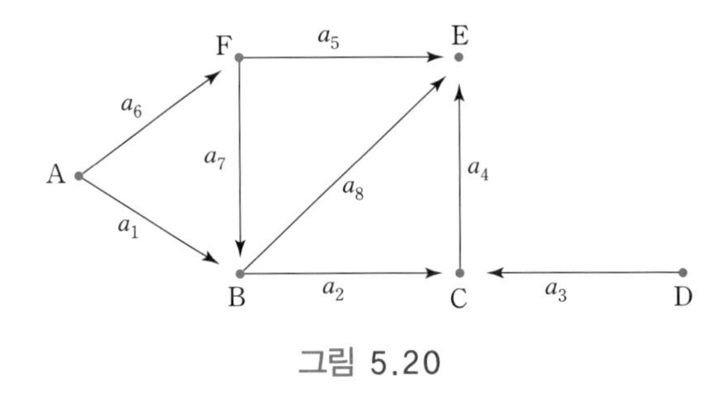

그림 5.20

유향 그래프의 꼭짓점 A에서 출발하여 유향변을 따라 어떤 꼭짓점 B에 도달할 수 있을 때, 이 변의 배열을 A에서 B에 이르는 경로라고 한다. 특히 출발점과 종착점이 일치하는 경로를 회로(cycle)라고 하며 경로에서 사용된 유향변의 수를 해당 경로의 길이(length)라고 한다.

예 5.13

그림 5.21과 같은 유향 그래프는 회로를 포함하지 않는다. 근원점은 꼭짓점 B, F이고 흡입점은 A, C, G 다. 아울러 (B D E G)는 꼭짓점 B 에서 G 로의 길이가 3인 경로이다.

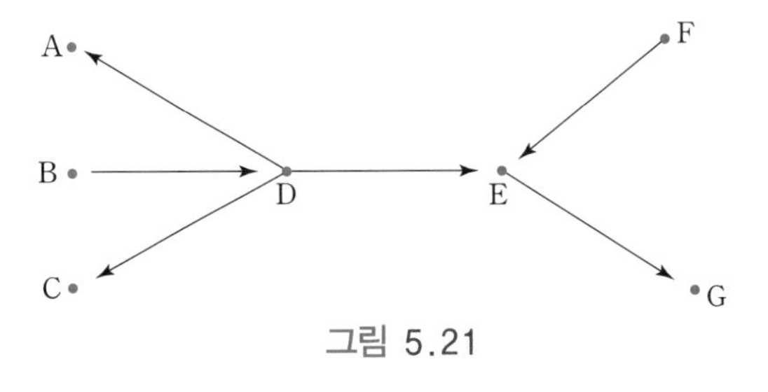

그림 5.21

유향 그래프는 우리의 생활 주변에서 다양하게 응용될 수 있다. 회사에서의 의사전달체계, 여러 팀이 출전하는 게임의 승부 기록 등의 다양한 장면에서 나타난다. 또한 컴퓨터의 응용 분야에서도 경로의 개념은 매우 중요하게 다루어진다. 예를 들면 통신 네트워크를 모델링한 유향 그래프에서 두 꼭짓점 간에 경로가 존재한다는 것은 서로 떨어져 있는 컴퓨터 간에 메시지의 전송이 가능함을 나타낸다.

2. 임계경로

집을 짓기 위해 필요한 작업과 각 작업을 끝마치기 위해 필요한 작업일 수, 작업 순서관계는 다음 표와 같다. 집짓기를 끝마칠 때까지 며칠이 소요될 것인가를 생각해 보자.

	작업	작업 일수	선행되어야 할 작업
A	설계	3	없음
B	기초공사	5	A
C	골조공사	12	B
D	배관공사	5	C
E	배선공사	3	C
F	난방공사	7	E
G	미장공사	9	D, F
H	외장공사	15	C
I	내장공사	7	G
J	조경공사	4	H

각 작업을 꼭짓점으로 하고, 각 작업의 선후관계를 유향변으로 나타내고, 각 작업에 필요한 작업 일수를 그림 5.22와 같이 나타낼 수 있다.

그림 5.22에서 마지막 작업과정인 내장공사나 조경공사를 마치기까지의 경로는 (A B C D G I), (A B C E F G I), (A B C H J)이며 필요한 경

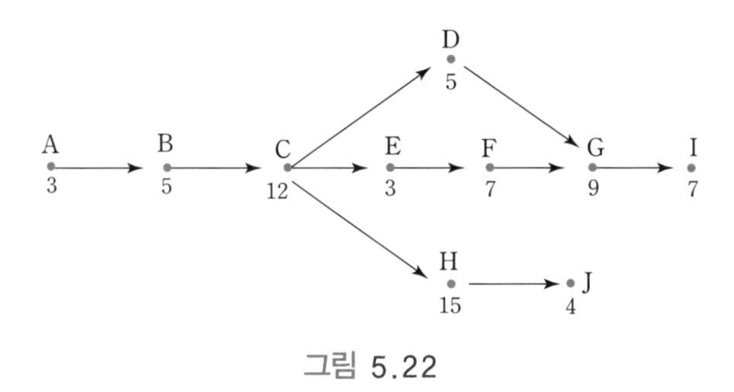

그림 5.22

로의 소요 시간을 살펴보면 각각 41일, 46일, 39일이다. 따라서 집짓기를 끝내려면 최소 46일이 필요함을 알 수 있다. 위 표에서 D와 E, D와 F처럼 동시에 행해져도 무관한 작업들이 있으므로 표에 나타난 모든 작업의 일수의 합 70은 집을 가장 빨리 짓기 위해 필요한 작업 일수와 일치하지는 않음을 알 수 있다.

위 예처럼 전체 작업을 마치기 위해 필요한 경로들 중에서 그 길이가 가장 긴 경로를 임계경로(critical path)라고 한다. 임계경로는 가능한 여러 공정과정 중에서 가장 긴 공정과정을 나타내므로, 어떤 작업의 전체 소요 기간은 임계경로에 의해 좌우된다. 따라서 어떤 작업에서 필요한 시간을 줄이려면 임계경로가 줄도록 조정해야 한다.

EXERCISE

다섯째 날 연습문제

01 우리 생활 주변에 점과 선만으로 상황에 필요한 정보를 충분히 제시해 주는 것들을 찾아보고 그 상황을 그래프로 나타내 보라.

02 다음 그래프에서 오일러 회로가 존재하는지를 알아보라.

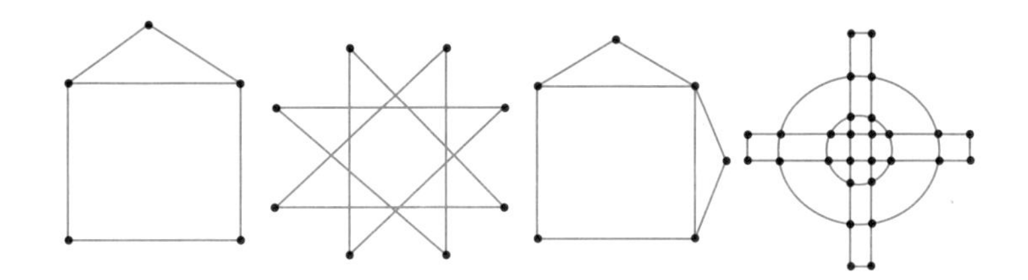

03 우편배달부가 담당 지역의 길을 다니면서 우편물을 배달하려고 한다. 담당 지역의 지도가 다음과 같을 때, 한 번 지나간 길을 다시 지나지 않고 모든 길을 다 다니며 무사히 우편물을 모두 배달할 수 있을까?

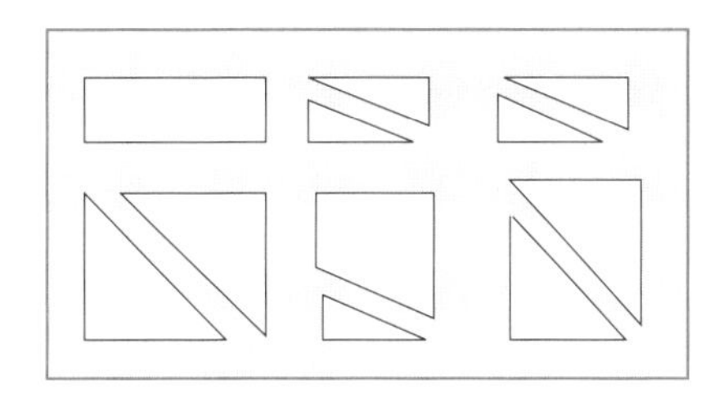

04 다음 그래프에서 꼭짓점 A에서 출발하는 해밀턴 회로를 찾아보라.

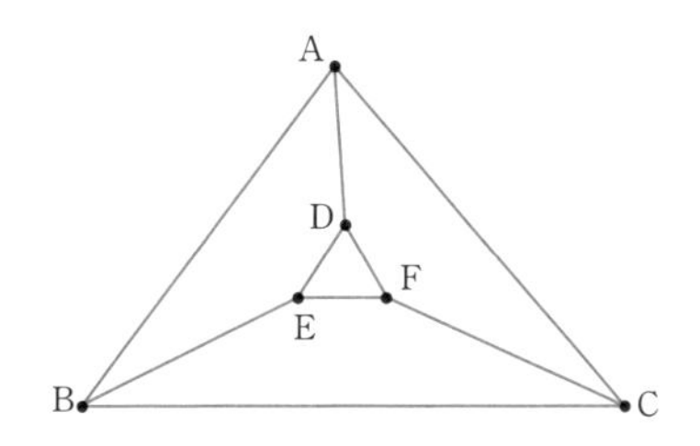

05 다음 그래프가 평면 그래프가 아님을 밝혀라.

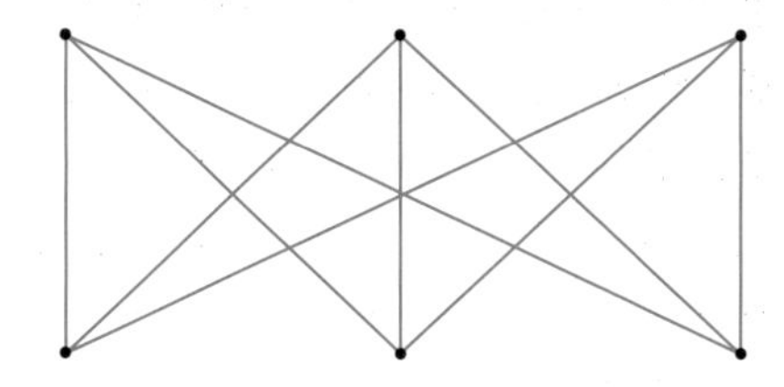

06 다음 중 평면 그래프를 찾아라.

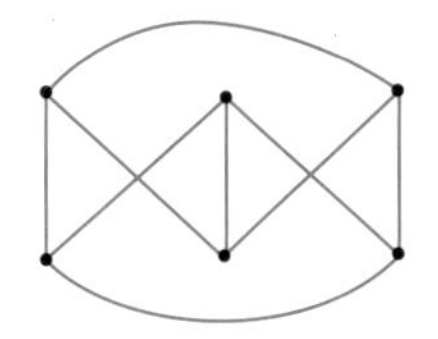

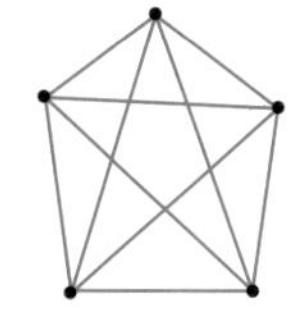

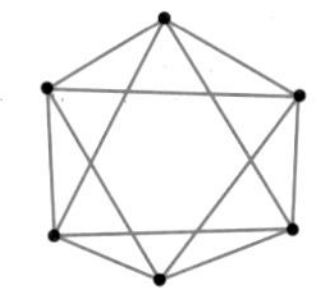

07 정리 5.4를 증명하라.

08 다음 그래프는 어떤 작업과정과 순서를 나타낸 그래프이다. 다음 과정까지 소요되는 시간을 아래와 같이 나타낼 때, 작업을 시작(A)하여 마치기(I) 까지 필요한 최소의 시간은 얼마인가?

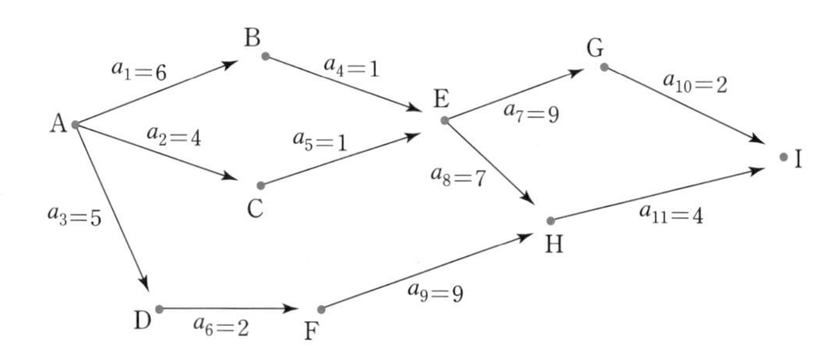

09 의상학과에서 졸업작품전을 열기 위해 준비하는 데 필요한 작업과 각 작업에 소요되는 시간, 작업의 순서가 다음과 같다. 이 과정을 그래프로 나타내고, 작품전을 끝마치는 데 필요한 최소의 시간을 구하라.

	작업	작업시간(일)	선행되어야 할 작업
A	장소 선정	2	없음
B	작품 수집	15	없음
C	전시장 꾸미기	4	A, B
D	홍보물 작성	2	A
E	홍보	2	D
F	전시	3	C, D

10 아래 표는 범주가 치즈 라면을 끓이기 위한 작업시간과 작업 순서를 나타낸 것이다. 치즈 라면을 끓여 먹으려면 최소한 몇 분을 기다려야 할까?

	작업	작업시간	선행작업
A	재료 준비	5분	없음
B	물 끓이기	4분	A
C	면 삶기	3분	B
D	스프 넣기	1분	C
E	야채 썰기	3분	A
F	야채, 치즈 넣고 끓이기	1분	D, E

11 소영이는 이번 방학 동안에 A도시를 출발하여 B, C, D 도시를 모두 돌아보고 다시 A도시로 돌아오는 여행 일정을 세우려고 한다. A, B, C, D 도시 사이의 교통비가 다음과 같을 때, 교통비를 가능한 한 적게 하려면 어떻게 각 도시를 방문하는 것이 좋을까?

(단위: 천 원)

	A	B	C	D
A		15	8	13
B	15		9	12
C	8	9		14
D	13	12	14	

12 다음 그래프 중 같은 그래프끼리 짝짓고, 이유를 설명하여라

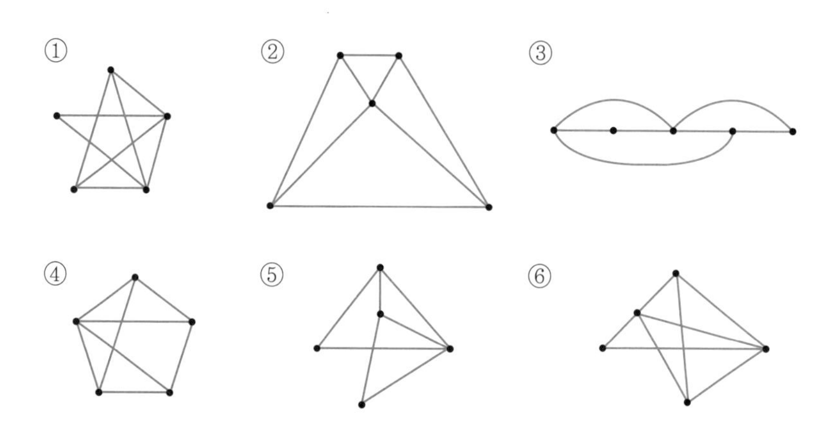

13 다음 그래프 중 어느 것이 한붓그리기가 가능한가? 만일 가능하다면 오일러 경로를 구하라.

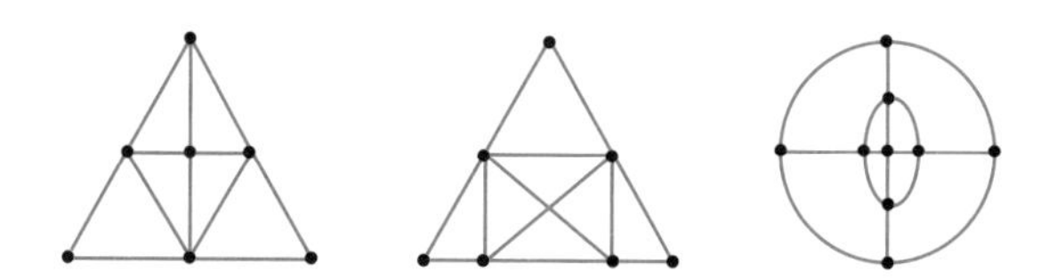

14 다음 그래프에서 꼭짓점의 개수, 변의 개수, 면의 개수를 각각 구하고, 오일러 정리가 성립함을 보여라.

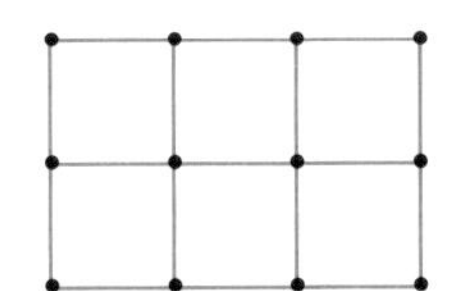
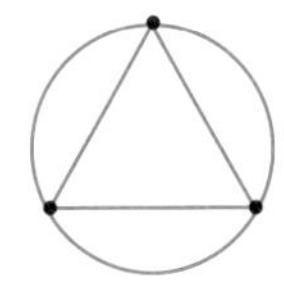

15 다음의 유향 그래프에서 A에서 D로의 경로를 구하라.

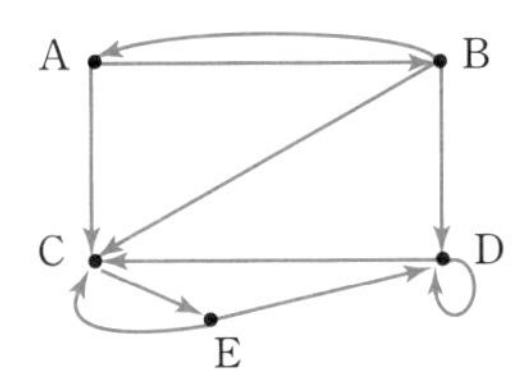

16 조부모부터 시작되는 우리 가족의 가계도를 수형도를 그려서 나타내라.

17 다섯 개의 꼭짓점을 갖는 서로 다른 수형도를 모두 그려라.

18 다음 그래프의 생성수형도를 모두 그려라.

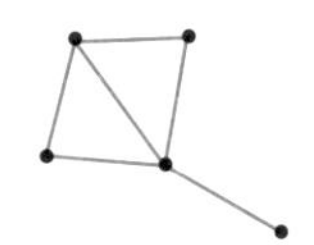

쉼

사색문제

'모든 평면 그래프를 적절하게 칠하는 것은 4가지 색이면 충분하다.'

이 유명한 4색 정리는 그래프의 꼭짓점을 색칠하는 문제로 지도 색칠하기 문제로부터 나왔다.

세계지도를 보면 국경을 접하고 있는 나라들이 서로 다른 색으로 칠해져 있음을 알 수 있다. 우리나라의 지도를 보아도 서울특별시와 경기도가 서로 다른 색으로 칠해져 있고 경계선을 공유하고 있는 다른 도들도 서로 다른 색으로 칠해져 구분이 확실히 되어 있다. 그런데 서로 이웃하는 나라나 도끼리 서로 다른 색을 칠해 구분한다고 하였을 때 도대체 몇 가지 색이면 충분할까?

오래 전부터 지도를 제작하는 사람들은 경험으로 4가지 색이면 충분하다는 것을 알고 있었다. 이에 대해 1850년경 영국 런던에 있던 대학원생인 구드리가 처음 연구를 시작하며 스승인 드 모르간에게 이에 대한 수학적 증명을 문의하였다, 이후 4색 문제의 증명에 대한 시도가 계속되었으나 실패하였다. 이후 독일의 수학자 하인리히 헤쉬는 컴퓨터를 이용한 증명 방법을 제안하였다. 결국 사색문제는 1976년 미국의 두 수학자 케네스 아펠과 볼프강 하켄에 의해 증명이 되었다. 아펠과 하켄은 헤쉬의 아이디어를 이용하여 만일 사색 정리가 거짓이면, 다섯 가지 색이 필요한 구획들로 이루어진 지도가 적어도 하나는 존재할 것이라는 생각으로 증명을 시도하였다. 모든 평면 그래프가 다섯 가지 색으로 칠하는 것은 가능하다는 것은 히우드에 의해 증명 되어 있으므로 아펠과 하켄은 그런 반례가 존재하지 않는다는 것을 무한히 많은 그래프를 단순화 시키는 과정으로 두 대의 컴퓨터를 이용하여 증명하였다. 이 컴퓨터 프로그램을 실행하는데만 1,200 시간이 걸렸다. 그러나 이 증명은 컴퓨터를 이용한 증명으로, 일부 수학자들은 이러한 증명이 진정한 의미의 수학적 증명이 아니라며 수학적 증명으로 받아들이지 못하였다. 수학자들은 이 문제가 단순한 만큼 단순하고 우아한 증명방법이 존재할 것이라고 생각하고 있다. 따라서 4색문제는 기계의 힘을 빌리지 않는 해결 방법으로는 아직까지 미해결 문제로 남아있는 것이다.

수학의 발전은 컴퓨터의 발전에 많은 기여를 하고 있으며 컴퓨터도 수학의 발전에 많은 기여를 하고 있고, 현대의 많은 수학자들이 수학을 발전시키는 과정에서 컴퓨터를 많이 활용하고 있다. 컴퓨터를 활용한 증명이 엄밀하고 고도의 논리적 사고를 요하는 수학적 증명에 대한 도전으로 보일 수 있으나 21세기에는 수학과 컴퓨터가 서로의 발전에 강력한 협력 관계를 형성해 나갈 것이다.

폰 노이만
John Von Neumann(1903~1957)

헝가리 부다페스트 출생으로 수학과 화학 분야에서 박사학위를 받았다. 그의 아이디어들은 현대 사회의 특성을 형성하는데 큰 역할을 하였다. 오늘날 프로그램 내장 컴퓨터의 일반적인 형태로 볼 수 있는 중앙처리장치, 주기억장치, 입출력장치, 보조기억장치의 구조를 확립하여 현대 컴퓨터의 아버지로 부르며 이러한 구조를 폰 노이만 구조라고 한다. 그의 게임이론에서 제로섬(zero-sum) 게임은 경제학과 군사학에 큰 영향을 주었다. 또한 원자폭탄의 표준적 설계방식인 "내파방법"을 주장하였다.

여섯째 날
합리적 의사결정

01 대표 선출

내게 강점이 있다면 그것은 성취 지향성이다.
나는 항상 내가 말하는 것보다 더 많이 일한다.
나는 내가 약속한 것보다 더 많은 것을 만들어낸다.
– 리차드 닉슨 Richard Nixon(1913~1994, 미국 정치가)

대표 선출은 각 개인의 의사를 반영하여 집단 내에서 대표를 이끌어내는 과정으로 선거와 지명의 방법이 있다. 학급의 임원, 국회의원, 대통령 등을 선출할 때는 물론 월드컵 개최지의 선정 등은 합리적인 방법의 선거로 이루어진다. 이 장에서는 다양한 선거 방법에 대하여 알아보기로 한다.

1. 여러 가지 선거

수학과 1학년 학생 37명이 과대표를 뽑기로 하였다. 1학년 학생 모두에게 다음과 같은 투표 용지를 한 장씩 주고, 네 명의 후보 A, B, C, D를 순위별로 적게 하였다. 투표 용지를 모아 개표하여, 순위별 후보가 같은 투표 용지별로 세었더니 다음 표와 같았다. 이 결과를 보고 과대표를 선출할 수 있는 여러 가지 방법을 생각해 보고 그 방법에 따른 당선자를 결정해 보자.

투표 용지
1위
2위
3위
4위

1위	A	C	D	B	C	계
2위	B	B	C	D	D	
3위	C	D	B	C	B	
4위	D	A	A	A	A	
투표지의 수	14	10	8	4	1	37

1) 1위를 차지한 표의 수가 가장 많은 후보가 당선되는 방법(plurality method)으로는 A가 과대표가 된다. 1위를 차지한 표의 수가 A는 14표, B는 4표, C는 11표, D는 8표이므로 A가 과대표가 되는 단순 명료한 방법이지만, 경우에 따라서는 불합리하다. 위 경우를 보면 37명 중 A를 가장 선호하는 투표자는 14명뿐이고, 나머지 23명은 A를 가장 선호하지 않지만 A가 당선자이기 때문이다.

2) 1위를 차지한 표의 수가 과반수를 넘어야 당선되는 방법으로는 당선자가 없다. 이러한 방법으로 당선자가 생긴다면 가장 합리적이라 할 수 있다. 위 경우를 살펴보면 A가 1위를 차지한 표의 수가 가장 많지만 과반수를 넘지 못하므로 당선자는 없다.

3) 1위를 차지한 표의 수가 가장 적은 후보를 제외한다. 위에서는 B후보를 제외하고, 나머지 후보 A, C, D가 1위를 차지한 표의 수를 각각 계산한 뒤 여기에서 또다시 1위를 가장 적게 차지한 후보를 제외한다. 이와 같이 1위 표수가 가장 적은 후보를 차례로 제외시켜 가는 방법(plurality-with-elimination method)으로는 D가 과대표가 된다. 위 경우를 보면, 1위를 가장 적게 차지한 B 후보를 표에서 지우고 세 후보의 순위를 올린다. 그리고 남은 후보 A, C, D가 1위를 차지한 표의 수를 다시 계산한다.

1위	A	C	D	D	C	계
2위	C	D	C	C	D	
3위	D	A	A	A	A	
투표지의 수	14	10	8	4	1	37

여기서 또, 1위를 가장 적게 차지한 후보 C(11표)를 제외한다.

1위	A	D	D	D	D	계
2위	D	A	A	A	A	
투표지의 수	14	10	8	4	1	37

그런 다음 A와 D를 비교하면 D가 과대표로 당선됨을 알 수 있다.

4) 각 투표지에서 1위를 차지한 후보에게는 4점, 2위에게는 3점, 3위에게는 2점, 4위에게는 1점을 주고 모든 투표지의 점수를 합하여 각 후보가 얻은 점수를 구하고 이 점수가 가장 높은 후보가 당선되는 방법(Borda count method)으로는 A는 79점, B는 106점, C는 104점, D는 81점이므로 B가 과대표가 됨을 알 수 있다. 일반적으로는 합리적인 듯한 이 방법을 적용하면 과반수의 1위를 차지한 후보도 낙선이 되는 경우가 있다.

5) 두 후보 간에 선호도를 비교하여 우세한 후보에게는 1점, 열세한 후보에게는 0점, 비겼을 경우에는 두 후보에게 0.5점을 주어 점수의 합이 가장 높은 후보가 당선이 되는 방법(method of pairwise comparisons)으로는 C가 과대표가 된다. 위 경우, A와 B를 서로 비교하면, B가 A보다 우세한 투표지의 수가 23표로 A가 B보다 우세한 14표보다 많으므로 B가 A보다 더 우세하다. 따라서 A는 0점, B는 1점이 된다. A와 C를 서로 비교하면 C가 더 우세하므로 A는 0점 C는 1점이 된다. 같은 방법으로 서로 다른 두

후보들 간의 선호도를 모두 비교하면 A는 0점, B는 2점, C는 3점, D는 1점이 되어 C가 과대표가 된다.

지금까지 살펴본 바와 같이 똑같은 개표 결과에서도 당선자를 결정하는 방법에 따라서 당선자가 달라질 수 있다. 그러므로 선거하기 전에 그 선거의 성격에 맞는 당선자를 결정하는 방법을 정해두는 것은 매우 중요하다.

일반적으로 공정한 선거에서 당선자를 결정할 때 다음과 같은 사항들을 고려한다.

① 1위를 차지한 후보의 표수가 전체 투표수의 절반을 넘으면 그 후보를 당선자로 한다.
② 두 후보끼리만 선호도를 비교할 때, 한 후보 A가 언제나 다른 후보 B보다도 더 선호되면 A 후보가 당선자가 된다.
③ 당선자 A는 몇 명의 투표자가 이전보다 A에게 더 유리하게 투표하고, 나머지 투표자는 이전과 동일한 후보에게 투표한 재선거에도 당선된다.
④ 당선자 A는 한 낙선자가 사퇴하여 그 낙선자를 제외한 후 재검표해도 또다시 당선된다.

그러나 애로우(Arrow)는 위 네 가지 조건을 동시에 만족시키는 선거 방식은 존재하지 않는다는 사실을 증명하였다.

2. 가중치 선거

주민의 수가 각각 100명, 200명, 300명, 400명인 네 지역으로 구분되어 있는 자치단체가 있다. 이 자치단체의 한 위원회는 각 지역을 대표하는 위원 A, B, C, D로 구성되는데, 주민의 수에 비례하여 A는 1표, B는 2표, C는 3표, D는 4표의 투표 권한을 갖기로 한다. 어떤 안이 통과되려면 적어도 6표 이상을 받아야 한다고 할 때, 각 지역 대표위원 A, B, C, D가 투표 결과에 어느 정도 영향을 미치는지 알아보자.

A, B, C, D가 투표하여 개표 결과로 나올 수 있는 모든 경우를 살펴보면 다음과 같다.

찬성	찬성 표수	통과 또는 부결
없음	0	부결
A	1	부결
B	2	부결
C	3	부결
D	4	부결
A, B	3	부결
A, C	4	부결
A, D	5	부결
B, C	5	부결
B, D	6	통과
C, D	7	통과
A, B, C	6	통과
A, B, D	7	통과
A, C, D	8	통과
B, C, D	9	통과
A, B, C, D	10	통과

A, B, C가 찬성하고 D가 반대한다면 찬성 표수는 6이므로 제안된 안은 통과된다. 그러나 만약 이 경우에 A가 찬성에서 반대로 바꾸어서 투표를 하였다면 찬성표가 5이므로 제안된 안은 통과될 수 없다.

마찬가지로 한 대표위원이 찬성해서 통과된 안이 반대로 투표했을 경우 부결로 바뀌는 경우의 수를 구해 보면 다음과 같다.

대표 위원	통과에서 부결로 바뀌는 경우의 수	비율
A	1	1/12
B	3	3/12
C	3	3/12
D	5	5/12
합계	12	1

위에서 구한 비율을 각 대표 위원이 투표에 미치는 영향력이라고 볼 때 A, B, C, D의 영향력은 각각 $\frac{1}{12}$, $\frac{3}{12}$, $\frac{3}{12}$, $\frac{5}{12}$이다. 영향력이 1인 위원은 통과나 부결을 혼자서 결정할 수 있고, 영향력이 0인 위원은 통과나 부결에 전혀 영향을 주지 못한다. 위 경우에는 그런 위원은 없다.

위 경우처럼 각 투표자가 갖는 투표 권한이 서로 다른 투표 방식은 주식회사의 주주총회와 같은 경우에 실제로 이용된다. 이 때, 경우에 따라서는 결과에 전혀 영향을 주지 않는 소액주주와 같은 투표자가 있을 수도 있으며, 1대 주주와 같이 한 투표자에 의하여 모든 결정이 이루어질 수도 있다.

02 짐 꾸리기

과학적인 밑바탕 없이 실천만을 고집하는 사람은, 나침반 없는 키잡이나 다름없다. 그런 사람은 결코 자신이 어디로 가는지 확실히 모른다. 실천은 항상 좋은 이론 위에 이룩되어야 한다.

– 레오나르도 다 빈치

1. 상자 채우기(bin-packing problem)

10kg까지 담을 수 있는 소포 상자가 여러 개 있다. 무게가 각각 6, 5, 4, 3, 3, 4, 4, 4, 2, 2, 1, 8, 1, 2, 9, 9(kg)인 물건을 다음과 같은 규칙에 따라 소포 상자에 넣으려 한다. 모두 몇 개의 소포 상자가 필요한지 알아보자.

① 6kg의 물건부터 차례로 소포 상자에 넣는다.

② 다음 물건을 바로 앞에서 사용한 상자에 넣을 수 있으면 그곳에 넣고, 그렇지 않으면 새로운 소포 상자에 넣는다.

③ 물건을 모두 넣을 때까지 ②의 과정을 반복한다.

위 규칙에 따라 물건을 넣은 결과를 그림으로 나타내면 다음과 같다. 이 그림과 같이 물건을 넣으면 9개의 소포 상자가 필요하다. 여기서 각 열은 10kg까지 넣을 수 있는 상자를 나타낸다.

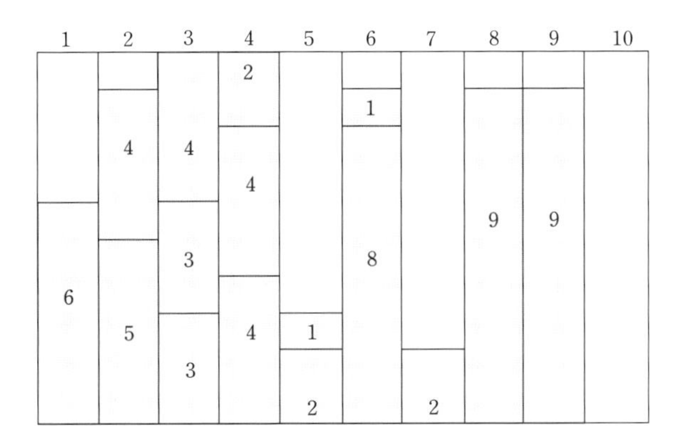

상자 채우기 문제는 용량이 정해진 상자에 그 용량을 초과하지 않고 주어진 물건을 모두 넣을 때 필요한 상자의 개수를 최소화하는 문제이다. 위와 같이 상자를 채우면 순차적으로 쉽게 할 수는 있지만 상자의 개수의 최소화는 생각하지 않았다. 위 과정 중 ②의 '바로 앞에서 사용한 상자' 대신에 '사용 가능한 최초의 상자' 또는 '가장 여유가 많은 상자' 등으로 바꾸면 그 결과는 달라질 수 있다. 또한 똑같은 과정을 사용하더라도 주어진 물건의 순서가 달라진다면 필요한 상자의 개수도 달라질 수 있다. 따라서 상자 채우기 문제를 해결하기 위해서는 여러 가지 알고리즘을 생각해야 한다. 그러나 상자 채우기 문제에서 최소의 상자의 개수를 알려주는 가장 효과적인 알고리즘은 아직까지 알려져 있지 않다.

문제 6.1

위 예의 물건을 다음 규칙에 따라 상자에 넣으려면 몇 개의 상자가 필요한가?

① 6kg의 물건부터 차례로 소포 상자에 넣는다.

② 다음 물건을 이미 사용한 상자에 넣을 수 있을 때는 사용 가능한 최초의 상자에 넣고, 그렇지 않으면 새로운 소포 상자에 넣는다.

③ 물건을 모두 넣을 때까지 ②의 과정을 반복한다.

문제 6.2

위 예의 물건을 다음 규칙에 따라 상자에 넣으려면 몇 개의 상자가 필요한가?

① 가장 무거운 물건부터 차례로 소포 상자에 넣는다.

② 다음 물건을 이미 사용한 상자에 넣을 수 있을 때는 사용 가능한 상자 중 가장 여유가 많은 최초의 상자에 넣고, 그렇지 않으면 새로운 소포 상자에 넣는다.

③ 물건을 모두 넣을 때까지 ②의 과정을 반복한다.

2. 배낭 꾸리기(knapsack problem)

캠핑을 가기 위해 필요한 품목의 무게와 가치를 다음과 같이 나타냈을 때, 품목의 가치의 합을 되도록 크게 하면서 배낭의 무게를 제외한 품목의 무게가 13.5kg 이하가 되도록 배낭을 꾸리려고 한다.

품목	무게(kg)	가치(점)	품목	무게(kg)	가치(점)
식량	6.3	5	침낭	3.6	4
비상약	1.1	4	세면도구	1.1	3
옷	0.7	3	책	0.5	2
손전등	0.9	5	카메라	0.2	3

위 품목 중에서 무게가 가장 무거운 것부터 차례로 배낭을 꾸렸을 때, 누적 무게와 누적 가치를 구하면 다음과 같다.

품목	무게(kg)	가치(점)	누적 무게	누적 가치
식량	6.3	5	6.3	5
침낭	3.6	4	9.9	9
비상약	1.1	4	11	13
세면도구	1.1	3	12.1	16
전등	0.9	5	13	21
옷	0.7	3	13.7	24
책	0.5	2	14.2	26
카메라	0.2	3	14.4	29

이처럼 무게가 무거운 것부터 차례로 배낭을 꾸리게 되면 배낭에는 식량, 침낭, 비상약, 세면도구, 전등까지 들어갈 수 있고 그 때 배낭의 무게는 13kg, 가치의 합은 21점이 된다.

가치가 높은 것부터 차례로 배낭을 꾸리면 다음과 같다.

품목	무게(kg)	가치(점)	누적 무게	누적 가치
전등	0.9	5	0.9	5
식량	6.3	5	7.2	10
비상약	1.1	4	8.3	14
침낭	3.6	4	11.9	18
카메라	0.2	3	12.1	21
옷	0.7	3	12.8	24
세면도구	1.1	3	13.9	27
책	0.5	2	14.4	29

가치가 높은 것부터 차례로 배낭을 꾸리게 되면 배낭에는 식량, 전등, 침낭, 비상약, 카메라, 옷이 들어가고 그 때 배낭의 무게는 12.8kg, 가치의 합은 24점이 된다.

배낭 꾸리기 문제는 가치가 매겨져 있는 물건을 제한된 용기에 가치의 합이 최대가 되도록 담는 문제이다. 배낭 꾸리기 문제의 정확한 해를 알아내기 위해서는 넣을 수 있는 경우의 가치를 모두 비교해 보아야 하는데 물건의 개수가 많으면 그 경우의 수를 구하거나 가치를 비교하는 데 더 많은 시간이 걸린다. 배낭 꾸리기 문제에서 모든 경우를 살펴보지 않고 정확한 해를 알 수 있는 알고리즘을 찾는 문제는 아직까지 미해결 문제로 남아 있다.

03 분배 문제

수학을 연구하려면 무엇보다도 방해되는 것이 없어야 하고, 긴 자유시간이 필요하다.
– 가우스 Gauss, Karl Friedrich(1777~1855, 독일 수학자)

정확하게 등분하기 어려운 물건을 몇 사람이 나누어 갖거나 부모님이 남기신 유산을 자녀들이 공평하게 상속받는 문제와 같이, 우리의 일상생활에서는 참여하는 사람 모두가 만족하도록 어떤 것을 분배해야 할 경우가 있다.

분배에 참여한 n사람 모두가 적어도 전체의 $\frac{1}{n}$을 차지했다고 생각한다면 공평한 분배(fair division)라고 본다. 이러한 문제는 케이크처럼 여러 조각으로 나눌 수 있는 경우와 건물이나 자동차처럼 여러 조각으로 나눌 수 없는 경우가 있다.

1. 케이크 나누기

생일 파티에 참석한 모든 친구들에게 불만이 없도록 케이크를 나누는 방법을 생각해 보자.

먼저, 두 사람 A, B가 케이크를 나누는 방법을 생각해 보자.

A가 케이크를 두 조각으로 나눈 다음 B가 나누어진 두 조각 중 한 조각을 선택하고 A가 남은 한 조각을 갖는다.

이제 세 사람 A, B, C가 나누는 방법을 생각해 보자.

먼저 A가 케이크를 세 조각으로 나눈 다음 B, C는 각각 세 조각 중 가장 선호하는 조각을 지적하게 한다. 그런 다음 B, C가 지적한 조각이 서로 다르면 B, C가 각자 지적한 것을 하나씩 주고 나머지 하나를 A에게 준다. B, C가 선호하는 조각이 같다면 B, C가 택하지 않은 나머지 두 조각 중 한 조각을 A가 선택하도록 한 후 남은 두 조각을 두 사람이 나누는 방법을 다시 적용한다.

이와 같은 방법을 4명 이상의 경우로도 확장할 수 있다. 케이크를 나눌 때 케이크를 자르거나, 둘 이상에서 먼저 선택할 사람을 결정할 때는 주사위를 굴리거나 제비뽑기를 하는 방법을 이용할 수 있다.

2. 상속 문제

세 자녀 A, B, C는 부모로부터 집과 땅을 상속받는다. 이 유산을 다른 사람에게는 절대 팔아서는 안 되고, 세 자녀가 모두 만족하게 나누는 방법을 알아보자.

먼저 세 상속자 A, B, C에게 각각 집과 땅이 얼마의 가치가 있다고 생각하는지 적어내도록 한다.

(단위: 만 원)

	A	B	C
집	5200	4600	5000
땅	920	1100	1600
합계	6120	5700	6600
몫	2040	1900	2200

위에서 A가 생각한 재산의 합은 6120만 원이고 상속자는 세 사람이므로 A가 생각하는 자기의 몫은 6120만원의 $\frac{1}{3}$인 2040만 원이다. 이와 같은 방법으로 생각하면 B, C가 각각 생각하는 자신의 몫은 1900만 원, 2200만 원이다. 이제 상속되는 유산을 그 가치를 가장 높게 평가한 사람에게 우선 배정하여 집은 A에게, 땅은 C에게 배정한다. 그런데 A는 자기의 몫이 2040만 원이라 생각하는데 5200만 원인 집을 배정 받았으므로 그 차액인 3160만 원을 현금으로 지불해야 한다. B는 상속받는 유산이 없으므로 1900만 원을 받아야 하고, C는 땅을 배정 받았으므로 차액인 600만 원을 받아야 한다. A가 지불한 돈으로 B, C에게 각각 1900만 원, 600만 원을 지불하고 남은 660만 원을 3등분하여 세 상속자 A, B, C에게 220만 원씩을 추가로 지급한다.

이러한 방법으로 분배를 하면 집과 땅은 세 사람이 각각 써 낸 금액 중 가장 높은 금액으로 판 것과 같아서 그 금액은 모든 상속자의 몫을 지불하고도 남게 되며 남은 금액을 상속자가 추가로 더 받게 된다. 따라서 각 상속자들은 각자 자기가 생각하는 몫보다 더 많이 받게 되므로 모두가 만족할 수 있다.

04 게임 전략

결정을 내릴 때, 가장 좋은 선택은 올바른 일을 하는 것이다. 그 다음으로 좋은 선택은 잘못된 일을 하는 것이다. 가장 안 좋은 선택은 아무것도 안 하는 것이다.

– 루스벨트 Theodore Roosevelt (1858~1919, 미국 정치가)

20세기 초에 수학자들은 게임을 연구하기 시작하였다. 게임 이론은 개인과 개인이나 단체와 단체, 나라와 나라 등의 두 집단 사이에 이해관계가 서로 관련되어 있을 때, 상대편의 전략에 대응하여 어떤 선택을 해야 가장 유리한가를 연구하는 학문이다. 이러한 게임 이론은 실제 생활에서 자주 활용될 뿐 아니라 경제학이나 정치학 등에서도 주목받는 분야이다.

게임에서 상대방이 선택하였거나 선택할 것으로 기대할 수 있는 전략이 주어졌을 때 자신에게 최대의 이득을 주는 전략을 최선전략이라 한다.

우리는 되도록 복잡함을 피하기 위하여 두 집단만이 참여하고 한 집단이 이득을 보면 다른 집단이 손해를 보는 2인 제로섬 게임(zero sum game)을 살펴보기로 한다. 이 게임에서는 각 전략에 따라 자신에게 일어날 수 있는 최악의 경우를 생각하고, 그 최악의 경우 중 보다 나은 전략을 선택하는 방법이 중요한데 이것을 최대 최소이득 전략(maximin strategy)이라고 한다.

1. 제로섬 게임

1) 결정 게임

게임에서 최선의 전략은 자신에게 최대의 이득을 주는 것이다. 상대방의 전략에 관계없이 자기의 최선의 전략이 결정되는 게임을 결정 게임이라 한다.

예를 들어, 경쟁 관계에 있는 인접한 두 식당 A와 B는 매달 다음과 같은 판매 전략 중 한 가지만을 쓰고 있다고 할 때 유리한 전략을 선택하는 방법을 알아보자.

전략1 : 주문한 음식만을 제공한다.

전략2 : 주문한 음식과 후식을 제공한다.

A와 B가 모두 전략1을 선택하면 A가 B보다 수익을 70만원 더 올리고, 또 A가 전략2를 선택하고 B가 전략1을 선택하면 A는 B보다 수익을 30만원 더 적게 올린다.

이 상황을 A의 입장에서 알기 쉽게 표로 정리하면 아래와 같다. 이 표를 간단히 행렬을 이용하여 $\begin{pmatrix} 70 & 50 \\ -30 & 40 \end{pmatrix}$으로 나타내고, 위의 게임의 성과행렬(payoff matrix)이라고 한다.

(단위: 만원)

A \ B	전략1	전략2
전략1	70	50
전략2	-30	40

전략1과 2 중에서 어느 것이 A에게 유리한가? 앞의 성과행렬에서 A는 각 행에서 원소들의 최솟값을 생각한 뒤 이들 중 가장 큰 값을 선택하게 된다.

전략1과 2 중에서 어느 것이 B에게 유리한가? B는 각 열에서 원소들의 최댓값을 생각한 뒤 이들 중 가장 작은 값을 선택하게 된다.

이 예의 경우 최선전략은 행의 최솟값 중 최댓값과 열의 최댓값 중 최솟값이 모두 50으로 일치하고 이것으로 A와 B의 전략이 결정됨을 알 수 있다.

A \ B	전략1	전략2	행의 최솟값
전략1	70	50	50
전략2	−30	40	−30
열의 최댓값	70	50	

문제 6.3

다음은 두 사람 갑, 을 사이의 게임을 나타내는 표이다. 여기서 +는 갑에게 이익을 주고, −는 을에게 이익을 주는 경우이다.

갑 \ 을	전략A	전략B
전략A	100	−150
전략B	−120	−200

(1) 어느 전략이 갑에게 유리한가?

(2) 어느 전략이 을에게 유리한가?

2) 비결정 게임

상대방의 전략에 관계없이 자기의 전략이 결정되는 결정 게임과는 다른 게임을 알아보자. 상대방의 전략을 미리 알지 못하면 자기의 최선의 전략을 알 수 없고 게임의 참여자가 임의로 전략을 결정하며 그러한 전략은 상대방의 전략에 따라 자기에게 때로는 유리하게 또 때로는 불리하게 작용된다. 이러한 게임을 비결정 게임이라 한다.

예를 들어, A와 B는 동시에 손가락을 각각 하나 또는 둘을 펼치는 게임을 한다. 이 때, 두 사람의 손가락이 모두 하나씩이면 40원을, 두 사람의 손가락이 모두 둘씩이면 20원을 A가 B에게 준다. 그러나 두 사람이 낸 손가락의 수가 다르면 A가 B에게 30원을 받는다. A는 손가락을 몇 개 펼쳐야 유리한가?

A의 입장에서 A가 B에게 돈을 주는 경우는 음수로 나타내고 반대로 B에게서 돈을 받는 경우는 양수로 표시하면 다음 표와 같다.

A \ B	하나	둘
하나	−40	30
둘	30	−20

우선 B가 손가락 하나를 낼 경우 A는 두 개의 손가락을 내야 더 유리하다. 반면에 B가 손가락 둘을 낼 경우 A는 한 개의 손가락을 내야 더 유리하다.

상대방의 전략에 관계없이 게임 참가자의 전략이 결정되는 결정 게임과는 달리 이 게임에서는 B의 전략에 따라 A의 전략이 달라질 수 있다. 즉, B가 손가락 하나를 펼칠 때는 A는 손가락 둘을, B가 손가락 둘을 펼칠 때는 A는 손가락 하나를 펼치는 것이 A에게 더 유리하다. 그러나 B가 무엇을 펼칠지 알지 못하므로 A는 어떤 것을 펼쳐야 유리한지 결정할 수 없다. 이때는 게임 참가자가 택하는 각 전략의 확률을 고려하여 그 참가자의 기대 금액을 결정함으로써 누구에게 유리한 게임인지를 알 수 있다.

예제 6.1

위 게임을 여러 번 반복할 때 A와 B가 각각 손가락을 하나와 둘을 펼치는 비율을 1:1로 한다면, 한 번의 게임에서 A가 B에게 받을 기대 금액은 얼마인가 알아보자.

풀이

A의 손가락의 수	하나	하나	둘	둘
B의 손가락의 수	하나	둘	하나	둘
확률	$\frac{1}{4}$	$\frac{1}{4}$	$\frac{1}{4}$	$\frac{1}{4}$
금액	-40	30	30	-20
(금액)×(확률)	$-\frac{40}{4}$	$\frac{30}{4}$	$\frac{30}{4}$	$-\frac{20}{4}$

기대금액은 (각 경우에 받을 금액)×(각 경우의 확률)의 합이므로

(기대금액) $= \left(-\frac{40}{4}\right)+\frac{30}{4}+\frac{30}{4}+\left(-\frac{20}{4}\right)=0$

이다.

문제 6.4

위의 게임을 여러 번 반복할 때 손가락 하나와 둘의 비율을 A는 $p:(1-p)$로, B는 1:0으로 펼친다고 하자. 게임을 한번 할 때마다 A가 B에게 받을 기대 금액을 구하라.

2. 비제로섬 게임

수학자인 앨버트 터커(Albert Tucker)가 제시한 '죄수의 딜레마(Prisoner's Dilemma)'는 유명한 비제로섬 게임이다.

죄수1과 죄수2가 체포되어 각각 독방에서 경찰의 심문을 받는다. 각자는 자백하고 공범을 연루시킬 것인가를 결정해야한다. 아무도 자백하지 않으면 모두가 1년형을 받고 2명이 모두 자백하면 각각 10년형을 받는다. 그러나 한명은 자백하고 다른 한명이 자백하지 않으면 경찰에 협조한 죄수는 석방되고 다른 죄수는 20년의 최고형을 받는다.

이 경우의 전략은 자백하거나 자백하지 않는 것이다. 이 게임의 이득, 즉 형량을 표로 나타내면 다음과 같다.

죄수1 \ 죄수2	자백	침묵
자백	10년, 10년	0년, 20년
침묵	20년, 0년	1년, 1년

문제 6.5

위의 표를 보고 다음에 대하여 답하라.

(1) 죄수는 어떤 전략을 선택했을 때 유리한가?

(2) 죄수들은 어떤 전략을 선택할 것인지 예측할 수 있는가?

여섯째 날 연습문제

01 후보가 A, B, C, D, E인 어떤 선거의 개표 결과가 다음 표와 같았다. 두 후보 간에 선호도를 비교하여 우세한 후보에게는 1점, 열세한 후보에게는 0점, 비겼을 경우에는 두 후보에게 0.5점을 주어 각 후보가 얻은 점수의 합이 가장 높은 후보가 당선이 되는 방법을 택했을 때 당선되는 후보는 누구일까?

투표수	48	47	5
1위	E	A	C
2위	B	B	B
3위	A	C	D
4위	C	D	E
5위	D	E	A

02 같은 방법으로 위 문제 1에서의 당선자와 D, E만이 이 선거의 후보였다면 누가 당선될 것으로 예상할 수 있을까?

03 어느 조직의 구조 조정 방안으로 A, B, C, D 4개의 안이 제시되었다. 이에 대하여 5명으로 구성된 이사회에서 투표로써 선호도를 조사하여 다음과 같은 결과를 얻었다.
각 이사가 매긴 순서에 따라 차례로 각 안에 4점, 3점, 2점, 1점을 부여한 다음, 각 안이 받은 점수의 합계 중 최고점을 받은 안을 택한다면 어떤 안이 채택될까?

우선순위\이사	1	2	3	4	5
첫째	A	D	A	B	D
둘째	D	C	D	A	C
셋째	C	B	C	D	B
넷째	B	A	B	C	A

04 A, B, C, D 네 명으로 구성된 어떤 위원회에서 A는 15표, B는 8표, C는 5표, D는 1표의 권한을 갖는다. 이 위원회에 어떤 안이 제안되어서 통과되려면 적어도 15표 이상의 찬성이 필요하다고 한다. A, B, C, D 네 명이 투표에 미치는 영향력은 각각 얼마인가?

05 어느 주식회사의 세 주주 A, B, C는 각각 전체 주식의 37%, 35%, 28%를 소유하고 있다. 각 주주는 보유하고 있는 주식의 수만큼 투표권을 갖고 있으며 제안된 안건은 50%보다 높은 찬성을 받아야 통과된다. 각 주주가 투표에 미치는 영향력을 구하라.

06 5톤 트럭으로 상품 A, B, C, D를 일정한 곳까지 운반하였을 때 생기는 수익금은 다음과 같다. 톤당 수익금이 가장 많은 상품부터 차례로 실어 한 번만 운반할 때 얻을 수 있는 수익금을 구하라.

상품	무게(톤)	수익금(만 원)
A	2.2	20
B	1.8	16
C	1.5	18
D	1.4	10

07 어느 항공사는 화물 가방 하나의 무게를 30kg으로 제한하고 있다. 어느 회사에서 제품을 화물 가방에 넣어 이 항공기로 외국에 보내려고 한다. 제품의 무게가 15, 16, 12, 12, 9, 18, 15, 16, 7, 21, 23, 24(kg)이라고 할 때, 다음과 같은 규칙을 따라 제품을 가방에 넣는다면 필요한 가방은 몇 개인가?

① 15kg의 물건부터 차례로 가방에 넣는다.

② 다음 물건을 이미 사용한 가방에 넣을 수 있을 때는 사용 가능한 가방 중에서 가장 여유가 많은 가방에 넣고, 그렇지 않으면 새로운 가방에 넣는다.

③ 물건을 모두 넣을 때까지 ②의 과정을 반복한다.

08 위 문제 7에서 제품을 무거운 순서대로 가방에 넣는다면 필요한 가방의 개수는 몇 개일까?

09 한 TV 방송국에서는 광고 방송을 한 번에 2분을 넘지 않도록 제한하고 있다. 방송해야 할 상품 광고 시간이 각각 90, 15, 110, 50, 60, 20, 70, 30, 30, 40, 15(초)일 때, 주어진 광고들을 모두 방송하려면 적어도 몇 번의 광고 방송 시간이 필요할까?

10 두 사람이 공동으로 운영하던 회사를 정리하고 함께 보유하고 있던 건물, 기계, 재고 상품, 현금을 나누어 갖기로 했다. 각 재산의 가치를 A, B가 적어낸 다음 표를 보고 A, B에게 재산을 공평하게 분배하라.

(단위: 만 원)

	A	B
건물	14000	14800
기계	1500	2000
재고 상품	3800	3000
현금	2000	2000
합계	21300	21800

11 A, B, C 세 사람이 케이크를 나누기 위해 A가 케이크를 잘랐다. A, B, C가 생각하는 세 조각의 가치의 비율은 다음과 같다. B와 C는 각자가 원하는 케이크 조각을 종이에 적어 낸다. 이 때, A, B, C가 어떻게 케이크를 나누어 가져야 할까?

	조각 1	조각 2	조각 3
A	$33\frac{1}{3}\%$	$33\frac{1}{3}\%$	$33\frac{1}{3}\%$
B	35%	29%	36%
C	36%	30%	34%

12 월드컵 개최지를 선정하는 투표 방법을 조사하라.

13 어느 시골 마을의 부자가 사망하면서 세 아들에게 소 17마리를 남겼다. 큰 아들은 $\frac{1}{2}$, 둘째 아들은 $\frac{1}{3}$, 셋째 아들은 $\frac{1}{9}$로 정확히 나누어 갖도록 유언을 했다. 어떻게 하면 유언대로 17마리의 소를 분배할 수 있을까?

14 진호는 등산을 가기 위해 필요한 품목의 무게와 그 품목의 가치를 점수로 다음과 같이 나타내어 보았다. 진호가 운반할 수 있는 등산 가방의 무게는 13kg 이하라고 할 때, 등산 가방에 꾸려진 품목의 가치의 합이 최대가 되게 하려면 어떻게 가방을 꾸려야 할까?

품목	무게(kg)	가치(점)
여벌 옷	2.3	4
책	0.8	1
디지털카메라	0.6	2
비상약	0.4	3
휴대폰	0.3	5
MP3	0.5	1
세면도구	0.7	2
취사도구	4.7	2
식량	1.1	4
음료수	1	4
침낭	3.4	3

15 위 14번 문제에서 kg당 가치를 구하여 가치가 높은 것부터 차례로 등산 가방을 꾸릴 때 누적 무게와 누적 점수를 나타낸 표를 만들고 품목의 가치의 합을 구하라.

16 두 사람 A와 B는 동전을 각각 하나씩 가지고 게임을 하려고 한다. 동시에 동전을 손바닥에 내어 동전이 둘 다 앞면이면 A는 B에게 300원을 받고, 동전의 면이 서로 다르면 200원을 받는다. 한편 동전이 둘 다 뒷면이면 A가 B에게 400원을 주기로 한다.

(1) A의 입장에서 이 게임을 행렬로 나타내어라.
(2) A는 앞면과 뒷면 중 무엇을 내야 유리한가?
(3) B는 앞면과 뒷면 중 무엇을 내야 유리한가?
(4) 이 게임은 A와 B 중 누구에게 더 유리한가?

17 다음 표는 A와 B의 동전보이기 게임을 A의 입장에서 나타낸 행렬이다.

A ＼ B	앞면	뒷면
앞면	50	-30
뒷면	-40	20

(1) 이 게임을 계속할 때 앞면과 뒷면의 비율을 A는 $p:(1-p)$로 B는 $0:1$로 보인다고하자. 게임을 한 번 할 때마다 A가 B에게 받을 수 있는 기대 금액을 구하라.

(2) 이 게임을 계속 할 때 앞면과 뒷면의 비율을 A는 $1:0$으로, B는 $q:(1-q)$로 보인다고 하라. 게임을 한 번 할 때마다 A가 B에게 받을 수 있는 기대 금액을 구하라.

쉼

교황 선출 방식

현직 교황이 서거하든지 은퇴를 할 경우 전 세계 추기경이 모여 교황이 선출될 때까지 콘클라베에 들어가게 된다. 콘클라베(Conclave)는 '자물쇠가 채워진 방'을 의미하는 것으로 교황 선거 때 교황을 선출할 추기경단이 모두 선거 회의장에 들어가면 교황이 선출될 때까지 일체 외부와는 단절됨과 동시에 그 안에서 일어나는 모든 것들을 일체 비밀로 하는 것을 의미한다.

교회 역사로 볼 때 교황 선거에는 세 단계가 있었다. 그 첫 단계는 로마의 성직자들과 시민들이 교황을 선출한 방법으로 약 1천 년간 계속되었고, 두 번째 단계는 약 2~3백 년 동안 추기경들이 공개회의에서 교황을 선출했다. 세 번째 단계는 1274년 교황 그레고리오 10세 때부터 교황을 추기경들만의 비밀회의에서 선출해 온 방법으로 지금도 이 방법을 사용하고 있다. 오늘날의 교황 선거는 과거에 비해 많이 간소화되고 빠른 시일 안에 새 교황을 선출할 수 있는 방법을 사용하고 있다. 교황 선거에는 80세 미만의 추기경들만 참여할 수 있으며 80세 이상의 추기경은 교황이 될 수 없다. 80세 미만의 추기경 120여 명이 투표 용지에 교황으로 선출될 추기경 한 사람의 이름을 적는다. 전통적으로 교황은 추기경들의 $\frac{2}{3}$에 해당하는 수에 한 표 이상을 더 얻어야 선출된다. 그러나 교황 요한 바오로 2세는 1996년에 이 규정을 바꿨다. 12, 13일이 지난 후에도 교황이 결정되지 않으면 교황선출회의는 과반수 투표를 행사할 수 있다. 이는 가장 많은 추기경들의 지지를 얻은 후보가 교황이 될 수 있음을 의미한다. 이후 교황 베네딕토 16세는 2007년에 새로운 교황 선출을 위한 의결 정족수를 고 요한 바오로 2세 이전의 방식으로 회귀 시켰다. 새 교황 선출이 유효하게 이루어지려면 전통적인 방법으로 언제나 총 투표 수의 $\frac{2}{3}$보다 많은 득표가 요구된다.

투표 방법은 콘클라베에 들어간 추기경들이 백지에 차기 교황의 이름을 적은 뒤 서약과 함께 용지를 투표함에 넣고 투표 전에 제비뽑기로 결정된 추기경 3명이 표를 거두고, 다른 3명은 집계하고, 다른 3명은 재검표를 한다. 교황 선거는 첫 3일동안 새 교황이 선출될 때까지 오전, 오후 하루 두 차례씩 비밀투표를 실시한다. 3일 동안에 당선자가 없으면 추기경 회의를 열어 최고 득표자 2명을 놓고 투표를 실시하는데, 이때는 7일 안에 선거를 끝내도록 되어 있다.

투표가 집계될 때마다 모든 투표 용지는 불태워진다. 승자가 없다면 검은 연기를 내는 화학약품과 함께 용지를 불태우기 때문에 바티칸 궁 지붕에서 검은 연기가 나면 성 바울 광장에서 기다리는 사람들은 투표가 끝나지 않았음을 알게 된다. 교황이 선출되고 불태워지는 투표 용지는 하얀 연기를 뿜어내 새로운 교황이 탄생하였음을 알린다.

차기 교황이 확정되면 추기경단회의의 최고령자가 당선자의 수락을 얻어 결과를 공표하고, 교황청 발코니에서 군중들을 향해 "하베무스 파팜(Habemus papam; 교황을 선출했다)"이라고 선언한다. 그러면 새 교황이 흰 제의를 입고 군중 앞에 나타나 "우르비 엣 오르비(Urbi et Orbi; 바티칸 시와 전 세계에게)"라는 말로 첫 축복을 준다.

피보나치
Leonardo Fibonacci (1175~1250)

피보나치는 이탈리아 피사에서 상인이자 정부관료인 보나치의 아들로 태어났다. 무역과 상업이 발달한 피사와 부기아에서 관세 및 무역 담당 공무원인 아버지의 일을 도우며 자연스럽게 산술에 관심을 갖게 되었다. 이후 이집트, 그리스 등 여러 지중해 나라들을 여행하면서 다양한 수 체계와 산술 방법을 공부하였다. 자릿값 개념을 도입한 인도-아라비아 숫자가 다른 것보다 수체계로서 뛰어나다고 생각한 그는 1202년 자신이 펴낸 첫 책이자 대표작인 계산을 위한 책『산술의 서, Liber Abaci)』에서 인도-아라비아 수체계와 사용법을 소개했다. 그러나 이 수체계는 300년 정도 지난 후에야 널리 사용되게 되었다. 이 책은 이후 유럽에서 몇 세기동안 수학의 기본서가 될 정도로 우수한 것이었다. 또한 이 책에서 유명한 피보나치 수열을 소개하였다.

일곱째 날
수학과 예술

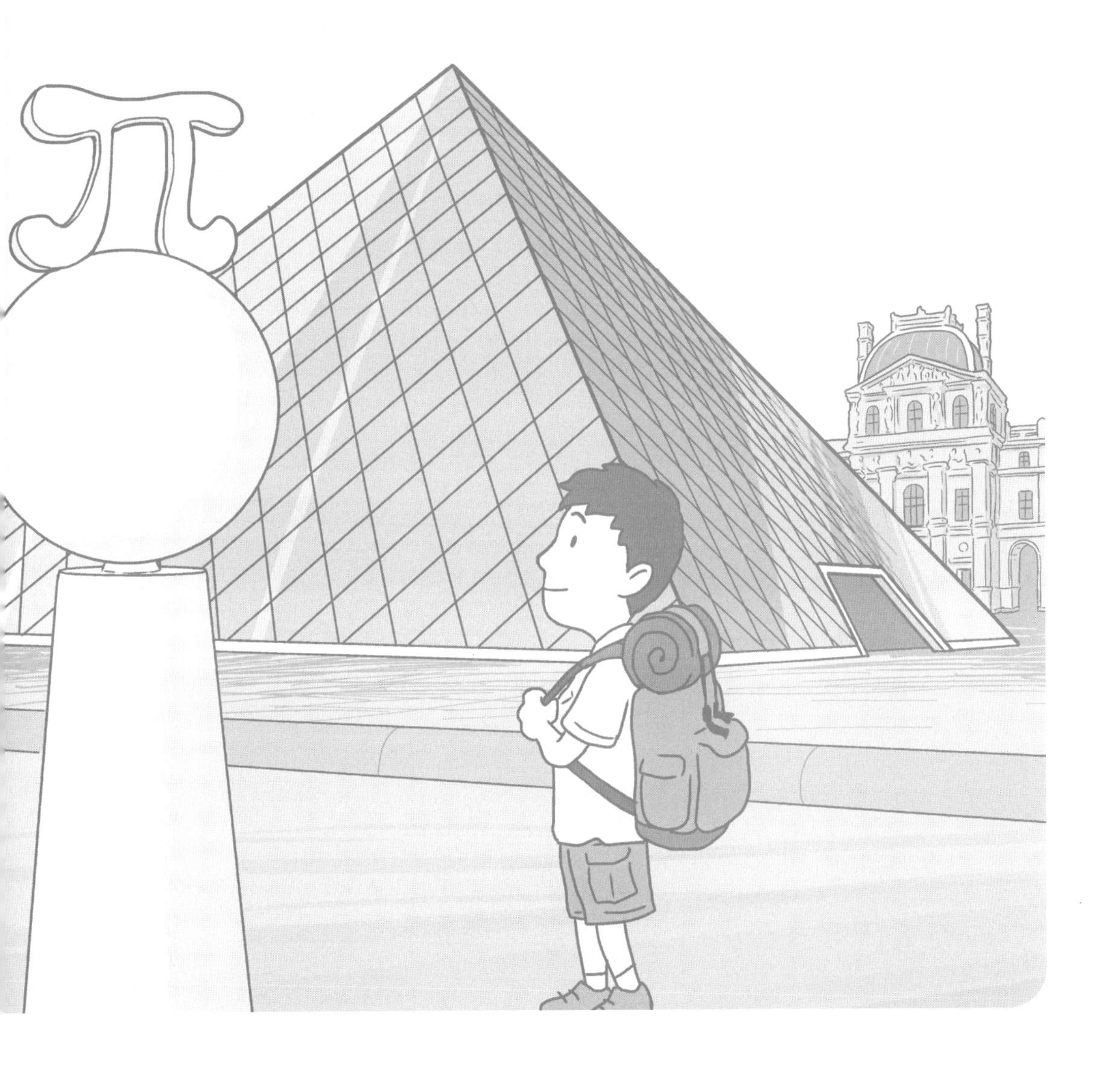

01 황금비

상상은 지식보다 중요하다.
- 아인슈타인

우리가 흔히 사용하는 신용카드, 버스 카드, 명함, 담배 케이스, 엽서 등은 가로 세로의 비가 거의 같다. 왜 그럴까? 예로부터 그리스인들은 가장 안정적이고 아름다운 비(比, ratio)로 황금비를 꼽았다. 황금비란 1∶1.618(=0.618)또는 1.618∶1(=1.618)을 말하는 데, 이 비로 분할하는 것을 황금분할, 가로 세로의 비가 황금비인 직사각형을 황금사각형이라고 한다. 황금분할이란 어떤 선분을 둘로 자를 때, 작은 것과 큰 것의 비가 큰 것과 전체의 비와 같도록 자르는 것을 말한다.

(작은 것) : (큰 것) = (큰 것) : (전체)이므로

(큰 것)^2 = (작은 것) × (전체)이다. 따라서 (작은 것), (큰 것), (전체)가 등비수열을 이루며 일정한 비율로 증가한다.

황금비를 구하기 위해 작은 것, 큰 것의 길이를 각각 1, x라 하면,

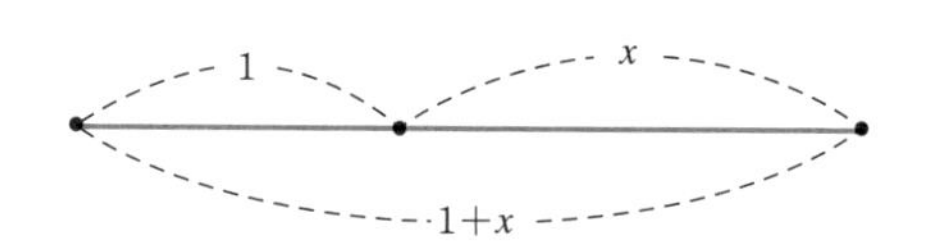

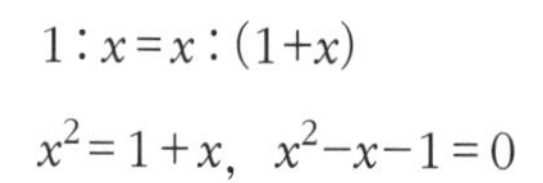

$$1 : x = x : (1+x)$$

$$x^2 = 1+x,\quad x^2 - x - 1 = 0$$

$$x = \frac{1 \pm \sqrt{5}}{2}$$

그런데 x값은 0보다 커야 하므로

$$x = \frac{1 + \sqrt{5}}{2} \fallingdotseq 1.618$$

따라서, 황금비는 1 : 1.618이다.

황금비는 고대 그리스부터 현대에 이르기까지 각종 건축물, 음악, 일상생활에 다양하게 활용되고 있다.

1. 인체 속의 황금비

고대 그리스인은 인체의 부분과 전체가 황금비를 이룬다는 것을 알아냈다. 배꼽이 머리끝에서 발끝까지 인체를 황금분할한다.

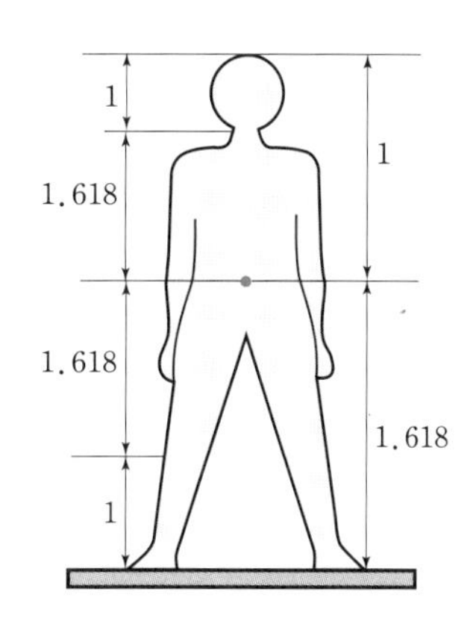

배꼽 위 상반신에서는 머리끝에서 목까지와 목에서 배꼽까지의 길이의 비가 1 : 1.618이고, 하반신에서는 발끝부터 무릎까지와 무릎부터 배꼽까지의 비율이 1 : 1.618로 나타난다. ■

얼굴은 얼굴 둘레를 직사각형으로 둘러쌌을 때 이 직사각형이 황금사각형이면 미인에

■ 박봉구, 한상언, 박정형, 이영천, 강은주, 백란 공저. 『재미있는 수학의 세계』 교우사. p251.

가깝다고 한다. 또, 코끝이 얼굴의 길이를 황금분할하고, 눈에서 코끝까지의 길이와 코끝에서 턱까지의 길이의 비, 눈에서 코끝까지의 길이와 코끝에서 입술의 가운데 선까지의 길이의 비가 황금비를 이루면 아름답다고 한다.

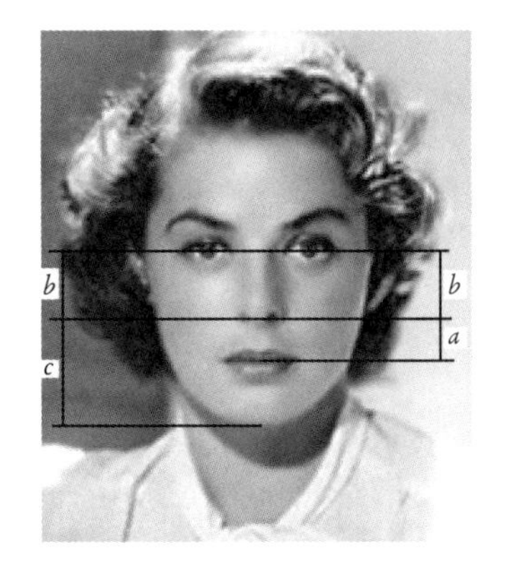

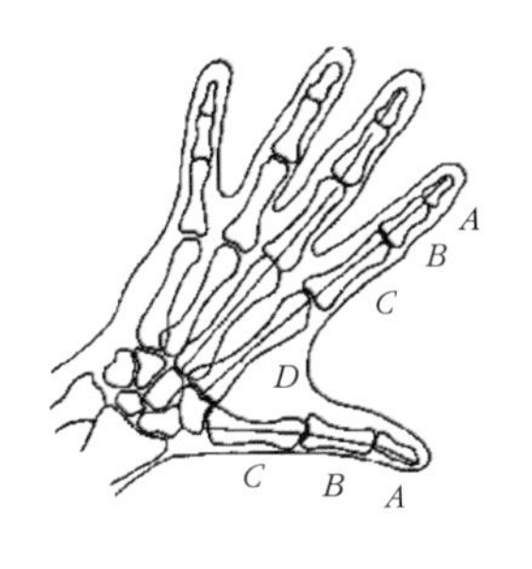

손가락에도 황금비를 볼 수 있다. 다음 그림처럼 손가락의 각 뼈마디의 길이의 비는 연속적으로 황금비를 이룬다. 즉, A : B, B : C, C : D는 모두 같은 값으로 황금비이다.

2. 자연 속의 황금비

태양계의 구조도 황금비를 이룬다. 태양에서 수성까지의 거리의 비와 수성에서 금성까지의 거리의 비, 수성에서 금성까지의 거리의 비와 금성에서 지구까지의 거리의 비가 황금비를 이룬다고 한다. 태양에서 먼 행성일수록 그 비가 약해지지만, 태양계는 전체로 하나의 큰 조화를 이루고 있다.

자연에서 나타나는 나선형에서도 황금비를 찾을 수 있다. 회오리바람, 앵무조개, 은하, 줄기를 따라 나오는 식물의 잎도 나선형이다. 이 나선은 다음과 같이 황금사각형에서 연속적으로 정사각형을 만들어서 연결하면

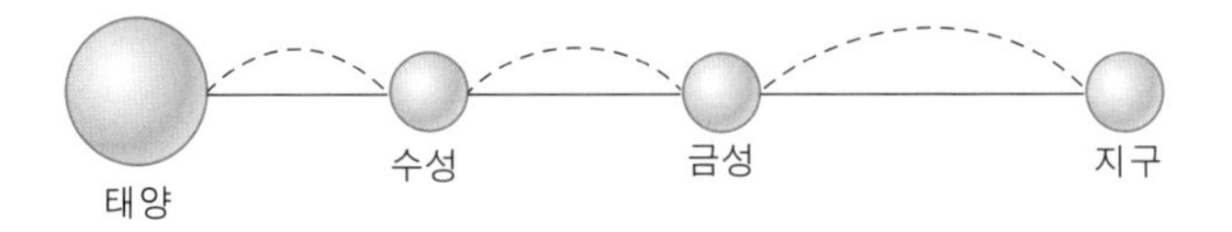

된다. 모든 나선형이 아래와 같은 것은 아니지만 가장 흔하게 나타나는 나선형은 아래 그림과 같다.■

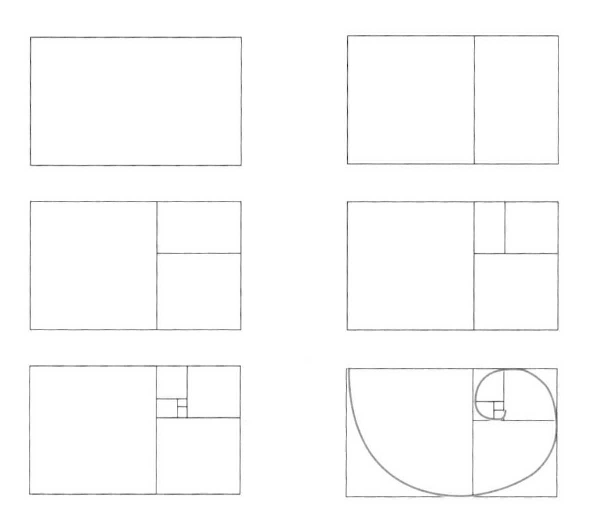

3. 건축물, 음악 속의 황금비

로마의 건축가 비트루비우스Vitruvius는 인간은 하나님의 형상으로 만들어져 완전하며, 인간의 몸의 비율들이 아름다움을 성취하는 기본이며 사원의 비율들도 인간 몸의 비율들을 따라야 한다고 믿었다.■ 또한 피타고라스 학파는 황금비를 신성한 비율이라 여겨 건축과 음악에서도 아름다움의 근원을 이루어야 한다고 주장했다. 이러한 영향이 각종 건축물과 음

■ 마이클 슈나이더, 이충호 옮김, 『자연, 예술, 과학의 수학적 원형』, 2002. p142.
■ 김성숙, 『건축과 음악 속의 수학』, 수학 페스티벌 Math Festival 자료.

악에 반영되었다. 아테네의 파르테논 신전의 가로와 세로의 비도 황금비로 되어 있으며, 최근 연구에 따르면 피라미드의 빗변의 길이와 밑변 길이의 반도 황금비를 이룬다고 한다.

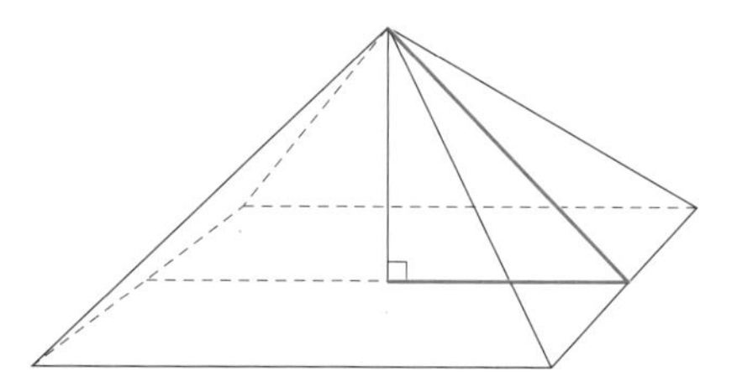

우리나라의 건축물로는 부석사 무량수전의 가로와 세로의 길이비가 황금비이다.

음악에서도 황금비를 이용한 사례가 있다. 베토벤의 5번 교향곡 〈운명〉 1악장에서 '빠~바바~밤~' 하는 주제구가 3번 나오는데, 시작과 마지막에 첫 번째와 세 번째 주제구가 나오고, 두 번째 주제구는 황금분할 지점에 나온다. 두 번째 주제구 앞에 377마디, 그 다음에 232마디가 오는데 377 : 232 = 1.618 : 1로 황금비에 가깝다.■ 20세기 최고의 관현악 작품의 하나로 꼽히는 바르톡의 〈현악기, 타악기, 첼레스타를 위한 음악〉에서도 곡의 클라이맥스 부분이 황금분할 지점이다. 헨델의 〈할렐루야〉도 총 94마디 중 황금분할 지점인 57, 58마디에서 클라이맥스를 이룬다.

■ 박경미, 『수학 비타민』, 2003, p117.

※ 황금사각형 만들기

① 신용카드와 같은 폭의 긴 직사각형 ABCD 종이를 준비한다.

② $\overline{AB}$를 그림과 같이 접어 정사각형 ABFE를 만든다.

③ 정사각형 ABFE를 반으로 접어 밑변 BF의 중점을 M으로 표시한다.

④ $\overline{ME}$를 접었다가 펴서 접은 선을 표시한다.

⑤ $\overline{MC}$와 $\overline{ME}$가 겹치도록 접어서 점 E와 겹치는 $\overline{MC}$위 점을 G로 표시한다.

⑥ $\overline{BC}$에 수직인 선분 $\overline{GH}$를 접으면 사각형 ABGH가 황금사각형이다.

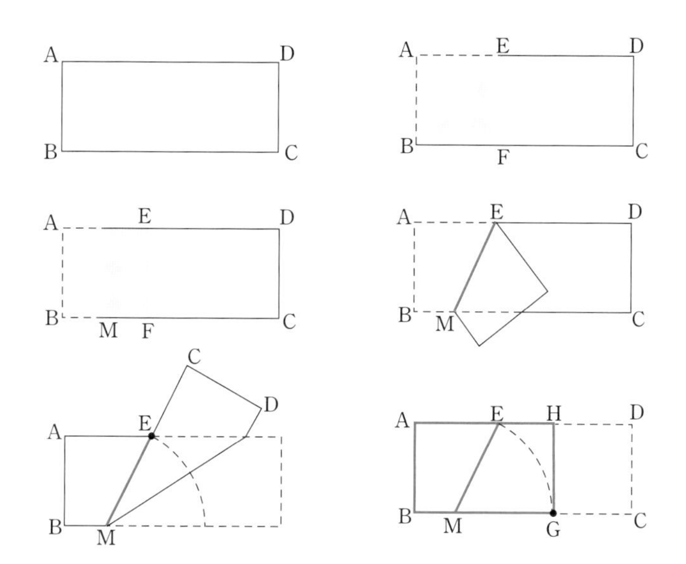

문제 7.1

위 방법으로 만든 직사각형이 황금사각형이 됨을 보여라.

02 피보나치 수열

내가 이미 푼 문제는 나중에 다른 문제를 풀기 위한 하나의 규칙이 되었다.

– 데카르트(1596~1650, 프랑스 수학자)

피보나치가 유명해진 것은 특별한 수열 때문인데, 이 수열은 토끼의 번식과 관련된 것이었다.

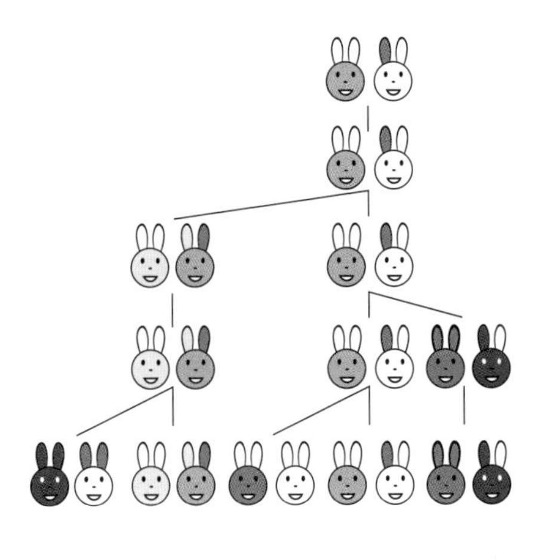

한 쌍의 새끼 토끼가 있는데, 이 토끼는 두 달 후면 어미가 된다. 어미토끼는 매달 꼭 한 쌍씩의 새끼를 낳는다고 한다. 새로 태어난 토끼도 태어난 지 두 달 후에 매달 한 쌍의 토끼를 낳는다. 매달 토끼의 쌍은 얼마일까?

이 문제에서 모든 토끼가 죽지 않는다고 가정하고 매달 토끼의 쌍의 수를 헤아려 보았더니 1, 1, 2, 3, 5, 8, 13, 21, 34, 55, 89, 144, 233, 377, 610, 987, 1597,…을 얻었다.

이것이 그 유명한 피보나치수열이다. 이 수열은 1, 1에서 시작하여 이웃하는 두 항의 합이 다음 항이 되는 수열이다.

피보나치 수열 만큼 수학과 자연현상, 사회현상에 많이 등장하는 것도 없다. 여기서는 이렇게 많은 곳에서 활용되는 피보나치 수열의 여러 가지 성질과 적용사례를 살펴보도록 한다.

1. 피보나치 수열의 성질

피보나치 수열에 어떤 성질이 성립하는지 알아보자.

피보나치 수열을 $\{F_n\}$이라 하고 $\{F_n\}$과 $\{F_n^2\}$을 나열하면 다음과 같다.

n	1	2	3	4	5	6	7	8	9	10	11	12	13	14	15	16	17	…
F_n	1	1	2	3	5	8	13	21	34	55	89	144	233	377	610	987	1597	…
F_n^2	1	1	4	9	25	64	169	441	1156	3025	7921	20736	54289	142129	372100	9741692	2550409	…

① 이웃한 두 항의 비가 황금비에 다가간다.

피보나치 수열 $\{F_n\}$에 대하여 수열 $\left\{\frac{F_{n+1}}{F_n}\right\}$을 구해보면 1/1, 2/1, 3/2, 5/3, 8/5, 13/8, 21/13, 34/21, 55/34, … 즉, 1, 2, 1.5, 1.67, 1.6, 1.625, 1.615, 1.619, 1.617, … 이다.

이 수열은 황금비 $\frac{1+\sqrt{5}}{2} \fallingdotseq 1.618$에 다가간다.

여기서 첫 번째 항과 두 번째항을 다른 수로 바꾸어도 이웃한 두 항의 비가 황금비에 다가갈까?

무작위로 두 수를 골라 연속한 두 항의 합이 다음 항이 되도록 수열을 만든다. 예를 들어 4와 10을 첫째 항, 두 번째항으로 했다면 4, 10, 14, 24, 38, 62, 100, 162, 262, 424, … 이런 수열이 만들어진다. 그리고 앞뒤 항의 비(뒤 항 나누기 앞 항)를 계산해 보면 2.5, 1.4, 1.714, 1.583, 1.632, 1.612, 1.620, 1.617, 1.618, … . 처음 두 항을 어떤 수로 하든 연속된 항들의 비는 결국 황금비로 수렴한다.

② 연속된 열 개의 피보나치 수의 합은 11의 배수이다.

피보나치 수열을 이루는 수를 피보나치 수라고 한다. 그런데 연속된 열 개의 피보나치 수를 합하면 11의 배수가 되는데 예를 들면 1+1+2+3+5+8+13+21+34+55=143이므로 11의 배수이다.

다른 예로 13+21+34+55+89+144+233+377+610+987=2,563=11×233이므로 11의 배수이다. 어디서부터 시작하든 연속된 열 개의 피보나치 수의 합은 11의 배수이다.

이것을 증명하기 위해 피보나치 수를 11로 나눈 나머지를 차례로 열거해 보면,

1,1,2,3,5,8,2,10,1,0,1,1,2,3,5,8,2,10,1,0,… 와 같이 10개의 수가 계속 반복된다.

그리고 이 10개의 수를 더하면 1+1+2+3+5+8+2+10+1+0=33으로 11의 배수이다. 어디서부터 시작하더라도 10개의 수의 합은 변하지 않는다.

따라서 연속된 열 개의 피보나치 수의 합은 11의 배수이다.

③ 연속된 두 피보나치 수는 서로소이다.

연속된 두 피보나치 수 예를 들어, 3과 5, 5와 8, 8과 13, 13과 21, 21과 34, …는 서로 소이다.

이것을 증명하기 위해 수학적 귀납법을 이용하자.

먼저 $F_1=1$, $F_2=1$이 서로 소임은 분명하다.

이제 F_k와 F_{k+1}이 서로소라고 가정하고 F_{k+1}과 F_{k+2}가 서로소임을 증명하자.

F_{k+1}과 F_{k+2}이 서로소가 아니라고 가정하면 1보다 큰 공약수 a를 갖게 된다. $F_k=F_{k+2}-F_{k+1}$이므로 F_k도 공약수 a를 갖게 되므로 F_k와 F_{k+1}이 서로소라는 가정에 모순이 된다. 따라서 F_k와 F_{k+1}이 서로소이면 F_{k+1}과 F_{k+2}도 서로소이다.

위 두가지 사실에 의해 모든 자연수 n에 대해 F_n과 F_{n+1}은 서로 소이다.

④ 연속된 네 피보나치 수에서 중간의 두 수의 제곱의 차는 양 끝의 두 수의 곱과 같다.

즉 피보나치 수 F_n, F_{n+1}, F_{n+2}, F_{n+3}에서 $F_{n+2}^2-F_{n+1}^2=F_nF_{n+3}$

예를 들어, 3,5,8,13에서 $F_6^2-F_5^2=8^2-5^2=(8-5)\times(8+5)=3\times13=F_4\times F_7$

⑤ 한 칸 건너 뛴 피보나치수의 곱은 가운데 피보나치 수의 제곱에서 1을 더하거나 뺀 값과 같다.

예를 들어, $F_4\times F_6=3\times8=24=25-1=F_5^2-1$,

$F_5\times F_7=5\times13=65=64+1=F_6^2+1$

이다.

⑥ 피보나치 수열의 첫째항부터 제 n항까지의 합은 제 $n+2$항에 뺀 값과 같다. 즉, $\sum_{i=1}^{n}F_i=F_{n+2}-1$이다.

예를 들어, $F_1+F_2+F_3+F_4=1+1+2+3=7=8-1=F_6-1$,

$F_1+F_2+F_3+F_4+F_5+F_6+F_7+F_8+F_9+F_{10}=143=144-1=F_{12}-1$

⑦ 피보나치 수열의 첫째항부터 제 n항까지의 제곱의 합은 제 n항과 제 $n+1$항의 곱과 같다. 즉, $\sum_{i=1}^{n}F_i^2=F_nF_{n+1}$이다.

예를 들어, $F_1^2+F_2^2+F_3^2+F_4^2=1^2+1^2+2^2+3^2=15=3\times5=F_4F_5$,

$F_1^2+F_2^2+F_3^2+F_4^2+F_5^2+F_6^2=1^2+1^2+2^2+3^2+5^2+8^2+13^2=273=13\times21$

$=F_7F_8$

문제 7 · 2

위 성질 ④⑤⑥⑦을 수학적으로 증명하라.

2. 자연 속의 피보나치 수열

1) 해바라기 씨

해바라기씨는 시계 방향과 반시계 방향의 나선 형태로 이루어지는데, 그것은 서로 얽히면서 교차하고 있다. 해바라기 씨가 꽃의 중심을 향하면서 서로 감겨질 때, 한쪽 방향으로 감겨지는 씨앗의 수와 다른 방향으로 감겨지는 씨앗의 수 사이에는 특정한 비율이 존재한다.

보통 해바라기씨는 시계방향으로 34개, 반시계방향으로 55개의 두 나선 모양으로 존재한다. 꽃이 크면 55/89, 89/144 도 발견된다.

2) 수벌의 가계도

수벌의 가계도에서도 피보나치 수열을 찾아 볼 수 있다.

수벌은 어머니만 있고 아버지가 없다.(무정란에서 태어난다.) 반면에 암벌은 어머니와 아버지가 모두 있다.

다음 그림에서 ♂는 수벌이고, ♀는 암벌이다. 수벌 한 마리를 생각해 볼 때 1대 조상은 어머니 뿐이다. 수벌의 2대 조상은 1대 조상인 어머니를 낳은 어머니와 아버지 둘이 존재한다. 이런 식으로 조상을 거슬러 올라가면 한 수벌과 그 조상의 수는 피보나치 수열을 이루는 것을 볼 수 있다.

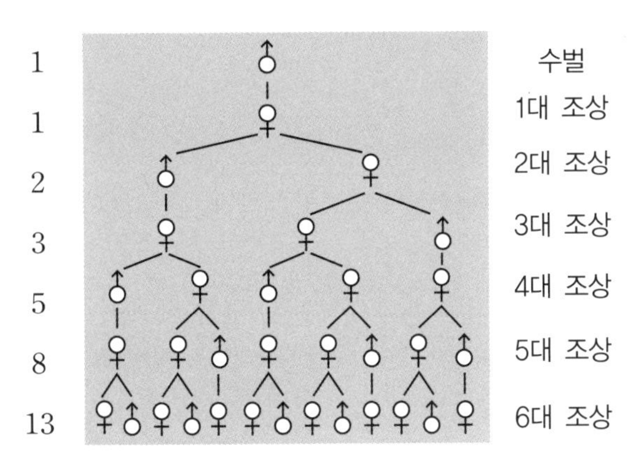

3) 잎차례와 꽃잎수

여러 식물의 꽃잎 수에도 피보나치 수열이 존재한다. 다음은 꽃잎수가 피보나치 수인 꽃이다.

3개 : 아이리스, 백합

5개 : 패랭이꽃, 사과꽃, 참매발톱꽃

8개 : 코스모스, 기생초

13개 : 금잔화, 데이지, 시네라리아

21개 : 치커리, 해바라기

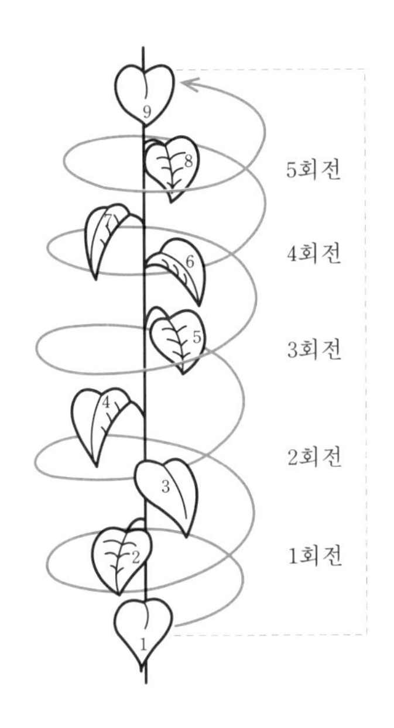

식물의 잎은 줄기를 따라 회전하면서 나는 데, 어떤 잎과 같은 방향을 이룰 때까지 난 잎수와 회전수 사이에도 피보나치 수가 존재한다.

그림에서 보듯 맨 밑의 잎에서 그 위로 잎이 회전하면서 나다가 9번째 잎은 같은 방향에 위치하고 있다. 이 때 회전한 수는

5회이고 8개 잎이 서로 다른 방향을 향하고 있는데 회전수와 잎수의 비율을 구하면 5/8이다. 이렇게 피보나치 수열의 비를 따르는 식물을 찾아보면

3/8 : 너도 밤나무, 박달나무

8/21 : 가문비나무, 전나무

5/13 : 갯버들, 아몬드

식물이 자라면서 생기는 가지 수와 잎의 수에도 피보나치 수열이 있다. 그림과 같이 식물의 가지수는 1,2,3,5,8,13으로, 잎의 수는 1,1,2,3,5,8로 피보나치 수열을 이룬다.

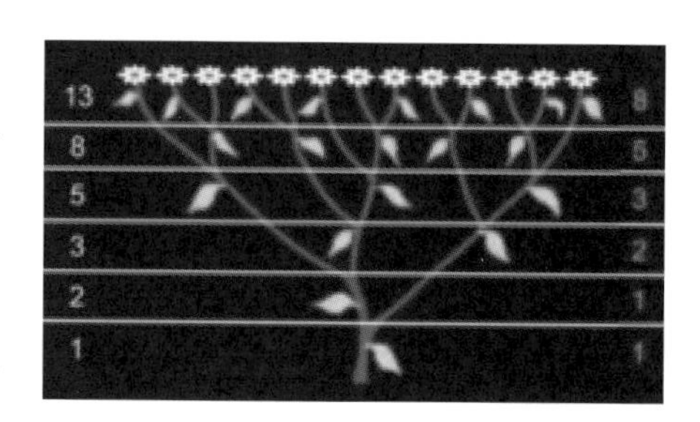

3. 피보나치 수열의 여러 가지 활용 – 경제, 예술과 건축, 음악, 프랙탈, 수론

1) 경제분야

피보나치 수열은 주식시장의 변동을 설명하는 데 사용된다. 1929년 미국의 주식시장 대폭락 이후 투자자들의 투자심리가 얼어붙었다. 이에 엘리어트는 여러 해 동안의 주가 변동과 주식 거래자들의 움직임을 분석하여 대폭락을 연구했는데, 주가의 오르내림 속에 반복적으로 보이는 규칙(지그재그 패턴)을 찾았다. 그는 이 패턴을 파동(wave)이라 부르고 이것을 다시 충격파동과 조정파동으로 나누어 1938년『파동이론』, 1946년『자연법칙–우주의 비밀』이라는 책을 발간하였다.

여기서 그는 주식시장에서 투자자들의 투자심리와 투자심리의 결핍(충격

파동), 시장에서의 조정(조정파동)이 일정한 패턴으로 변화함을 밝혔다.

예를 들어 약세장에서는 2번의 충격파동과 1번의 조정파동이 나타나 총 3번의 파동이 있고, 강세장에서는 3번의 오름파동(충격파동)과 2번의 조정파동이 등장해 총 5번의 파동이 있다는 것이다.

그의 이론에서 주파동은 다시 중간파동과 하위파동으로 세분되는 데, 중간파동이 약세장에서는 13번, 강세장에서는 21번으로 총 34번 나타난다. 하위파동은 약세장에서 55번, 강세장에서 89번 총 144번 등장한다. 여기 나오는 횟수는 모두 피보나치 수열을 이루는 수이다.

그는 또 황금비율을 이용하여 주가의 변화를 예측하였다. 피보나치 수열 $\{F_n\}$의 이웃한 항 사이의 비율 $\frac{F_n}{F_{n+1}}$은 0.168에 다가가는 데 중간에 0.236, 0.382이 등장한다. 이것의 백분율 23.6%, 38.2%, 61.8%를 피보나치 백분율이라 하는데 23.6+38.2=61.8이고 38.2+61.8=100이라는 성질이 성립한다.

주식시장이 오름파동을 겪은 후 하락할 때 오름파동의 피보나치 백분율만큼 내리는 데 최대 61.8%라는 것이다.

큰 파동, 작은 파동의 주기도 피보나치 수열을 따르는데 큰 파동은 34개월이나 55개월로 반복되고 작은 파동은 13일이나 21일로 반복된다.

엘리어트는 컴퓨터 없이 1933~1935년의 약세장이 끝나는 날짜를 정확히 예측하였다.

2) 피보나치 수열과 피타고라스 수

직각삼각형의 세 변의 길이가 되는 (즉, $a^2+b^2=c^2$을 만족하는) 세 수 a, b, c를 피타고라스 수라고 한다. 피보나치 수열과 피타고라스 수는 아무 관련이 없어 보이나 그렇지 않다.

피보나치 수열에서 피타고라스 수를 만들어보자.

연속된 네 개의 피보나치 수를 택한다. (예: 2,3,5,8)

1. 안 쪽 두 수의 곱을 두 배한다. ($3\times5\times2=30$)

2. 바깥 쪽 두 수를 곱한다. ($2\times8=16$)

3. 안 쪽 두 수를 제곱해서 더한다.($3^2+5^2=34$)

위에서 얻은 세 수는 피타고라스 수이다.

(16, 30, 34 → $16^2=256$, $30^2=900$, $34^2=1156$)

문제 7 · 3

위 방법을 수학적으로 증명하여라.

3) 자연수와 피보나치 수

모든 자연수는 피보나치수들의 합으로 나타낼 수 있다.

예를 들어 20이라는 자연수는 13+5+2로 나타낼 수 있고, 37=21+13+3이다. 이렇듯 임의의 자연수는 피보나치수들의 합으로 나타낼 수 있고 그 방법은 유일하다.

또한 1 또는 2의 순서를 고려한 합으로 자연수를 나타내는 방법의 수를 생각해보자. 임의의 자연수 를 1과 2의 순서를 고려하여 합으로 나타내는 방법은 몇 가지인지 표로 확인해 보자.

n	1	2	3	4	5	6	…
F_n	1	1	2	3	5	8	…
F_{n+1}	1	2	3	5	8	13	
1, 2의 순서를 고려한 합	1	1+1 2	1+1+1 1+2 2+1	1+1+1+1 1+1+2 1+2+1 2+1+1 2+2	1+1+1+1+1 1+1+1+2 1+1+2+1 1+2+1+1 2+1+1+1 2+2+1 2+1+2 1+2+2	1+1+1+1+1+1 1+1+1+1+2 1+1+1+2+1 1+1+2+1+1 1+2+1+1+1 2+1+1+1+1 2+2+1+1 2+1+2+1 2+1+1+2 1+2+2+1 1+2+1+2 1+1+2+2 2+2+2	…

여기서 자연수 n을 1과 2의 순서를 고려한 합으로 나타내는 방법의 수는 F_{n+1}임을 알 수 있다.

문 제 7 · 4

(1) 세 자리, 네 자리 정수 중에서 수를 골라 피보나치수의 합으로 나타내어라.

(2) 자연수 n을 1과 2의 순서를 고려한 합으로 나타내는 방법의 수는 F_{n+1}임을 설명하여라.

03 테셀레이션

> 우리 주변을 둘러싸고 있는 불가사의에 휩싸여 보고, 또한 내가 관찰했던 것을 분석하고 곰곰이 생각해 봄으로써, 나는 수학의 영역 안에 남게 되었다.
>
> – 에셔Escher(1898~1972, 네덜란드의 그래픽 아티스트)

우리는 보도블록이나 벽지, 타일, 모자이크에서 흔히 같은 그림이 반복적으로 채워져 있는 것을 보게 된다. 이것을 테셀레이션이라고 하는데, 테셀레이션(tessellation)이란 동일한 도형을 이용하여 어떤 틈이나 포개짐이 없이 평면이나 공간을 완전하게 채우는 것을 말한다. 테셀레이션으로 가장 유명한 것은 스페인 그라나다(Granada)에 있는 이슬람식 건축물인 알함브라(Alhambra) 궁전이다. 이 궁전의 벽, 마루, 천장에는 다양한 테셀레이션 문양이 들어있는데 세계 디자이너들의 영감의 보고로 알려져 있다.

테셀레이션을 만드는 방법은 보통 네 가지가 있다. 도형을 일정한 거리만큼 움직이는 '평행이동', 한 점을 중심으로 돌리는 '회전', 거울에 비친

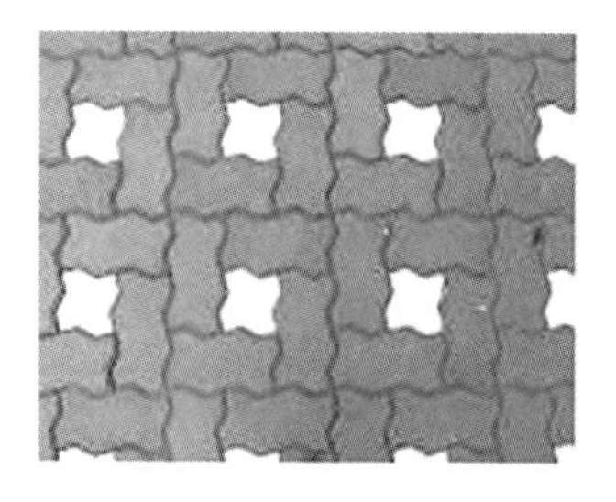

것처럼 뒤집는 '반사', 반사시킨 뒤 평행이동시키는 '미끄러짐 반사'가 그것이다.

이 네 가지 방법을 적절히 활용하여 기본적인 모양을 만들고 이것으로 평면이나 공간을 채우면 테셀레이션이 완성된다.

이제 이 네 가지 방법으로 테셀레이션을 직접 만들어 보자.

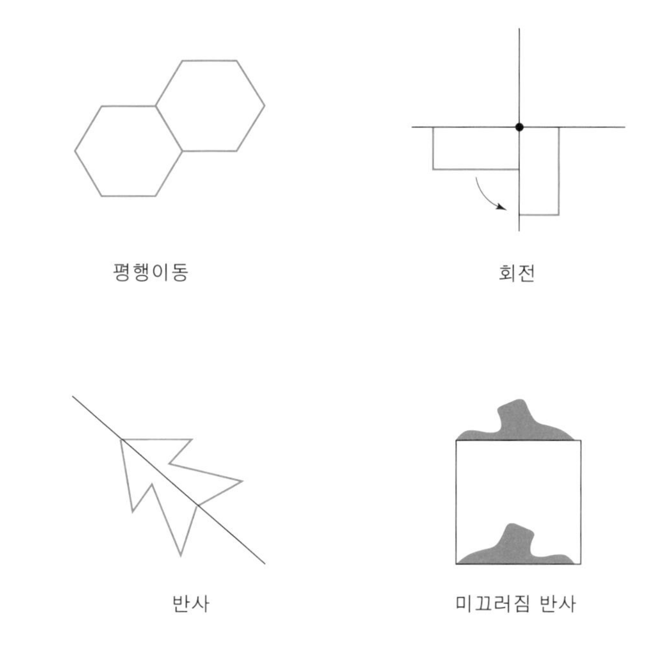

1. 간단한 테셀레이션 만들기

1) 평행이동을 이용한 테셀레이션

예제 7.1

① 정사각형의 윗변에 파도 모양의 곡선을 그린다.

② ①에서 그린 것을 아랫변으로 평행이동하여 똑같이 그린다.

③ 정사각형의 왼쪽 변에 그림과 같은 곡선을 그린다.

④ ③에서 그린 것을 오른쪽 변으로 평행이동하여 똑같이 그린다.

⑤ 다른 칸에도 연속하여 그리고 적당히 색칠하여 완성한다.

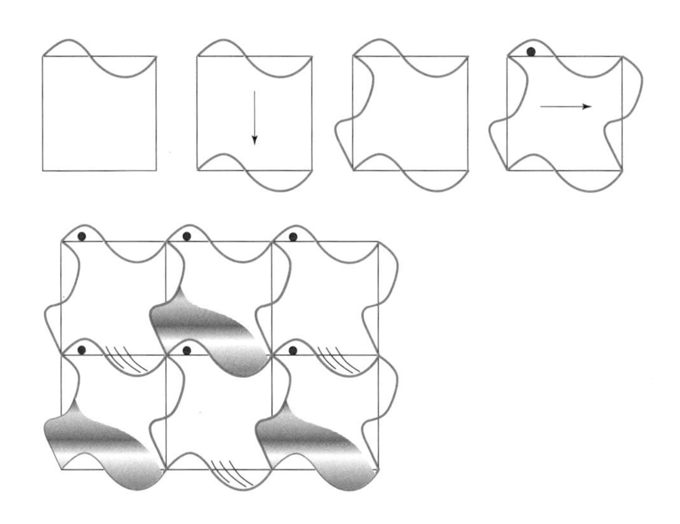

연습 1

2) 회전이동을 이용한 테셀레이션

예제 7.2

① 정사각형의 윗변에 사다리꼴을 그린 후 반시계 방향으로 회전한다.

② 왼쪽 아래에 직각이등변삼각형을 그린 후 반시계 방향으로 회전한다.

③ 눈과 지느러미, 몸체를 그리고 칠하여 물고기를 완성한다.

④ 다른 칸에도 연속하여 그리고 적당히 색칠하여 완성한다.

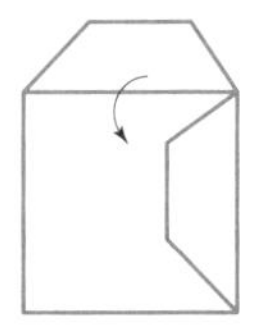
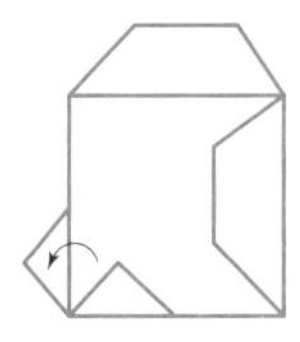
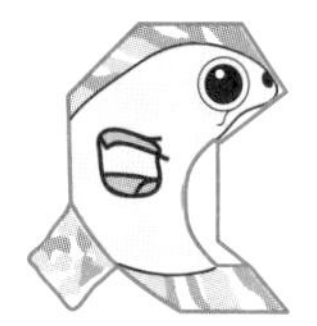

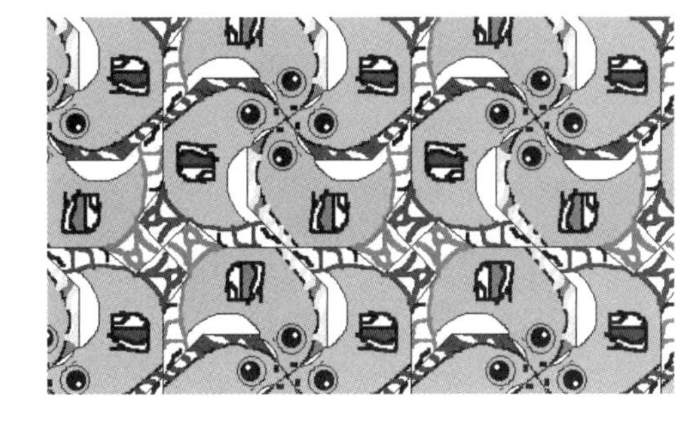

출처 : 채희진 · 전영아 · 오혜원 『새롭게 다가가는 평면도형 입체도형』 수학사랑, 1999.

연습 2

3) 회전, 반사를 이용한 테셀레이션

예제 7.3

① 정삼각형의 오른쪽 윗변에 새 머리와 날개를 곡선으로 그린다.

② ①에서 그린 것을 오른쪽 아래 점을 중심으로 60° 회전한다.

③ 왼쪽 윗변에 새 날개를 변의 중점까지 곡선으로 그린다.

④ ③에서 그린 것을 변을 중심으로 반사한 후, 변의 수직이등분선을 중심으로 또 반사한다.

⑤ 새의 눈, 날개, 꼬리, 몸통을 적당히 그리고 색칠한다.

⑥ 완성한 새 그림을 반시계 방향으로 60° 회전시키면서 계속 그린다.

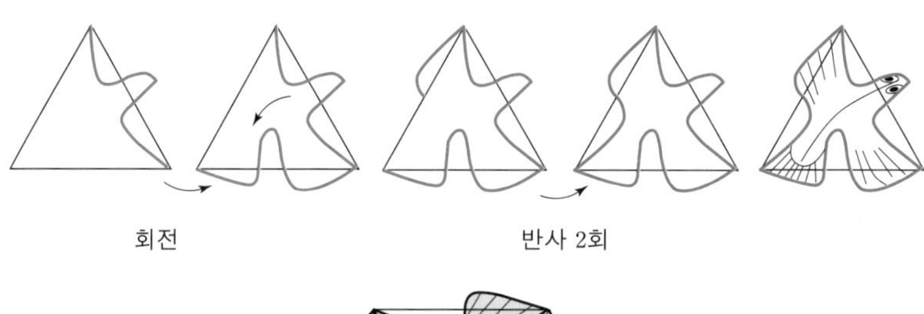

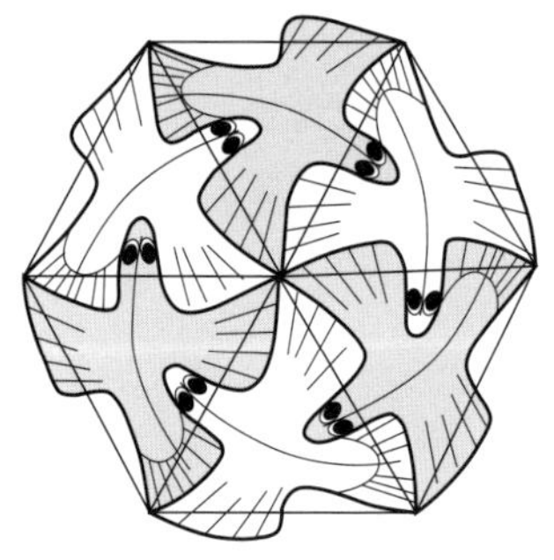

연습 3

4) 미끄러짐 반사를 이용한 테셀레이션

예제 7.4

① 정사각형의 윗변에 개의 머리가 될 곡선을 그린다.

② ①에서 그린 것을 아랫변에 미끄러짐 반사한다.

③ 왼쪽 변에 개의 머리를 곡선으로 그린다.

④ ③에서 그린 것을 오른쪽 변으로 평행이동한다.

⑤ 개의 눈, 코, 입, 귀를 그린다.

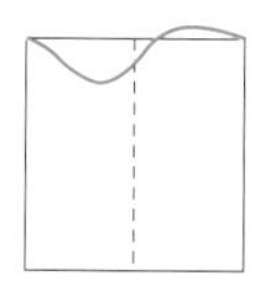
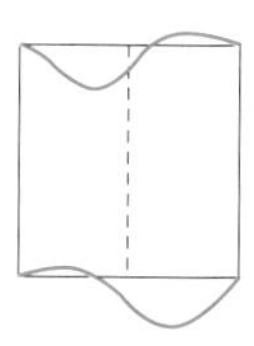
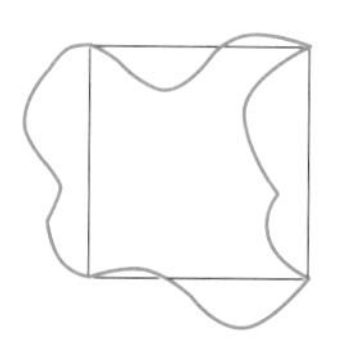
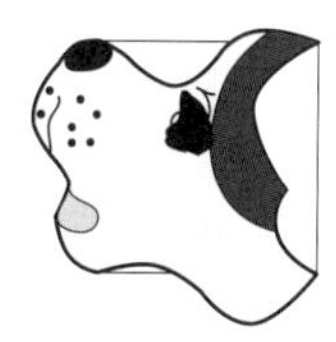

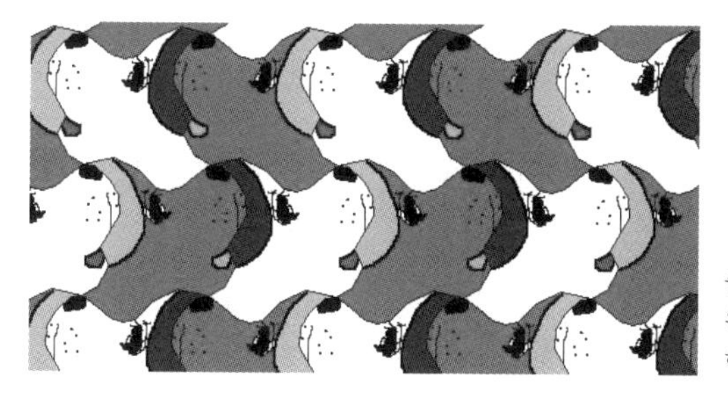

출처 : 채희진 · 전영아 · 오혜원 『새롭게 다가가는 평면도형 입체도형』 수학사랑. 1999.

연습 4

문제 7 · 5

다음 그림을 만드는 방법을 설명하고, 직접 그려라.

(1)

(2)

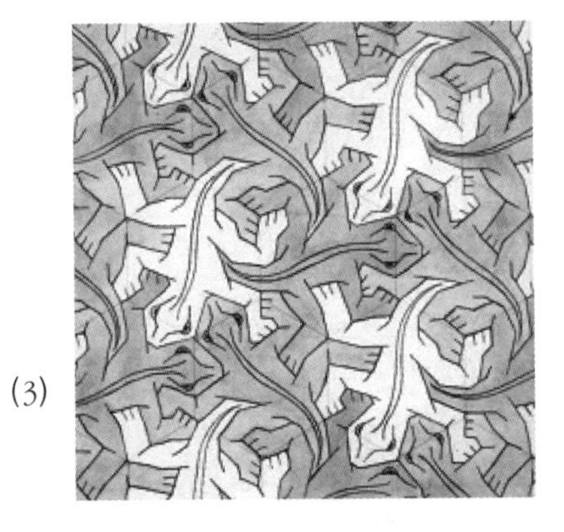

(3)

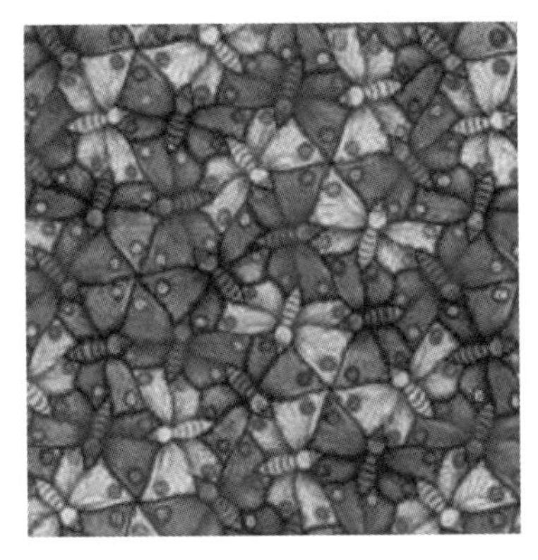

2. 한국의 테셀레이션

1) 문창살 문양

도형이 규칙적으로 배열된 테셀레이션을 보면 수학적인 아름다움을 느끼게 되는데, 이런 것은 우리 나라의 전통 문양에서도 찾아볼 수 있다. 아래 그림들은 우리 나라의 전통 가옥이나 절에서 볼 수 있는 문창살 문양이다.

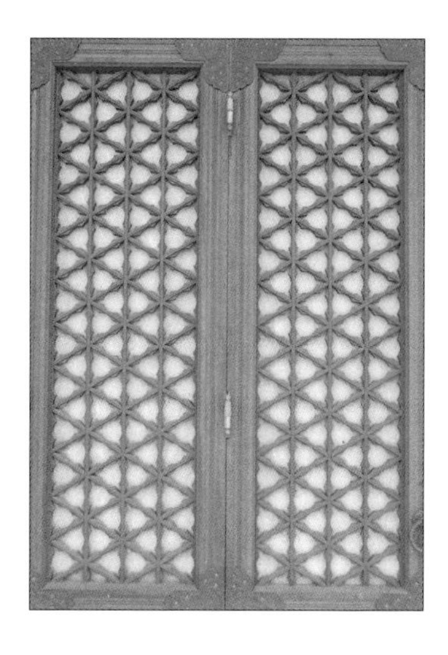

2) 단청

우리 나라 건축물의 아름다움을 빛내는 것 중 빼놓을 수 없는 것이 단청인데, 단청에도 테셀레이션이 사용되고 있다. 다음 그림은 단청 문양의 일부이다.

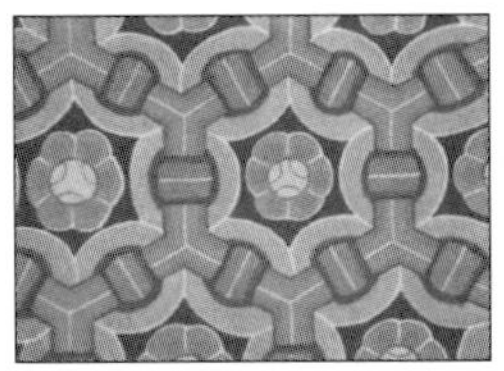
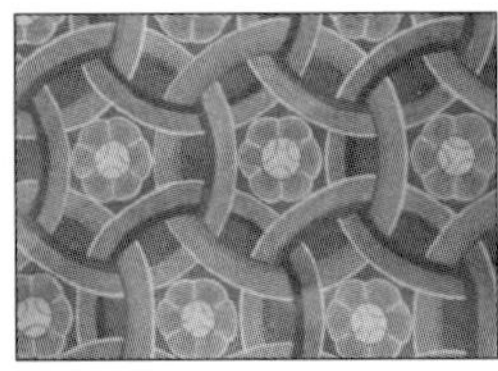
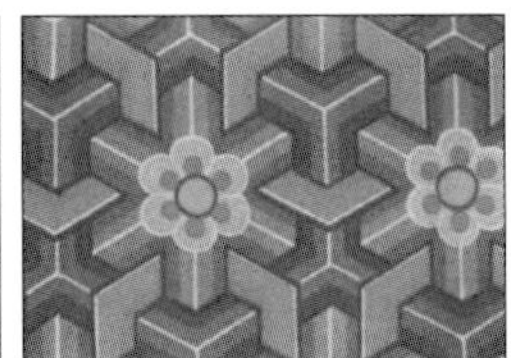

3) 경복궁 담장 무늬

경복궁에 가 보면 자경전과 교태전 사이 자미당 터의 담장에 아름다운 문양들이 새겨져 있는데, 이 무늬들 속에서 일정한 규칙을 찾아볼 수 있다.

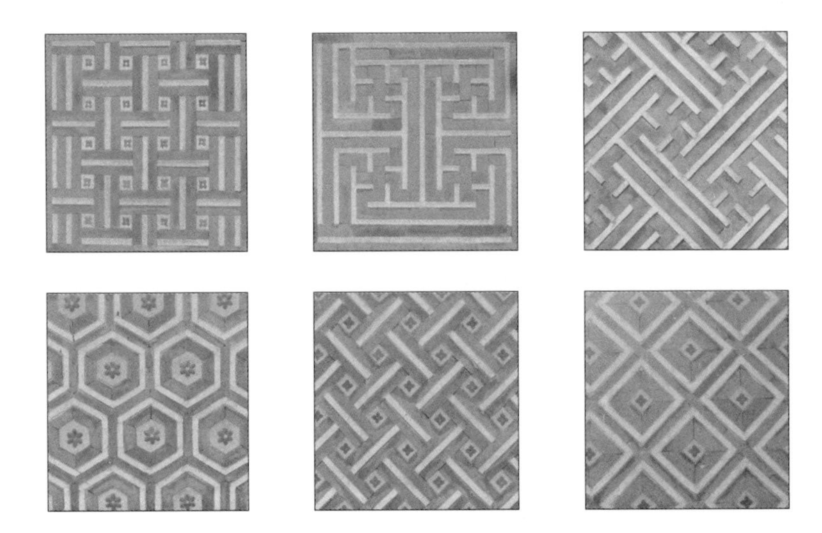

*출처 : 『수학사랑』 통권 34호 부록

문제 7.6

인터넷을 활용하여 위와 유사한 문양을 찾아보라.

04 프랙탈

> 쉬워 보이는 일도 해 보면 어렵다. 못할 것 같은 일도 시작해 놓으면 이루어진다. 쉽다고 얕볼 것이 아니고, 어렵다고 팔장을 끼고 있을 것이 아니다. 쉬운 일도 신중히 하고 곤란한 일도 겁내지 말고 해 보아야 한다.
>
> -『채근담』

구름이나 번개, 눈송이, 유리창에 어리는 성에, 나뭇가지 등 우리를 둘러싼 자연은 복잡하고 불규칙한 모양들로 가득하다. 나뭇가지들은 큰 줄기에서 작은 줄기로 갈라지고 다시 작은 줄기로 갈라지는 것을 되풀이한다. 그런데 작은 줄기를 살펴보면 그 안에 나무 전체의 형상이 들어 있는 것을 발견할 수 있다. 신체의 동맥, 정맥이나 하천이 갈라진 모습도 마찬가지다. 이렇게 불규칙해 보이는 자연 속에 규칙성이 자리잡고 있다는 것을 맨 처음 확인한 사람이 수학자 만델브로(Mandelbrot)였다. 그는 이렇게 불규칙하고 조각난, 자신과 닮은 부분을 가진 도형에 알맞은 이름으로 프랙탈(fractal)■이라는 용어를 만들었다. 프랙탈(fractal)이란 전체를 부분으로 쪼개었을 때 부분 안에 전체의 모습을 담고 있는 기하학적 도형이다. 프랙탈 도형은 자기닮음(self-similar, 자기유사성)과 축소에 대한 불변(independent of scale)을 갖는다. 여기서 자기닮음이란, 도형의 부분들에 전

■ 만델브로는 아들의 라틴어 사전에서 '부서지다'는 뜻의 동사 'frangere'에서 파생된 형용사 'fractus'를 발견하고는, 영어이면서 프랑스어이고, 명사이면서 형용사인 'fractal'을 생각해냈다.

체의 모습과 닮은 작은 부분들이 포함되어 있는 것을 말하며, 축소에 대한 불변이란, 도형을 축소해도 구불구불함의 정도, 불규칙성의 정도는 변하지 않음을 말한다.

구조 안에 같은 구조가 무한히 들어 있는 것이 바로 프랙탈이다. 작은 구조는 큰 구조의 축소판이다. 이러한 프랙탈을 다루는 수학은 고전적인 기하학과는 완전히 딴판이다. 고전적인 기하학에서는 정수 차원을 다룬다. 정육면체나 구는 3차원이고, 삼각형이나 사각형은 2차원이며, 직선이나 곡선은 1차원이다. 그러나 프랙탈 기하학에서의 도형은 1과 2사이의 차원일 수 있다. 프랙탈은 70년대 말부터 물리학자, 지리학자, 미술학자, 건축학자, 철학자 등에게 큰 반향을 불러일으켰다. 지금도 프랙탈은 무질서해 보이는 자연현상을 설명하는 새롭고도 좋은 도구이다. 구불구불한 해안선을 살펴보자. 지도를 확대하여 볼수록 구불구불한 것이 더욱 드러난다. 해안선의 일부를 지정하여 확대해도 구불구불한 것이 여전하다. 해안선 안에 해안선이 들어 있는 셈이다. 이것이 바로 자기닮음이다. 고전기하학에서는 곡선을 확대하면 직선이 되지만, 산이나 구름, 해안선의 구불구불함은 아무리 확대해도 없어지지 않는다. 그 크기를 축소하더라도 구조의 변화가 없다. 이것이 바로 축소에 대한 불변이다.

프랙탈이 응용되는 분야는 지속적으로 확대되고 있다. 경제학에서는 가격변동, 소득분포 등과 같은 경제현상을 설명하는 데, 공학에서는 소음이 나는 현상을 분석하는 데, 과학에서는 브라운 운동과 같이 불규칙한 입자의 운동을 설명하거나 은하의 분포를 설명하는 데 이용된다. 미술에서도 프랙탈을 이용하여 새로운 디자인을 개발하고 있다.

1. 프랙탈 도형

프랙탈 도형을 만들려면 최초의 직선이나 도형이 필요하다. 이것을 시초자(initiator)라고 부른다. 여기에 프랙탈 도형을 만드는 규칙이 주어졌을 때 생긴 도형을 생성자(generator)라고 부른다. 이 생성자를 어떻게 반복하느냐에 따라서 다른 프랙탈 도형이 얻어진다.

예제 7.5

코흐 곡선, 코흐 눈송이

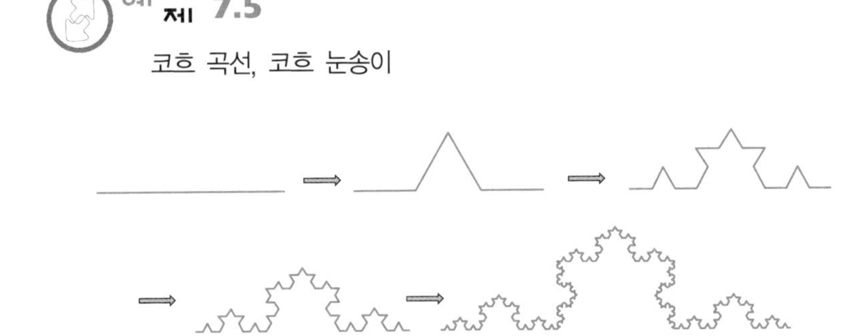

선분에 위 그림과 같은 규칙을 무한히 반복한 그림을 코흐(Koch) 곡선이라고 한다. 이 프랙탈에서 시초자(initiator)는 선분이다. 선분을 3등분해서 가운데 선분을 위로 구부려 올린다. 이렇게 해서 생성자(generator)는 길이가 원래 선분의 $\frac{1}{3}$ 인 선분 네 개로 이루어진다. 새로 생긴 네 개의 각 선분에 이 생성자를 축소해가면서 만든다. 이 과정을 무한히 반복하면 코흐 곡선이라는 프랙

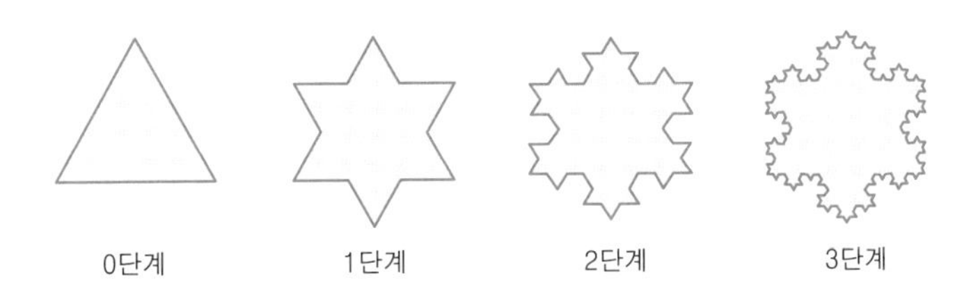

탈을 만들 수 있다.

정삼각형의 각 변에 코흐 곡선과 동일한 규칙을 무한히 반복할 때 생기는 도형을 코흐 눈송이라고 한다.

한 변의 길이가 1인 정삼각형에 코흐 눈송이를 만드는 조작을 n번 시행한 n단계 도형에서

(1) 변의 개수는 얼마인가?

(2) 넓이는 얼마인가?

풀이

(1) 3×4^n

(2) $\dfrac{\sqrt{3}}{4}+\dfrac{\sqrt{3}}{4}\left(\dfrac{3}{9}+\dfrac{3\cdot4}{9^2}+\dfrac{3\cdot4^2}{9^3}+\cdots+\dfrac{3\cdot4^{n-1}}{9^n}\right)$

$=\dfrac{\sqrt{3}}{4}+\dfrac{3\sqrt{3}}{20}\left\{1-\left(\dfrac{4}{9}\right)^{n-1}\right\}$

예제 7.6
칸토르 집합

길이가 1인 선분을 그리고 이를 3등분한 후 그 중에서 중간의 $\frac{1}{3}$ 부분을 제거하고 양쪽 $0\sim\frac{1}{3}$, $\frac{2}{3}\sim1$ 부분은 그대로 남긴다.

남아 있는 두 개의 선분에서도 위와 같은 방법으로 중간의 $\frac{1}{3}$부분을 제거하고 양쪽을 그대로 남긴다. 이러한 작업을 무한히 반복하여 남는 점들의 집합을 칸토르 집합이라고 한다. 칸토르 집합에는 무한히 많은 점이 있지만 그 길이는 0이 되는 모순 같은 사실이 성립한다는 사실이 알려져 있다.

예제 7.7

시어핀스키 삼각형

삼각형에 다음 두 가지 규칙을 이용하여 새로운 도형을 만들어 보자.

① 삼각형의 각 변의 중점을 잇는다.

② 만들어지는 네 개의 삼각형 중에서 가운데 삼각형을 제거한다.

1단계

2단계

3단계

위 규칙을 무한히 반복해서 만들어지는 도형을 시어핀스키(Sierpinski) 삼각형이라고 한다.

시어핀스키 삼각형에는 무한히 많은 삼각형이 있지만 그 넓이는 0이다. 오른쪽 그림과 같은 시어핀스키 삼각형에서 전체와 모양이 같은 부분을 찾아보자.

시어핀스키 삼각형 만들기

아래 모눈종이에 시어핀스키 삼각형을 만드는 규칙을 세 번 적용해 보라.

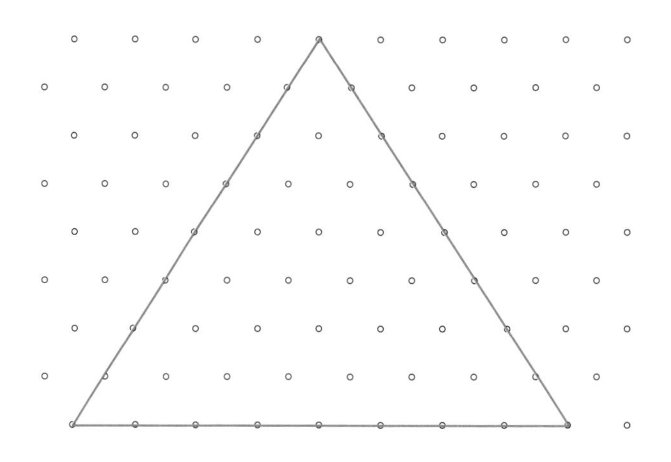

1. 새로 만들어진 삼각형과 처음 삼각형은 어떤 관계인가?
2. 규칙을 적용한 후 남는 삼각형에 색칠해 보자.
3. 규칙을 n번 적용한 n단계에서 남는 삼각형의 개수는?
4. 한 변의 길이가 1인 정삼각형에 규칙을 n번 적용한 n단계에서 색칠된 정삼각형의 넓이는 얼마인가?

풀이

1. 새로 만들어지는 삼각형은 처음 삼각형의 모양을 담고 있다.
2. 오른쪽 그림과 같은 삼각형이 된다.
3. 규칙을 한 번 적용할 때마다 삼각형의 개수가 3배씩 늘어나므로 n단계에서는 3^n개의 삼각형이 있게 된다.
4. 규칙을 한 번 적용할 때마다 넓이가 $\frac{3}{4}$배가 되므로 구하는 넓이는 $\left(\frac{3}{4}\right)^n \frac{\sqrt{3}}{4}$이다.

문제 7.8

파스칼 삼각형에서 프랙탈 만들기

1. 원 안에 파스칼 삼각형에 해당하는 수를 써라.
2. 홀수가 적힌 원에만 색칠을 하라.
3. 프랙탈 도형이 되는가?

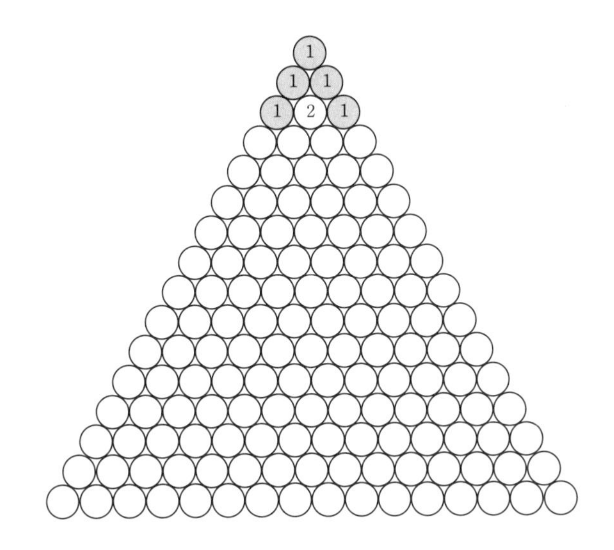

프랙탈 도형도 다른 도형처럼 차원을 생각할 수 있다. 보통 직선은 1차원, 평면은 2차원, 공간은 3차원이다. 직선은 실수 x, 평면은 두 실수 x, y의 짝인 (x, y), 공간은 세 실수 x, y, z의 짝인 (x, y, z)와 같이 각 공간의 점을 나타내는 데 필요한 실수의 개수를 차원으로 본다. 예를 들어 선분은 1차원 도형, 직사각형은 2차원 도형, 구는 3차원도형이다. 그렇다면 프랙탈 도형인 코흐 눈송이는 몇 차원일까? 코흐 곡선은 선분 보다는 복잡하지만 평면도형은 아니므로, 1차원보다는 높고 2차원보다는 낮은 차원일 것이다.

이러한 프랙탈 도형의 차원을 정의하기 위해서는 기존의 차원 개념을 다음과 같이 확장할 필요가 있다. 즉, 어떤 차원에서 큰 사물 하나를 구성하는 데 작은 사물 몇 개가 필요한 지 알아보는 것이다.

먼저 1차원인 선분을 살펴보자. 선분을 등분하여 길이가 처음 길이의 r배($0<r<1$, 축소율)가 되는 같은 선분이 N개가 생기면 이들의 관계식은 $N=(1/r)^1$이다. 2차원으로 옮겨가 보자. 정사각형의 각 변을 등분하여 한 변의 길이가 처음 길이의 r배가 되는 같은 정사각형 N개가 생기면 이들의 관계식은 $N=(1/r)^2$이다. 이제 3차원으로 가보자. 정육면체의 각 모서리를 등분하여 한 모서리의 길이가 처음 길이의 r배인 같은 정육면체 N개가 생기면 이들의 관계식은 $N=(1/r)^3$이다. 이를 종합하면 주어진 도형을 등분하여 크기가 r배인 같은 도형 N개가 만들어질 때, 식

$$N=(1/r)^D \text{(}N\text{은 조각의 개수, }r\text{은 축소율)}$$

를 만족하는 D가 존재한다. 이때 지수 D를 주어진 도형의 차원이라 한다.

식 $N=(1/r)^D$의 양변에 상용로그를 택하면 $logN=Dlog(1/r)$이므로

$$\text{차원 } D=\frac{logN}{log1/r}$$

이다. 예를 들면, 선분을 2등분 하면 같은 도형 2개가 생기고, 길이는 원래의 $\frac{1}{2}$ 배이므로 $N=2$, $r=\frac{1}{2}$이다. $D=\frac{log2}{log2}=1$이므로 선분은 1차원 도형이다.

이 정의에 따르면 코흐 곡선은 각 선분을 $\frac{1}{3}$배하여 같은 도형 4개가 생기므로 차원은

$D=\frac{log4}{log3}\fallingdotseq\frac{0.6020}{0.4771}\fallingdotseq1.26$이다.

※ $\frac{1}{r}$은 확대율이므로, 차원 $D=\frac{logN}{log1/r}=\frac{log(\text{조각 개수})}{log(\text{확대율})}$로 생각할 수도 있다. 예를 들어, 코흐 곡선을 3배 확대하면 원래의 코흐 곡선이 4개 생기므로 차원은 $\frac{log4}{log3}\fallingdotseq1.26$이다.

문 제 7 · 9

칸토르 집합의 차원은 0.63, 시어핀스키 삼각형의 차원은 1.58임을 설명하라.

2. 우리 주변에서 볼 수 있는 프랙탈

1) 나뭇가지

나뭇가지는 그 가지가 뻗어 나갈 때마다 처음의 가지와 비슷한 모양을 가지고 있다. 오른쪽 그림처럼 일부분이 전체의 모양을 가지고 있는 프랙탈이다.

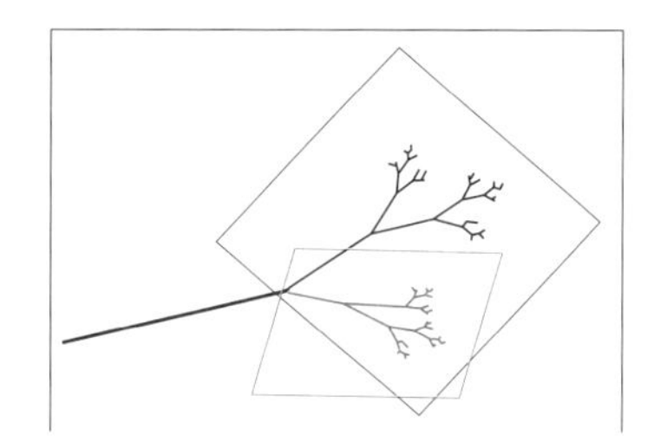

2) 구름

구름에는 여러 가지 종류가 있지만, 어떤 것이든 일부분을 살펴보면 전체와 비슷한 모양이 들어 있으므로 프랙탈 구조를 띠고 있다고 볼 수 있다.

3) 번개

번개가 칠 때의 모습을 보면 마치 나무의 줄기가 가지를 뻗어 나가는 형상을 하고 있다. 가지 안에 번개의 전체 모양이 들어 있는 구조를 띠고 있다.

4) 강

강의 큰 줄기와 작은 줄기를 비교해 보면 작은 줄기가 큰 줄기와 비슷한 모습을 담고 있다는 것을 알 수 있다.

5) 은하

별들의 무리는 프랙탈 구조를 띠고 있다. 수많은 별들이 모인 은하를 확대하면 그 안에 은하와 유사한 구조를 갖는 별의 무리들이 또 나타난다.

6) 뇌

뇌에는 많은 주름이 있는데, 커다란 주름이 더 작은 주름으로 계속 분화된다. 이 뇌의 주름의 패턴은 프랙탈 구조를 하고 있는데 그 이유는 한정된 공간 안에 되도록 많은 뇌세포를 저장하기 위해서다.

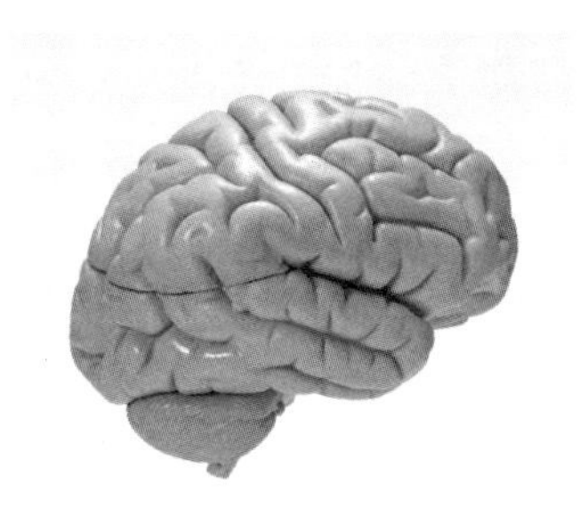

7) 주가 그래프

주가의 변화를 하루 또는 일주일 단위로 그린 그래프는 그 모양이 비슷하게 변화하는 것을 알 수 있다.

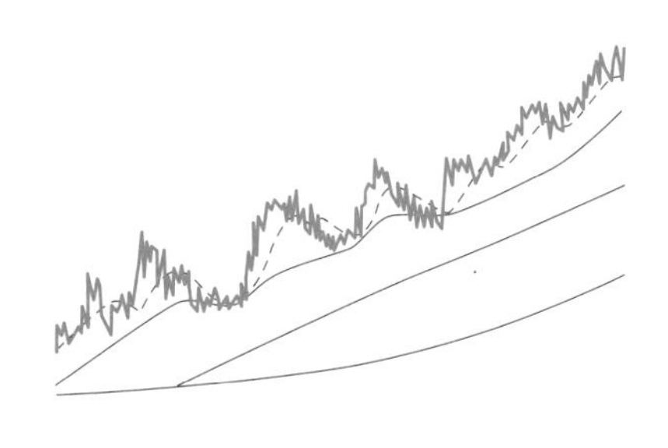

EXERCISE

일곱째 날 연 습 문 제

01 우리 주변에서 볼 수 있는 황금비의 예를 찾아 실제 길이 비를 구해 보라.

02 피보나치 수열에 관한 다음 사실에 대해 조사해보라.

(1) 모든 자연수는 피보나치수의 합으로 나타낼 수 있다.

(2) n개의 계단을 한 번에 한 계단 또는 두 계단만 오를 수 있다고 가정하면 이 계단을 오르는 방법의 가짓수는 피보나치 수열을 이룬다.

03 주어진 선분 AB를 황금분할하는 다음 방법을 읽고 식으로 증명해 보라.

(1) 선분 AB에 수직인 선분 BC를 긋되 그 길이가 선분 AB의 길이의 반이 되게 한다.

(2) 점 A와 C를 선분으로 잇는다.

(3) 점 C를 중심으로 선분 BC를 반지름으로 하는 원을 그려 선분 AC와 만나는 점을 D라 한다.

(4) 선분 AD를 반지름으로 하는 원을 그려 선분 AB와 만나는 점 E를 찾으면 E가 선분 AB를 황금분할하는 점이다.

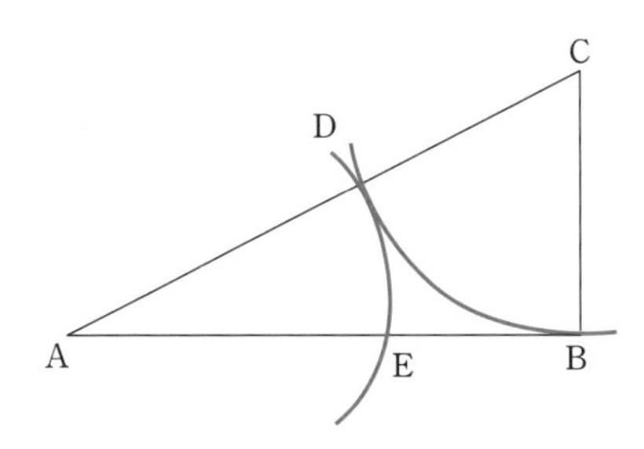

04 정오각형의 한 변의 길이와 이웃하지 않은 두 점을 이은 대각선의 길이의 비가 황금비임을 증명하라.

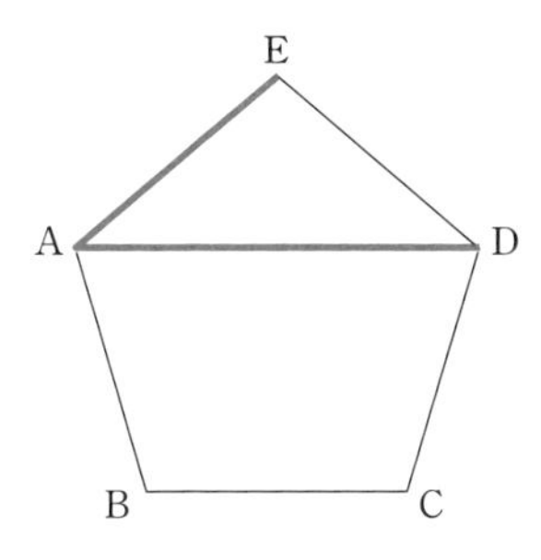

05 피보나치 수열 $\{a_n\}$의 일반항 $a_n = \dfrac{\beta^n - \alpha^n}{\beta - \alpha}$ (α, β는 $x^2 - x - 1 = 0$의 두 근)임을 증명하라.

06 황금비를 ϕ라 할 때, 이것을 다음과 같이 나타낼 수도 있다. 두 식이 황금비를 나타냄을 설명하라.

(1) $\sqrt{1+\sqrt{1+\sqrt{1+\sqrt{1+\cdots}}}}$

(2) $1+\cfrac{1}{1+\cfrac{1}{1+\cfrac{1}{1+\cdots}}}$

07 파스칼 삼각형에서도 피보나치 수열을 찾아 볼 수 있다.

(1) 다음 그림을 보고 파스칼 삼각형에 피보나치 수열이 어떻게 포함되어 있는 지 설명하라.

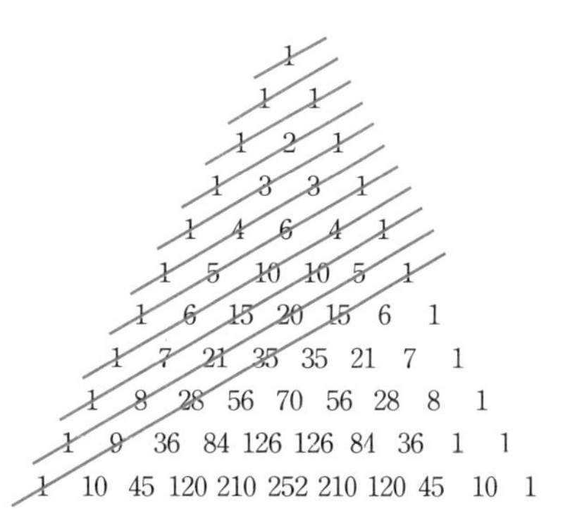

(2) 피보나치 수열 에서 다음이 성립하는 지 확인하고 이 성질이 파스칼 삼각형과 어떻게 연결되었는 지 설명하여라. (단, 피보나치 수열을 …, 13, −8, 5, −3, 2, −1, 1, 0, 1, 1, 2, 3, 5, … 과 같이 왼쪽 방향으로도 확장할 수 있다.)

$F_n = 1 \cdot F_n$

$F_{n+1} = 1 \cdot F_n + 1 \cdot F_{n-1}$

$F_{n+2} = 1 \cdot F_n + 2 \cdot F_{n-1} + 1 \cdot F_{n-2}$

$F_{n+3} = 1 \cdot F_n + 3 \cdot F_{n-1} + 3 \cdot F_{n-2} + 1 \cdot F_{n-3}$

⋮

08 주어진 그림에 대해 테셀레이션을 만드는 기본적인 네 가지 이동을 시행하라.

(1)오른쪽 위로 평행이동

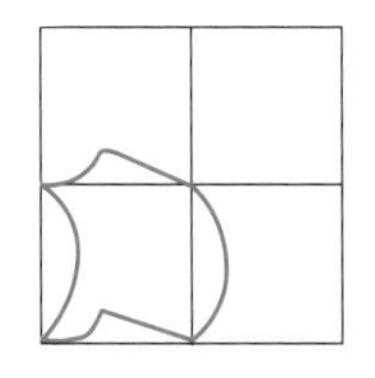

(2) 점 A를 중심으로 시계 방향으로 90° 회전

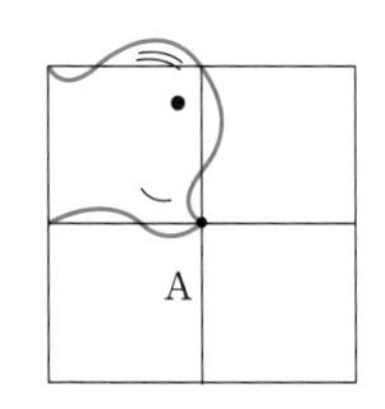

(3) 점선을 기준으로 반사

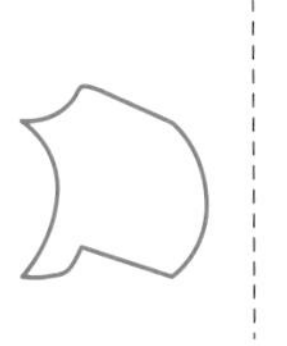

(4) 윗변 그림을 점선에 미끄러짐 반사

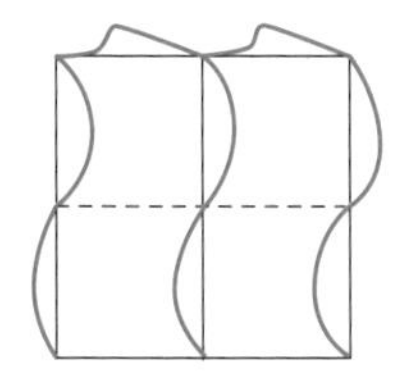

09 정다각형으로 테셀레이션을 할 때, 테셀레이션이 가능한 정다각형을 찾고 이유를 설명하라.

10 다음에서 두 번째 그림은 처음에 주어진 정사각형에 어떤 규칙을 적용하여 그린 1단계 그림이다. 이 규칙을 적용하여 2, 3단계 그림을 빈칸에 그려 보라.

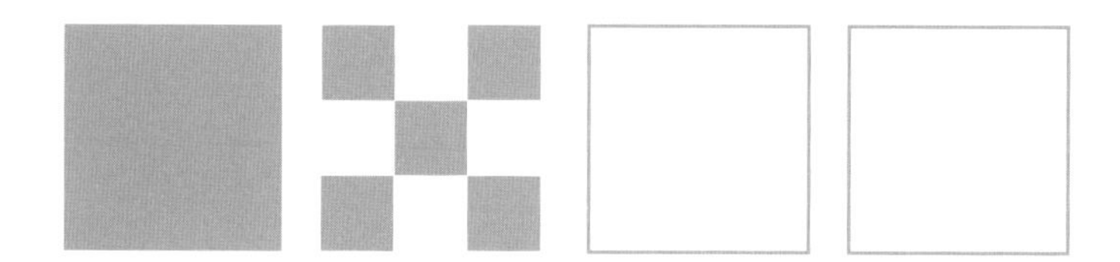

11 시어핀스키 삼각형에 했던 조작을 정사각형, 정육면체에도 똑같이 할 수 있다. 다음 그림을 보고 어떤 규칙을 무한히 반복하는지 알아보라.

(1)

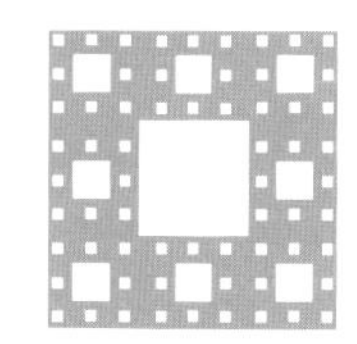

(2)

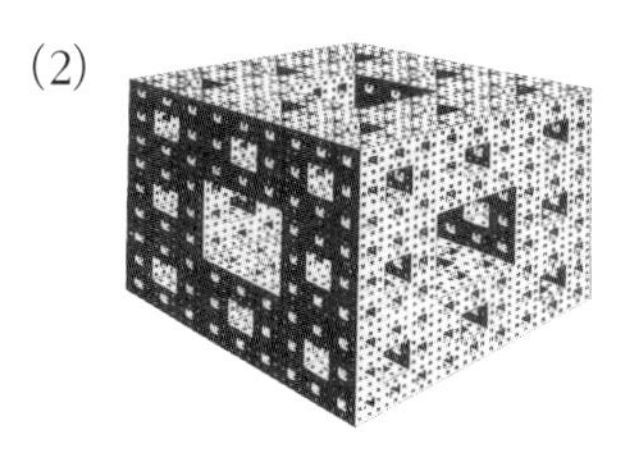

12 처음에 2m 자란 후 세 방향으로 가지가 나오며, 새로 나온 가지는 이전 가지의 $\frac{1}{6}$ 만큼 자란 후 다시 가지가 나오는 과정을 계속하는 프랙탈 도형이 있다. 이 나무가 가지를 뻗으며 한없이 자랄 때, 전체 나뭇가지의 길이의 합을 구하라.

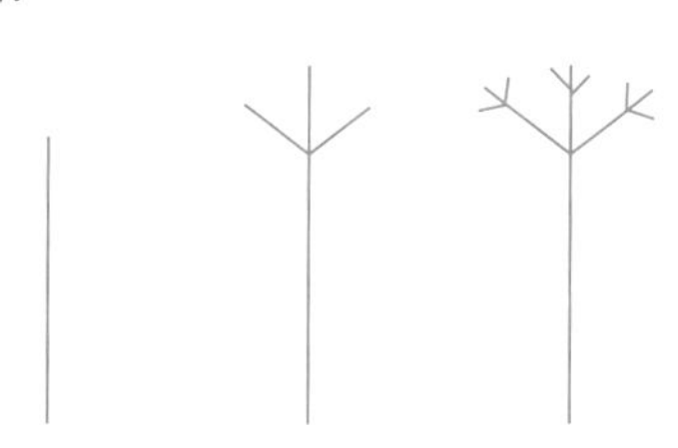

쉼

지오데식 돔

천체과학관이나 놀이공원에는 구와 비슷한 건물 형태의 돔이 항상 있다. 돔(dome)이란 건물의 천장을 둥글게 만든 것을 말하는데, 이렇게 만드는 이유는 위로부터의 압력에 강해 따로 기둥을 세우지 않아도 무게를 잘 견디기 때문이다. 따라서 돔은 기둥이 없는 넓은 공간을 필요로 하는 체육관이나 전시장 같은 곳에서 흔히 볼 수 있다. 또한, 재료가 적게 들고 외부와 닿는 넓이가 작아 냉난방에 유리하다. 돔 중에서 어떤 특정한 방식으로 뼈대를 짜 맞추어 만든 것을 지오데식 돔이라 하는데 오른쪽 그림은 지오데식 돔의 예이다. 돔은 여러 형태가 있지만 지오데식 돔이 많이 활용되고 있다. 지오데식 돔은 어떻게 만들며 정이십면체와 어떤 관계가 있는 걸까?

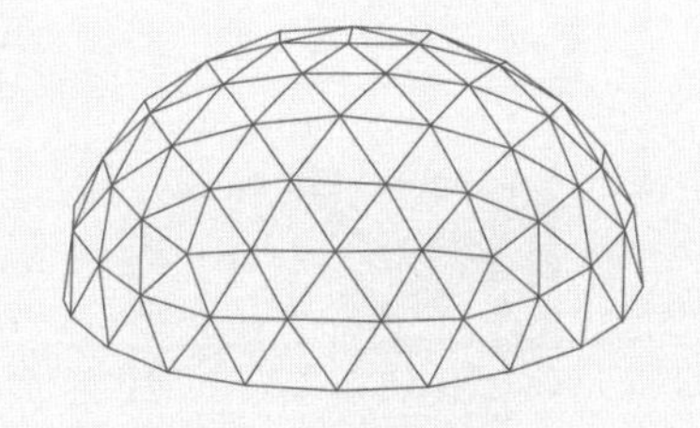

지오데식 돔은 어떻게 만드는가? 정이십면체의 각 모서리를 짝수 개로 등분하여 각 면을 정삼각형으로 나눈 뒤, 이 도형을 부풀려서 모든 꼭짓점이 입체의 중심에서 같은 거리에 오도록 하면 된다. 이렇게 만들어지는 다면체를 지오데식 구면이라고 하고, 이를 반으로 자른 것을 지오데식 돔이라고 한다.

지오데식 구면이나 지오데식 돔의 각 면은 모든 면이 삼각형이다. 왜 삼각형으로

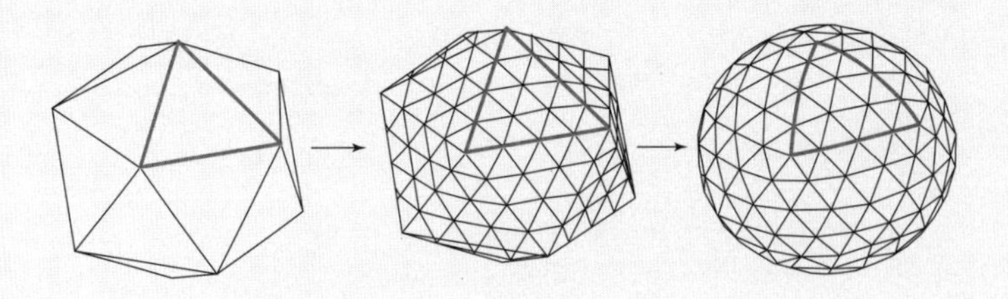

만드는 걸까? 건축물의 뼈대가 되는 철골(빔)은 거의 모두 삼각형으로 짜 맞춘다. 사각형은 네 변의 길이가 모두 정해지더라도 다른 모양으로 찌그러질 수 있다. 오각형, 육각형 등도 모두 마찬가지이다. 그러나 삼각형은 세 변의 길이만 결정되면 절대 찌그러지지 않는다. 그래서 삼각형으로 만들어야 튼튼하다.

우리나라의 지오데식 돔으로는 대전 국립중앙과학관의 천체관이 있고, 엑스포 과학공원에는 지오데식 구면의 조형물이 있다. 또한 놀이공원이나 시민공원의 야외무대도 주로 지오데식 돔이다.

대전 국립중앙과학관의 천체관

엑스포 과학공원의 조형물

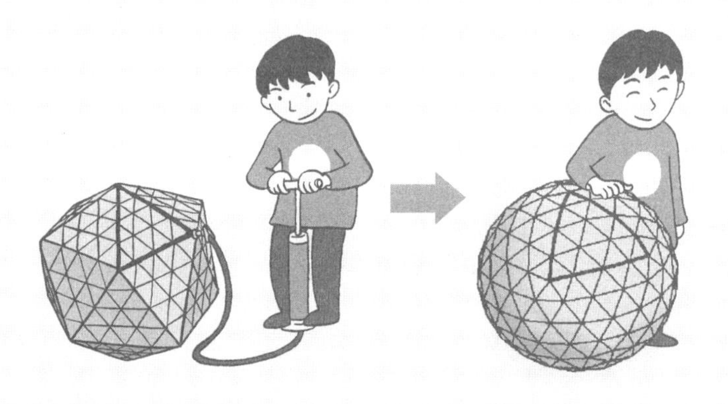

*송영준, 『수학사랑』 통권 33호.

위트필드 디피
Whitfield Diffie(1944~)

MIT에서 수학을 전공한 후 컴퓨터 보안 직업을 얻은 디피는 키(key) 전달 문제에 관심이 많았다. 이에 대한 연구는 미 국가안보국(NSA)의 통제로 회의적이었지만 디피는 같은 관심사에 매진하던 스탠퍼드 대학의 마틴 헬만(Martin Hellman) 교수와 암호 전달 문제를 연구하기 시작하여, 새로운 아이디어에 흥분하고, 또 그 아이디어의 잘못된 점에 실망하기를 수없이 반복하다가, 비대칭키라 부르는 개념을 떠올렸는데 이것이 발견되지 않았다면 인터넷뱅킹이나 전자상거래 등은 불가능했을 것이다. 디피와 헬만이 1976년에 발표한 비대칭 암호화 알고리즘의 아이디어는 20세기 암호학의 혁명이라 불린다.

여덟째 날

암호의 이해

0011010111
1010101001
1101110100
1011000100
0101011010
101010111
111110011
10011000
00011011
0011010111
1010101001
1101110100
1011000100
0101011010
101010
111110
100110
010110
101110

01 고전 암호

꿈을 이루는 힘은 이성이 아니라 희망이며, 두뇌가 아니라 심장이다.

– 도스토예프스키 Dostoevskii
(1821~1881, 러시아 소설가)

암호이론은 소인수분해 문제, 이산로그 문제, 유한체 등 정수론을 기본으로 설명된다. 암호화기법은 오늘날 전자상거래, 전자금융, 전자투표, 전자행정업무 등에 이용되고 있다. 암호는 민감한 정보를 보호하기 위하여 오래전부터 사용되었다. 전쟁에 있어서 암호는 아군의 정보를 보호하고 반대로 적군의 암호해독을 통해 상대의 정보를 획득함으로써 전쟁의 승패를 결정지었다. 최근에는 사회의 전 분야에서 정보를 보호하기위한 하나의 학문으로 발전하게 되었다. 암호학(cryptology)에는 안전한 암호체계를 설계하는 분야인 암호화기법(cryptography)과 기존의 암호체계를 해독하는 방법을 연구하는 분야인 암호해독기법(cryptanalysis)이 있다.

먼저, 암호에 관련된 용어부터 간단히 살펴보자. 암호문(ciphertext)은 비밀유지를 위해 당사자끼리만 알 수 있도록 꾸민 약속 기호이고, 평문(plaintext)은 누구나 알 수 있게 쓴 일반적인 글을 말한다. 평문을 암호문으로 바꾸는 것을 암호화(encryption), 암호문을 평문으로 바꾸는 것을 복호화(decryption)라고 한다. 암호화를 하거나 복호화를 할 때 양쪽이 서로 알고 있어야 할 수단을 암호화 알고리즘, 약속한 규칙을 암호화 키(key)라고 한다.

고전 암호방식은 단순히 메시지에 있는 문자의 위치를 바꾸는 전치암호(transposition cipher)와 해당 글자를 다른 글자로 치환하여 암호화하는 치환암호(substitution cipher)로 나눌 수 있다.

1. 전치 암호

가장 오래된 암호방식은 기원전 400년경 고대 희랍인들이 사용한 스키테일(scytale) 암호라고 불리는 전치암호이다. 이 방식은 전달하려는 평문을 재배열하는 방식으로 곤봉(scytale)에 종이(papyrus)를 감아 평문을 가로방향으로 쓴 다음 종이를 풀면 평문의 각 문자는 재배치되어 평문의 내용을 알 수 없게 된다. 암호문 수신자는 송신자가 사용한 곤봉과 지름이 같은 곤봉에 암호문이 적혀있는 종이를 감고 가로방향으로 읽으면 평문을 얻을 수 있다.

KTM…IOI…LMD…LON…

예제 8.1

다음은 스키테일 암호문이다. 스키테일 키 막대로 암호를 해독하라.

수다다인겠가면운지소아도것난폴름대이정에답체어말어지아떤모디않름것르시

풀이

수	가	아	름	답	지	않
다	면	도	대	체	아	름
다	운	것	이	어	떤	것
인	지	난	정	말	모	르
겠	소	폴	에	어	디	시

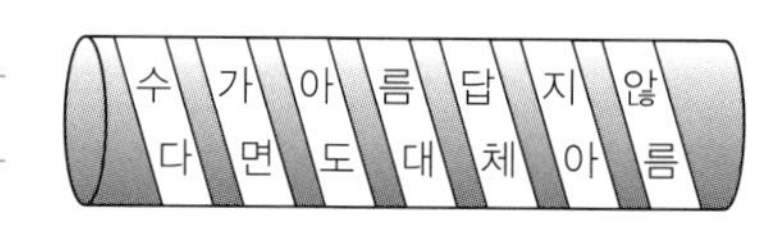

위 암호를 해독하면 '수가 아름답지 않다면 도대체 아름다운 것이 어떤 것인지 난 정말 모르겠소 폴 에어디시' 이다.

전치암호의 강도를 높이기 위해 행은 물론 열에 대해서도 문자 재배열하기를 적용한 암호가 니힐리스트(Nihilist) 암호이다. 키워드에 따라 먼저 행을 일정 간격으로 재배열시키고 다시 키워드의 순서에 따라 열을 일정 간격으로 재배열시킨다.

예제 8.2

다음 문장을 LEMON이라는 키워드를 이용한 니힐리스트 암호를 구성하라.

평문 : m a t h e m a t i c a l j o u r n e y i s g o o d

풀이

		L	E	M	O	N
		2	1	3	5	4
L	2	a	m	t	e	h
E	1	a	m	t	c	i
M	3	l	a	j	u	o
O	5	n	r	e	i	y
N	4	g	s	o	d	o

니힐리스트 암호문 : a m t c i a m t e h l a j u o g s o d o n r e i y

2. 치환암호

최초의 치환암호는 로마시대의 줄리어스 시저(Julius Caesar)가 군사적 목적으로 사용한 시저(Caesar) 암호이다. 이 암호방식은 평문의 각 문자를 오른쪽으로 3문자씩 이동시켜 그 위치에 대응하는 다른 문자로 치환(substitution)함으로써 평문을 암호문으로 변환하는 암호방식이다. 이 암호문은 문자를 왼쪽으로 3문자씩 이동시키면 간단히 평문을 복호화할 수 있다.

알파벳	A	B	C	D	F	E	F	G	H	I	J	K	L	M	M	O	P	Q	R	S	T	U	V	W	X	Y	Z
치환문자	D	F	E	F	G	H	I	J	K	L	M	M	O	P	Q	R	S	T	U	V	W	X	Y	Z	A	B	C

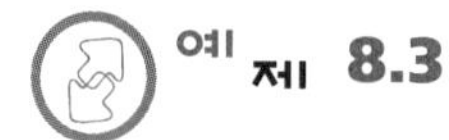

'QHYHUWUXVWEUXWXV'

이 문장은 시저 암호문으로, 카이사르가 키케로에게 보낸 암호메시지이다. 원래 문장은?

풀이

암호의 키는 '3'으로, 알파벳 순서상 왼쪽으로 3문자씩 이동시켜 읽으면 암호가 쉽게 풀린다. 즉 원래 문장은 'Never trust Brutus'(브루투스를 믿지 말라)가 된다.

문제 8.1

다음 시저 암호를 키 값 +10으로 해독하라.

ZBSWO XEWLOB

9세기 과학자 알 킨디는 글자의 출현빈도를 암호해독에 이용할 수 있다는 기술에 대한 기록을 남겼다. 알 킨디의 설명은 먼저 어느 정도 긴 평범한 영어 텍스트를 몇 개 골라서 알파벳의 각 글자가 사용되는 빈도를 조사한다. 아래의 표에 나와 있는 것처럼 영어에서는 e가 가장 많이 사용되는 글자이고, 그 다음이 t, a이다. 그리고 풀고자하는 암호문을 조사해서 각 글자의 사용빈도를 분석한다. 암호문에서 가장 많이 쓰인 글자가 가령 j라면, 암호문의 j는 원문의 e가 될 가능성이 높다. 알 킨디의 방법을 빈도분석(frequency analysis)라고 하는데 암호문에 나오는 글자의 빈도를 분석하는 방법을 통해서도 암호문 해독이 가능하다는 것을 보여준다.

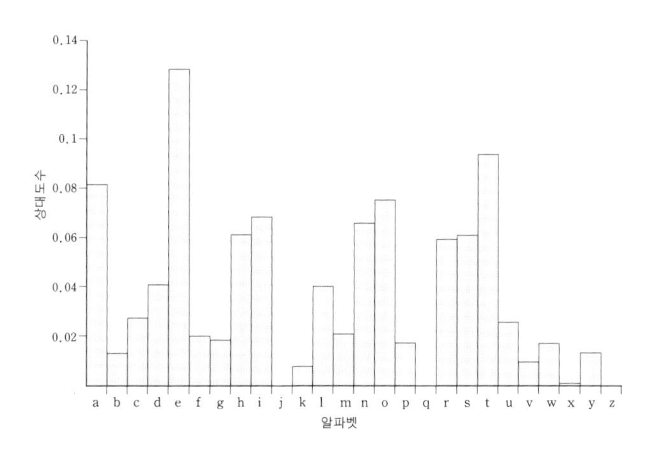

예제 8.4

다음 암호를 해독하라.

EM TQDM IA EM LZMIU

풀이

위의 암호문에서 알파벳 빈도수를 계산해 보면,

알파벳	E	M	T	Q	D	I	A	L	Z	U
빈도수	2	4	1	1	1	2	1	1	1	1

M이 가장 많이 쓰였으므로 통계적으로 영어에 많이 쓰이는 E를 적용해주면 평문이 나온다. 따라서, E→M: 키 값 +8을 적용하면 평문은 WE LIVE AS WE DREAM이다.

다음 그림은 영국의 소설가 코넌 도일(Sir Arthur Conan Doyle)의 셜록 홈즈가 해결한 "춤추는 인형"에 나오는 암호문의 일부로 여기에서 춤추는 사람이 취하고 있는 포즈가 각각 하나의 글자를 나타내고 있는데 빈도분석법으로 해독할 수 있다.

수학을 도입한 과학적인 암호는 20세기에 들어와서 발전하기 시작하였다. 암호문에서 언어의 통계학적 성질을 제거할 수 있는 대표적인 치환 암호방식으로는 프랑스 외교관 비즈네르(Blaise de Vigenere)가 고안한 비즈네르(Vigenere) 암호가 있다. 비즈네르 암호 방식은 이전의 방식과 달리 a가 b에 대응될 수도 있고 c에 대응될 수도 있다. 무엇에 대응할 지를 결정하는 것은 키(key)다.

비즈네르 암호의 변환표

	A	B	C	D	E	F	G	H	I	J	K	L	M	N	O	P	Q	R	S	T	U	V	W	X	Y	Z
A	A	B	C	D	E	F	G	H	I	J	K	L	M	N	O	P	Q	R	S	T	U	V	W	X	Y	Z
B	B	C	D	E	F	G	H	I	J	K	L	M	N	O	P	Q	R	S	T	U	V	W	X	Y	Z	A
C	C	D	E	F	G	H	I	J	K	L	M	N	O	P	Q	R	S	T	U	V	W	X	Y	Z	A	B
D	D	E	F	G	H	I	J	K	L	M	N	O	P	Q	R	S	T	U	V	W	X	Y	Z	A	B	C
E	E	F	G	H	I	J	K	L	M	N	O	P	Q	R	S	T	U	V	W	X	Y	Z	A	B	C	D
F	F	G	H	I	J	K	L	M	N	O	P	Q	R	S	T	U	V	W	X	Y	Z	A	B	C	D	E
G	G	H	I	J	K	L	M	N	O	P	Q	R	S	T	U	V	W	X	Y	Z	A	B	C	D	E	F
H	H	I	J	K	L	M	N	O	P	Q	R	S	T	U	V	W	X	Y	Z	A	B	C	D	E	F	G
I	I	J	K	L	M	N	O	P	Q	R	S	T	U	V	W	X	Y	Z	A	B	C	D	E	F	G	H
J	J	K	L	M	N	O	P	Q	R	S	T	U	V	W	X	Y	Z	A	B	C	D	E	F	G	H	I
K	K	L	M	N	O	P	Q	R	S	T	U	V	W	X	Y	Z	A	B	C	D	E	F	G	H	I	J
L	L	M	N	O	P	Q	R	S	T	U	V	W	X	Y	Z	A	B	C	D	E	F	G	H	I	J	K
M	M	N	O	P	Q	R	S	T	U	V	W	X	Y	Z	A	B	C	D	E	F	G	H	I	J	K	L
N	N	O	P	Q	R	S	T	U	V	W	X	Y	Z	A	B	C	D	E	F	G	H	I	J	K	L	M
O	O	P	Q	R	S	T	U	V	W	X	Y	Z	A	B	C	D	E	F	G	H	I	J	K	L	M	N
P	P	Q	R	S	T	U	V	W	X	Y	Z	A	B	C	D	E	F	G	H	I	J	K	L	M	N	O
Q	Q	R	S	T	U	V	W	X	Y	Z	A	B	C	D	E	F	G	H	I	J	K	L	M	N	O	P
R	R	S	T	U	V	W	X	Y	Z	A	J	C	D	E	F	G	H	I	J	K	L	M	N	O	P	Q
S	S	T	U	V	W	X	Y	Z	A	J	B	D	E	F	G	H	I	J	K	L	M	N	O	P	Q	R
T	T	U	V	W	X	Y	Z	A	B	B	C	E	F	G	H	I	J	K	L	M	N	O	P	Q	R	S
U	U	V	W	X	Y	Z	A	B	C	C	D	F	G	H	I	J	K	L	M	N	O	P	Q	R	S	T
V	V	W	X	Y	Z	A	B	C	D	D	E	G	H	I	J	K	L	M	N	O	P	Q	R	S	T	U
W	W	X	Y	Z	A	B	C	D	E	E	F	H	I	J	K	L	M	N	O	P	Q	R	S	T	U	V
X	X	Y	Z	A	B	C	D	E	F	F	G	I	J	K	L	M	N	O	P	Q	R	S	T	U	V	W
Y	Y	Z	A	B	C	D	E	F	G	G	H	J	K	L	M	N	O	P	Q	R	S	T	U	V	W	X
Z	Z	A	B	C	D	E	F	G	H	H	I	K	L	M	N	O	P	Q	R	S	T	U	V	W	X	Y

예를 들어 다음과 같은 평문 메시지가 있다.

'Never trust Brutus'

그리고 이것의 키(key)는 SORRY일 때, 행 N에 해당하는 암호문을 열 S에서 찾아 F를 얻는 방법으로 작성하면 다음과 같다.

잠시 살펴보면 평문의 동일한 철자(R)이 여러 종류의 암호(P, F)를 가진다. 이런 암호 체계는 빈도분석법으로 해독되지 않으며 무한할 정도로 많은 키(key)를 활용할 수 있다.

평문	N	E	V	E	R	T	R	U	S	T	B	R	U	T	U	S
키	S	O	R	R	Y	S	O	R	R	Y	S	O	R	R	Y	S
암호문	F	S	M	V	P	L	F	L	J	R	T	F	L	K	S	K

문제 8.2

키 lemon으로 비즈네르 암호방식에 따라 평문 attack at dawn을 암호화하라.

1차 세계 대전에서 영국군이 사용했던 플레이페어(Playfair)암호 방식은 아래표와 같이 알파벳을 임의의 행렬로 나열한 다음 평문을 두문자씩 나누어 다음과 같이 암호화한다.

평문 m_1, m_2가 플레이페어(Playfair) 암호표에서

1) 같은 행에 있으면, 암호 c_1, c_2는 각각 m_1, m_2의 오른쪽 문자.
   단 오른쪽 끝 열의 오른쪽은 왼쪽 끝 열이 된다.
2) 같은 열에 있으면, 암호 c_1, c_2는 각각 m_1, m_2의 아래문자.
   단 마지막 행의 아래는 첫 행이 된다.
3) 서로 다른 행, 또는 서로 다른 열에 있으면, m_1, m_2를 두 꼭짓점으로 하는 사각형을 만들어 m_1행의 다른 꼭짓점은 c_1, m_2행의 다른 꼭짓점은 c_2로 한다.

P	*L*	*A*	*Y*	*F*
I/J	*R*	*B*	*C*	*D*
E	*G*	*H*	*K*	*M*
N	*O*	*Q*	*S*	*T*
U	*V*	*W*	*X*	*Z*

Playfair 암호표

예제 8.5

위의 표로 information을 플레이페어(Playfair) 암호화하라.

풀이

평문	in	fo	rm	at	io	nz
암호문	EU	LT	DG	FQ	RN	TU

02 현대 암호

어느 누구도 과거로 돌아가서 새롭게 시작할 순 없지만, 지금부터 시작하여 새로운 결말을 맺을 순 있다.

–카를 바르트 Carl Bard

이제까지 설명한 모든 암호방식은 대칭적이었다. 즉, 복호화 과정이 단순히 암호화 과정의 역순이었다. 송 수신자가 둘 다 똑같은 키를 사용해서 암호를 만들고 복호화 한다. 반면에 비대칭키 방식이라고도 하는 공개키 암호방식(public key cryptosystem)에서는 수학적 관련성을 갖는 두 개의 서로 다른 키인 암호화키와 복호화키를 사용한다. 복호화키는 비밀리에 보관하는데, '개인키' 라 한다. 그러나 암호화키는 대중에게 공개하며, '공개키' 라 한다.

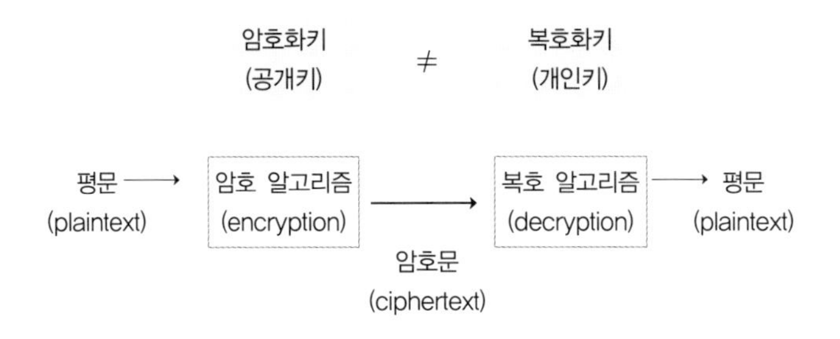

공개키 암호방식

만일 갑돌이가 갑순이에게 메시지를 보내고 싶다면 간단히 전화번호부 같은 공개키 목록에서 그녀의 공개키를 찾아 메시지를 암호화해서 갑순이에게 보내면, 그녀는 그것을 받아서 자신의 개인키를 사용하여 복호화하면 된다. 갑순이는 자신의 암호화키를 공개해서 사람들이 그것을 보고 자신에게 메시지를 보낼 수 있게 한다. 그녀의 공개키를 모든 사람들이 알고 있어도 오직 자신의 개인키를 가지고 있는 갑순이만 복호화 할 수 있다. 이 방식의 가장 큰 장점은 키를 전달하지 않아도 된다는 것이다. 갑순이가 먼 거리까지 이동해서 비밀리에 갑돌이에게 암호화키/복호화키를 전달해야 하는 대칭키 암호방식과는 완전히 다른 개념이다. 공개키 암호방식은 사용자가 아무리 증가하더라도 개인의 공개키와 개인키 한 쌍만 관리하면 되기 때문에 키 관리가 쉽다.

공개키(public key)
암호화 키

개인키(private key)
복호화 키

공개키 암호방식(비대칭키 암호방식)은 어느 누구든 자물쇠를 딸가닥 하고 누르기만하면 간단히 잠글 수 있다. 그러나 열쇠(키)를 가진 사람만이 열 수 있다. 잠그는 것(암호화)은 쉽다. 그러나 푸는 것(복호화)은 오직 키를 가진 사람만이 할 수 있다.

자물쇠의 수학적 의미는 한쪽 방향으로 계산하기는 너무도 쉽지만, 반대방향으로 계산할 때는 어떤 특별한 정보(키)를 알지 못하는 한 매우 힘들다는 데 있다.

1. 수학적 배경

공개키 암호방식을 이해하기 위해 먼저 몇 가지 기본적인 수학을 알아본다.

1) 법산 (modular arithmetic)

법산은 시계 셈에서처럼 자연수가 특정한 값 이상이 되면 처음부터 다시 세는 것으로, 우리가 시간을 이야기할 때 항상 사용하는 개념이기도 하다. 지금이 10시이고 6시간 후에 출발한다면 우리는 4시에 출발할 것이라고 이야기 한다. 예를 들어, $10+6=4 \pmod{12}$이다.

법산은 기준으로 하는 수에 따라 다양하게 나뉜다. 기준으로 하는 수 n에 대하여 n-법산에서는 두 실수 a와 b의 차이가 n의 배수일 때, a와 b를 같은 것으로 보고, 이를 $a \equiv b \pmod{n}$과 같이 나타낸다.

법산의 중요한 특징은 덧셈과 곱셈이 잘 정의된다는 점이다.

예제 8.6

8-법산으로 5와 합동인 수를 3개 이상 찾아라.

풀이

8로 나누어 나머지가 5인 수를 찾는 것이므로

.....

$8 \cdot (-2)+5=-11$

$8 \cdot (-1)+5=-3$

$8 \cdot 0+5=5$

$8 \cdot 1+5=13$

$8 \cdot 2+5=21$

.....

예제 8.7

다음 중 옳은 것은?

① $1 \equiv 15 \pmod{7}$　　② $-23 \equiv 22 \pmod{9}$

③ $22 \equiv 100 \pmod{13}$　　④ $-1 \equiv 699 \pmod{7}$

풀이

① $15=7\cdot 2+1$이므로 $1 \equiv 15 \pmod{7}$이다.

② $-23=9\cdot(-3)+4$, $22=9\cdot 2+4$이므로 $-23 \equiv 22 \pmod{9}$이다.

③ $22=13\cdot 1+9$, $100=13\cdot 7+9$이므로 $22 \equiv 100 \pmod{13}$이다.

④ $699=7\cdot 100+(-1)$이므로 $-1 \equiv 699 \pmod{7}$이다.

따라서 모두 옳다.

정리 8.1

a, b, c, m이 정수이고 $m>0$, $a \equiv b \pmod{m}$이면 다음이 성립한다.

(1) $a+c \equiv b+c \pmod{m}$

(2) $a-c \equiv b-c \pmod{m}$

(3) $ac \equiv bc \pmod{m}$

(4) c와 m의 최소공배수가 d이고, $ac \equiv bc \pmod{m}$이면, $a \equiv b$ (mod m/d)

예제 8.8

위 성질과 $19 \equiv 3 \pmod{8}$임을 이용하면

(1) $26 \equiv 10 \pmod{8}$,

(2) $15 \equiv -1 \pmod{8}$,

(3) $38 \equiv 6 \pmod 8$

(4) $50 \equiv 20 \pmod{15}$임을 이용하면 $5 \equiv 2 \pmod 3$이다.

문제 8.3

7법산이 덧셈과 곱셈에 잘 정의된다는 것을 보여라.

2) 유클리드 호제법

두 정수의 최대 공약수를 계산할 때는 유클리드 호제법을 이용한다. 예를 들어 b를 a로 나누었더니 몫이 q이고 나머지가 r이 되었다면 $b=aq+r$의 식이 성립한다. 이 때, b와 a의 최대공약수는 a와 r의 최대 공약수와 같다 (r이 0인 경우에 a와 b의 최대공약수는 a가 된다)라는 것이 유클리드 호제법의 원리이다.

두 양의 정수 a, b에 대하여 나머지를 r_k 몫을 q_k라 하면, 이 원리는 다음과 같이 나타낼 수 있다.

$$
\begin{array}{ll}
b=aq_1+r_1 & 0<r_1<a \\
a=r_1q_2+r_2 & 0<r_2<r_1 \\
r_1=r_2q_3+r_3 & 0<r_3<r_2 \\
\vdots \quad \vdots & \\
r_{k-3}=r_{k-2}q_{k-1}+r_{k-1} & 0<r_{k-1}<r_{k-2} \\
r_{k-2}=r_{k-1}q_k+r_k & 0<r_k<r_{k-1} \\
r_{k-1}=r_kq_{k+1} &
\end{array}
$$

일 때, $\gcd(a, b)=r_k$이 성립한다.

또한 앞의 등식을 역순으로 생각하면 $\gcd(a, b)=ax+bx$인 정수 x, y를 구할 수 있다.

$$
\begin{aligned}
r_k &= r_{k-2}-r_{k-1}q_k \\
&= r_{k-2}-(r_{k-3}-r_{k-2}q_{k-1})q_k
\end{aligned}
$$

$$=r_{k-2}(1+q_{k-1}q_k)-r_{k-3}q_k$$
$$\vdots$$
$$=ax+by$$

정리 8.2

정수 a, b의 최대공약수(greatest common divisor)를 gcd(a, b)로 나타낼 때, $ax + by=$ gcd(a, b)의 해가 되는 정수 x, y가 존재한다.

예제 8.9

유클리드 호제법을 이용하여 510과 62의 최대공약수를 구하고 위의 x와 y를 구하라.

풀이

$510=62\times8+14$

$62=14\times4+6$

$14=6\times2+2$

$6=2\times3$

4	62	510	8
3	56	496	2
	6	14	
	6	12	
	0	2	

$$2=14-6\times2=14-(62-14\times4)\times2$$
$$=14\times9+62\times(-2)=(510-62\times8)\times9+62\times(-2)$$
$$=510\times9+62\times(-74)$$

두 정수 a와 b의 최대공약수 gcd$(a, b)=1$ 일 때, a와 b는 '서로소' 라고 한다. 이 때, 위의 정리에서 $ax+by=1$을 만족하는 x, y가 존재한다.

즉, $ax\equiv1 \pmod{b}$를 만족시키는 정수 x가 존재한다.

예제 8.10

a, b, c, m이 정수이고 $m>0$, c와 m이 서로소이고, $ac \equiv bc \pmod{m}$이라면 $a \equiv b \pmod{m}$이다. 이 성질과 $42 \equiv 7 \pmod{5}$임을 이용하여 $6 \equiv 1 \pmod{5}$임을 확인하라.

풀이

$42 \equiv 7 \pmod{5}$이고 5와 7은 서로소이므로, $42/7 \equiv 7/7 \pmod{5}$가 되어 $6 \equiv 1 \pmod{5}$이다.

3) 페르마의 소정리

암호학의 소인수분해 문제나 이산로그 문제■에 사용되는 100자리 이상의 소수(prime number)를 찾는 일은 중요한 문제로 많은 수학자들이 소수 판정 알고리즘을 연구하고 있다. 공개키 암호방식에서 가장 널리 사용되는 수학적인 정리가 오일러 정리와 페르마의 소정리이다.

오일러 ϕ함수(Euler's phi function)는 1부터 n까지의 양의 정수 중에 n과 서로소 인 것의 개수를 나타내는 함수이다. 일반적으로 $\phi(n)$으로 표기한다.

예제 8.11

$\phi(6)$, $\phi(7)$, $\phi(11)$을 구하라.

■ 이산로그 문제(Discrete Logarithm Problem)는 소수(素數) p가 주어지고 $y=g^x \pmod{p}$인 경우, 역으로 $x=(\log_g y)$인 x를 계산하는 문제이다. 여기서 x를 법 p상의 y의 이산로그 라하고 y, g, p가 주어졌을 때, x를 구하는 문제는 매우 어렵다. 즉, np문제이다.

풀이

1, 2, 3, 4, 5, 6 중에, 6과 서로소인 수는 1, 5 두 개다.

따라서, $\phi(6)=2$

1, 2, 3, 4, 5, 6, 7 중에, 7 이외에는 모두 7과 서로소이다.

따라서, $\phi(7)=6$

1, 2, 3, 4, 5, 6, 7, 8, 9, 10, 11 중에, 11이외에는 모두 11과 서로소이다.

그러므로 $11-1=10$ 따라서, $\phi(11)=10$이다.

정리 8.3

오일러의 정리 임의의 정수 a와 n이 서로소일 때,

$a^{\phi(n)}\equiv 1 \pmod n$

여기서 $\phi(n)$는 오일러 ϕ함수이다.

정리 8.4

페르마의 소정리 오일러 정리에서 n이 소수 p인 경우,

$\gcd(a, p)=1$에 대하여 $\phi(p)=p-1$이므로

$a^{p-1}\equiv 1 \pmod p$ 가 성립한다.

위의 정리에 의해, p가 소수이면 자연수 a에 대하여 $a^p\equiv a \pmod p$가 성립한다.

예제 8.12

$\phi(p)=p-1$의 성질을 이용하여 $\phi(19)$, $\phi(31)$, $\phi(97)$을 구하라.

풀이

$\phi(19)=19-1=18$

$\phi(31)=31-1=30$

$\phi(97)=97-1=96$

예제 8.13

페르마의 소정리를 이용하여 $5^{28} \equiv 4 \pmod{11}$임을 보여라.

풀이

페르마의 소정리에 의하여 $5^{10} \equiv 1 \pmod{11}$이다. 따라서

$5^{28}=5^{20+8}=(5^{10})^2 \times 5^8 \equiv 1^2 \times 5^8=(5^2)^4 \equiv 3^4 \equiv (-2)^2 \equiv 4 \pmod{11}$이다.

문제 8.4

1부터 100까지의 소수는 몇 개인지 알아보라.

2. RSA 암호

1978년 리베스트, 샤미르, 애들먼(Rivest, Shamir, Adleman) 등 미국의 세 명의 수학자가 개발한 RSA 암호방식은 국제표준화기구(ISO)에서 정한 암호의 표준이다. 이 방식은 140자리 이상의 두 개의 큰 소수를 선택한 후 곱하고 추가 연산을 하여 공개키와 개인키를 구성하는데 합성수의 소인수분해의 어려움을 이용하는 원리이다.

Rivest, Shamir, Adleman

백 자리 크기 이상의 두 개의 소수 p, q를 선택하여 $n=p \cdot q$를 계산한다. 이 때 p와 q를 알고 있는 사람은 n을 계산하기 쉽지만 n만 알고 있는 사람은 n으로부터 p와 q를 찾는 소인수분해는 어렵다.

공개키란 우리가 아이디라고 부르는 것으로 다른 사람이 알아도 좋은 키이며, 개인키란 비밀이 보장되어야하는 패스워드를 말한다. 인터넷에서 사용하는 정보를 암호화하고, 복호화하는 데는 수학의 소인수분해의 원리가 사용된다.

RSA 암호방식으로 암호화와 복호화 과정을 살펴보면 다음과 같다.

사용자는 자신이 정한 자연수 한 쌍을 공개키로 등록하여 공개한다.

예를 들어 갑돌이가 공개한 공개키를 (e, n)이라고 하자. 이때 갑돌이는 복호화에 필요한 자연수 d는 비밀리에 보관한다. 복호화키인 d는 모든 자연수 M에 대하여

$$(\mathrm{M}^e)^d \equiv \mathrm{M} (\mathrm{mod}\ n)$$

과 같은 성질을 가지고 있다.

갑순이가 갑돌이에게 문서 M을 비밀리에 보내려면 공개목록에서 갑돌이의 공개키 (e, n)을 찾아, M을 암호화한

$$C = \mathrm{M}^e (\mathrm{mod}\ n)$$

을 보낸다.

모든 글은 자연수로 바꿀 수 있기 때문에 문서 M을 자연수라고 생각하기로 한다. 또 긴문서는 짧게 나누어 보낼 수 있으므로, $\mathrm{M} < n$이라고 가정한다.

그러면 갑돌이는 받은 암호문서 C를 n-법산으로 d제곱하여

$$C^d \equiv (\mathrm{M}^e)^d \equiv \mathrm{M} (\mathrm{mod}\ n)$$

즉, 원문 M을 얻는다.

이제 공개키 (e, n)을 만드는 방법을 소개한다. 먼저 아주 큰 소수 p와 q를 하나 정한 다음

$$n = p \cdot q$$

로 둔다. 그리고 오일러함수 값 $\phi(n) = (p-1)(q-1)$과 서로소인 자연수 d

를 하나 정한다.

$ed \equiv 1 (\mathrm{mod}\ (p-1)(q-1))$

인 자연수 e를 구한다. 이때 임의의 자연수 m에 대하여

$(m^e)^d \equiv m (\mathrm{mod}\ n)$이 된다.

예제 8.14

RSA 암호로 알파벳 D(3)를 암호화하라.

(단, 공개키 $n=22$, $e=3$)

풀이

공개키 $n=22$, $e=3$ 이므로

$3^3 \equiv 5 (\mathrm{mod}\ 22)$

따라서 암호문 5를 얻을 수 있다. 즉, D의 암호문은 5에 해당하는 F이다.

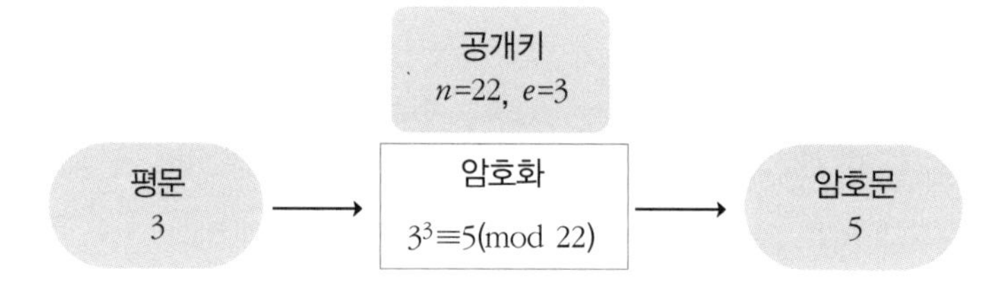

예제 8.15

소수 $p=3$, $q=11$로 RSA 공개키 암호를 구성하라.

풀이

공개키와 개인키를 구하면

$n = pq = 3 \cdot 11 = 33$

$\phi(n) = (p-1)(q-1) = (3-1)(11-1) = 20$

$\gcd(e, 20)=1$

$e=3$선택,

$e \cdot d \equiv 1 \pmod{20}$이므로

$d=7$

따라서 공개키 (3, 33), 개인키 7이다.

평문 M=5를 암호화 하면

$C^d \equiv M^e \pmod{n} \equiv 5^3 \pmod{33} \equiv 26$

암호문 C=26를 복호화하면,

$M \equiv C^d \pmod{n} \equiv 26^7 \pmod{33} \equiv 5$

RSA 암호방식의 안전성은 소수 p와 q에 달려있다. 공개키 e와 n을 가지고 간단히 개인키 d를 찾을 수 있다면 RSA 암호방식은 쉽게 해독된다. 또한 n으로부터 소수 p와 q를 찾을 수 있다면 즉, n의 소인수분해가 가능하다면 오일러 함수 $\phi(n)$을 찾게 되어 유클리드 호제법으로 공개키 e로부터 비밀키 d를 간단하게 찾아낼 수 있다.

그러나 소수 p, q의 크기가 각각 100자리이고 n이 200자리인 정수는 현재의 컴퓨터 계산능력과 수학적 이론으로는 이러한 n을 소인수 분해하는 것은 거의 불가능한 것으로 알려져 있다. 앞으로는 소인수분해 알고리즘 개발과 컴퓨터의 발전으로 인해 RSA 암호방식에서 더 큰 정수를 사용하게 될 것이다.

3. Elgamal 암호

RSA 암호방식은 $n=p \cdot q$의 소인수 p와 q를 찾는 것이 어렵다는 원리로 만들어진 공개키 암호방식이다. 또 다른 어려운 문제인 이산로그 문제를

원리로 만들어진 엘가말(Elgamal) 암호방식이 있다.

즉, p가 큰 소수일 때 $y=g^x(\mathrm{mod}\ p)$와 같은 식에서 x, g, p를 알고 있을 때 y를 구하는 것은 쉽지만 y, g, p만 알고서 x를 구하는 것은 소인수분해가 어려운 것과 비슷하게 매우 어려운 문제이다.

예를 들어, A가 B에게 메시지 M=20을 보내는 경우를 생각해 보자.

소수 $p=23$, 원시원소 $g=7$일 때 엘가말(Elgamal)암호방식을 구성해보면 다음과 같다.

① 먼저 공개키와 개인키를 계산한다.

사용자 A의 개인키 $X_A=5$선택, 공개키 $y_A \equiv g^{X_A}(\mathrm{mod}\ p) \equiv 17(\mathrm{mod}\ 23)$이다.

사용자 B의 개인키 $X_B=9$선택, 공개키 $y_B \equiv g^{X_B}(\mathrm{mod}\ p) \equiv 15(\mathrm{mod}\ 23)$이다.

② A는 난수 $r=3$을 선택하여 K값과 암호문 C_1을 계산하고 다시 K로 암호문 C_2를 계산한다.

$K \equiv y^r{}_B \equiv 15^3(\mathrm{mod}\ 23) \equiv 17(\mathrm{mod}\ 23)$

$C_1 \equiv g^r \equiv 7^3(\mathrm{mod}\ 23) \equiv 21(\mathrm{mod}\ 23)$

$C_2 \equiv K \times M \equiv 17 \times 20(\mathrm{mod}\ 23) \equiv 18(\mathrm{mod}\ 23)$

암호문 $C=(C_1,\ C_2)=(21,\ 18)$를 B에게 전송한다.

③ B는 A가 보낸 암호문 $C=(21,\ 18)$로부터 평문 M을 복호화한다.

$K \equiv C_1^{X_B} \equiv 21^9(\mathrm{mod}\ 23) \equiv 17(\mathrm{mod}\ 23)$

$M \equiv C_2/K \equiv C_2K^{-1}(\mathrm{mod}\ 23) \equiv 18 \times 19(\mathrm{mod}\ 23) \equiv 20(\mathrm{mod}\ 23)$

따라서, 평문 M=20을 복호화할 수 있다.

엘가말 암호방식도 RSA 암호방식과 같이 메시지 암호화뿐만 아니라 전자서명에도 사용될 수 있다.

문제 8.5

어려운 문제인 배낭꾸리기 문제(knapsack problem)를 원리로 만들어진 배낭(knapsack) 암호방식에 대해 알아보시오.

03 검사 비트

자신이 할 수 있다고 생각하는 것보다 매일 조금씩 더 하라.
– 로웰 토머스 Lowell Thomas(1892~1981, 저널리스트)

주민등록번호, 바코드, ISBN과 신용카드 번호 등의 마지막 숫자는 검사비트(check bit)라고 하는데 이는 앞에 표기된 숫자들이 정상적인 구성인지 확인하는 일종의 암호다. 검사비트는 법산(modular arithmetic)을 이용하여 오류를 확인할 수 있게 한다.

1. 주민등록번호

주민등록번호에는 검사비트가 숨어 있어서 위조 여부를 식별하게 해준다. 열세 자리로 구성된 주민등록번호에서 앞의 여섯 자리는 생년월일을 가리키고, 뒤의 일곱 자리는 다음과 같이 정한다. 첫 번째 숫자는 성별을 나타낸다. 1900년대에 출생한 남녀는 각각 1, 2이지만 2000년대에 출생한 남녀는 각각 3, 4인데, 이것은 100년 단위로 번호를 교체한다. 두 번째부터 다섯 번째까지 네 자리 숫자는 주민등록을 신고하는 관할관청의 지역번호로 출생신고 지역을 의미한다. 여섯 번째 숫자는 주민등록을 신고한 순서대로 매겨지는 일련번호다. 신고 당일 관할관청에 접수된 순서를 표기한 것이다. 그리고 마지막 숫자는 검사비트다.

주민등록번호는 아래 표와 같은 대응수를 곱하여 더한 총합을 11로 나눈 나머지가 0이 되어야한다.

즉, $2a+3b+4c+5d+6e+7f+8g+9h+2i+3j+4k+5l+m\equiv 0 \pmod{11}$ 이다.

주민등록번호	a	b	c	d	e	f	–	g	h	i	j	k	l	m
대응수	2	3	4	5	6	7		8	9	2	3	4	5	1

따라서 $t\equiv 2a+3b+4c+5d+6e+7f+8g+9h+2i+3j+4k+5l \pmod{11}$ 이라 하면 검사비트 $m\equiv 11-t \pmod{11}$이 된다.

예제 8.16

주민등록번호가 891103–2115791이라고 할 때 규칙에 맞는지 확인하라.

풀이

주민등록번호	8	9	1	1	0	3	–	2	1	1	5	7	9	1	합
대응수	2	3	4	5	6	7		8	9	2	3	4	5	1	
곱	16	27	4	5	0	21		16	9	2	15	28	45	1	189

$189\equiv 2 \pmod{11}$ 이므로 맞지 않는 주민등록번호이다.

문제 8.6

다음 주민등록번호를 완성하라.

770201-106721□

2. 바코드

바코드는 다양한 폭을 가진 검은색 막대(bar)와 흰색 막대(space)들을 배열하여, 문자와 숫자 및 특수기호 등을 표현한 것으로 그 아래에 적혀 있는 숫자들을 스캐너로 읽을 수 있도록 정보를 표현하는 부호(code)체계다. 바코드 안에는 가격이나 크기, 무게 등의 정보가 있는 것이 아니고 상품 코드번호만 들어있다. 바코드를 사용하면 키보드로 숫자를 입력하는 시간을 줄이고 오타를 방지한다.

바코드는 KAN(Korean Article Number)라는 코드인데 국제표준인 EAN(European Article Number)에 가입함으로써 얻은 코드이다. 바코드는 표준인 13자리와 단축인 8자리가 사용된다.

13자리에서 처음 3자리는 국가번호, 다음 4자리는 제조회사나 판매원, 다음 5자리는 상품품목 정보를, 마지막 1자리는 바코드가 올바른지를 검증하는 검사비트이다. 8자리에서는 처음 3자리는 국가번호, 다음 3자리는 제조회사나 판매원, 다음 1자리는 품목정보, 마지막 1자리는 바코드가 올바른지를 검증하는 검사비트를 나타낸다.

바코드의 검사비트란 바코드 일련번호 중 마지막 숫자로, 첫째자리 숫자부터 검사비트 이전 숫자까지의 바코드 배열이 올바른가를 판단하는 오류검출 기능을 수행한다. 바코드는 아래 표와 같은 대응수를 곱하여 더한 총합을 10으로 나눈 나머지가 0이 되어야한다.

바코드숫자	a	b	c	d	e	f	g	h	i	j	k	l	m
대응수	1	3	1	3	1	3	1	3	1	3	1	3	1

즉, $a+3b+c+3d+e+3f+g+3h+i+3j+k+3l+m \equiv 0 \pmod{10}$이다.

따라서 $t \equiv a+3b+c+3d+e+3f+g+3h+i+3j+k+3l \pmod{10}$이라 하면 검사비트 $m \equiv 3-t \pmod{10}$이 된다.

예제 8.17

바코드 978898649797C에 대한 검사비트 C를 구하라.

풀이

바코드	9	7	8	8	9	8	6	4	9	7	9	7	C	합
대응수	1	3	1	3	1	3	1	3	1	3	1	3	1	
곱	9	21	8	24	9	24	6	12	9	21	9	21	C	173+C

바코드의 각 숫자에 2행의 배수만큼을 각각 곱해서 모두 더하면

$173+C \equiv 0 \pmod{10}$

이므로 검사비트 C는 7이 된다.

3. 신용카드 번호

신용카드의 번호는 마지막 자리에 검사비트를 포함하고 있어서 앞의 번호와 맞지 않을 때에는 처리되지 않는다. 구성 원리는 다음과 같다. 기본적으로 카드번호는 총 16자리다. 처음 4자리까지는 신용카드 종류, 다음 1~2자리는 관련금융기관 번호, 다음 1~9자리는 신용카드 발급순서를 표시한 번호이며 마지막 1자리가 위조 방지용으로 쓰이는 검사비트이다.

전 세계가 공통적인 카드번호 체계를 갖고 있다. 신용카드의 검사비트는 맨 마지막 숫자다. 신용카드에서 이 검사비트를 구하기 위해서는 우선 맨

앞에서부터 홀수 번째 숫자들에 2를 곱해 모두 더하고, 또 맨 앞에서부터 짝수 번째 숫자들은 모두 더한다. 이렇게 구한 두 수 합에 검사비트까지 더한 전체 합이 10의 배수가 되도록 검사비트를 정하는 것이다.

예제 8.18

신용카드 번호 4017−2189−1407−1532이 올바른지 확인하라.

풀이

신용카드번호	4	0	1	7	−	2	1	8	9	−	1	4	0	7	−	1	5	3	2	합
대응수	2	1	2	1		2	1	2	1		2	1	2	1		2	1	2	1	
곱	8	0	2	7		4	1	16	9		2	4	0	7		2	5	6	2	66

여기서, $66 \equiv 6 \pmod{10}$이므로 위조된 신용카드번호이다.

문제 8.7

다음 신용카드 번호에서 마지막 숫자인 검사비트 C를 구하라.

1036-4428-1202-361C

4. ISBN

국제표준도서번호(ISBN, International Standard Book Number)는 10또는 13자리이다. 10자리 ISBN의 경우, 처음부터 두 자리는 출판국가, 4자리는 출판사, 3자리는 항목번호이고, 1자리는 검사비트이다.

10자리 ISBN에서는 ISBN의 각 자리에 10부터 1까지의 대응수를 차례로 곱해서 더한 값이 11의 배수가 되도록 검사비트를 정한다.

예를 들어, ISBN $ab-cdef-ghi-j$의 경우,

$10a+9b+8c+7d+6e+5f+4g+3h+2i+1j \equiv 0 \pmod{11}$이다.

즉, $j \equiv -10a-9b-8c-7d-6e-5f-4g-3h-2i \pmod{11}$

$\equiv a+2b+3c+4d+5d+6e+7f+8g+9h \pmod{11}$

이다. 검사비트는 0부터 10까지의 숫자가 될 수 있으며, 0부터 9까지는 십진법 숫자를 그대로 쓰지만 10은 X로 나타낸다. 한 자리가 틀렸거나 서로 인접한 두 자리를 바꿔 썼을 경우를 감지해낼 수 있다.

예제 8.19

국제표준도서번호 ISBN 89-7101-206-□에서 마지막 자리의 수는 무엇인가?

풀이

ISBN	8	9	-	7	1	0	1	-	2	0	6	-	□	합
대응수	10	9		8	7	6	5		4	3	2		1	
곱	80	81		56	7	0	5		8	0	12		a	249+a

1행에 대응수를 각각 곱해서 모두 더하면 $249+a$이므로

11의 배수가 되도록 a를 정하면 $a=4$이다. 따라서, ISBN 89-7101-206-4이다.

13자리 국제표준도서번호는 기존의 10자리 번호 앞에 978 또는 979을 붙이고, 검사비트는 각 자리마다 1, 3, 1, 3, ...의 대응수를 차례로 곱해서 10으로 나눈 나머지로 정한다.

예를 들어, ISBN 978$-ab-cdef-ghi-j$의 경우,

$$1\times9+3\times7+1\times8+3a+1b+3c+1d+3e+1f+3g+1h+3i+1j\equiv0 \pmod{10}$$

즉, $j\equiv10-(1\times9+3\times7+1\times8+3a+1b+3c+1d+3e+1f+3g+1h+3i) \pmod{10}$

이다.

예제 8.20

다음과 같은 13자리 숫자가 ISBN 번호인지 주민등록번호인지 구분하라.

9 7 0 8 3 0 2 3 1 5 1 2 5

풀이

주민등록번호	9	7	0	8	3	0	-	2	3	1	5	1	2	5	합
대응수	2	3	4	5	6	7		8	9	2	3	4	5	1	
곱	18	21	0	40	18	0		16	27	2	15	4	10	5	176

주민등록번호인지 확인하기위해 1행에 대응수를 각각 곱해서 모두 더하면 176이고 11의 배수이므로 주민등록번호일 수 있다.

ISBN	9	7	0	8	3	0	2	3	1	5	1	2	5	합
대응수	1	3	1	3	1	3	1	3	1	3	1	3	1	
곱	9	21	0	24	3	0	2	9	1	15	1	6	5	96

ISBN번호인지 확인하기위해 1행에 대응수를 각각 곱해서 모두 더하면 96이고 10의 배수가 아니므로 ISBN 번호가 될 수 없다.

5. QR코드

특수기호가 포함된 긴 인터넷 주소를 스마트폰에 입력하기는 쉽지 않다. 신문, 버스정류장, 각종 광고와 명함 등에서 사용되는 **QR**(Quick Response)코드는 스마트폰 카메라와 QR코드를 인식하는 앱(application)만 있으면, 곧바로 사이트에 연결할 수 있어서 편리하다.

QR코드는 일종의 바코드로 볼 수 있다. ISBN은 번호를 입력하면 바코드 형태로 만들 수 있고, ISBN을 QR코드 형태로 만드는 것도 가능하다. QR코드가 바코드와 다른점은 넣을 수 있는 데이터의 크기가 수십에서 수백 배 크다는 것과 에러 정정 레벨을 정할 수 있다는 것이다.

QR코드는 전반적인 사각패턴으로 배열된 일련의 사각 모듈로 구성되어 있는 2차원 심벌로 세 코너에는 그것의 위치, 크기, 기울기를 이용하여 방향을 쉽게 찾고자하는 독특한 패턴 탐지기를 포함하고 있다. 아래 왼쪽그림은 버전 2 QR코드 심벌을 나타내고 있다.

QR코드 심벌의 예

콰이어트 존
위치 검출 패턴
위치 검출 패턴 분리자
타이밍 패턴
정렬 패턴
포맷 정보
버전 정보
데이터 및 에러 정정 코드어
기능 패턴
인코드화 영역
심벌

QR코드 심벌의 구조

문제 8.8

위의 왼쪽 QR코드를 읽어라.

QR코드 심벌은 버전 1~버전 40에 이르기까지 40종류의 크기가 있다. 위 오른쪽 그림은 버전 7 QR코드 심벌의 구조를 나타내고 있다. 규칙적인 정사각형들은 인코드화 영역과 기능 패턴들 즉 탐지기, 분리자, 타이밍 패턴, 정렬 패턴 등으로 구성되며 기능 패턴들은 데이터의 인코드화를 위해 사용되지 않는다. 심벌은 정숙 영역(quiet zone)으로 사방이 둘러싸여 있다. 데이터 코드어의 끝에 에러 정정 코드어를 첨부해서 각 블록에 에러 정정 코드어를 발생시킨다.

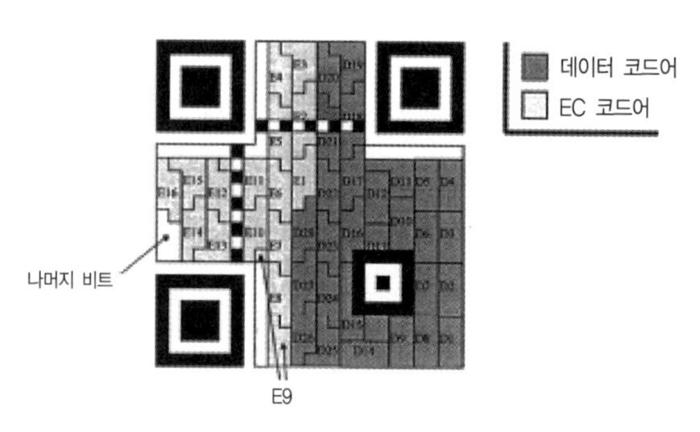

버전 2-M 심벌에서 심벌 문자 배열

QR코드는 에러 정정 기능에 따라 네 가지 레벨(L, M, Q, H)이 있는데 에러 정정 레벨에 따른 복구율은 대략 레벨 L은 7%, M은 15%, Q는 25%, H는 30%이다. 즉, 코드의 일부가 더럽거나 손상이 있어도 최대 30%의 데이터 복원이 가능하다.

에러 정정 레벨을 높이면 에러 정정 능력을 향상시키고 에러 정정 코드어의 양을 증가시키므로 오류 정정 수준을 선택하려면, 운영 환경과 QR코드의 크기 등을 고려해야한다. 일반적으로, 레벨 M이 가장 많이 선택되며, 데이터의 양이 많은 레벨 L은 깨끗한 환경, 레벨 Q 또는 H는 QR코드를 더럽히는 공장과 같은 환경에서 선택된다.

에러 정정 코드어를 위한 다항식 계산에는 수학의 2-법산(modular arithmetic)과 갈로아체 (Galois field)가 사용된다.

문제 8.9

QR코드를 생성해보자. (참고 http://qr.naver.com)

여덟째 날 연습문제

01 RSA 암호방식에서 개인키 d로 암호문 C로부터 평문 M을 복원할 수 있음을 보여라.

02 다음은 비즈네르 암호문이다. 비밀키 EDUCATION를 사용하여 해독하라.

XDFGNMMRYEGS

03 다음 시저 암호를 키 값 +5로 해독하라.

NY NX TSQD BNYM YMJ MJFWY YMFY TSJ HFS XJJ WNLMYQDL BMFY NX JXXJSYNFQ NX NSANXNGQJ YT YMJ JDJY

04 다음의 암호를 해독하라.

EM TQDM IA EM LZMIU

05 한글로 된 숫자 암호를 이용하여 다음 암호문을 해독하라.

011415010715151407081415 14

자모	ㄱ	ㄴ	ㄷ	ㄹ	ㅁ	ㅂ	ㅅ	ㅇ	ㅈ	ㅊ	ㅋ	ㅌ	ㅍ	ㅎ	ㅣ	·	ㅡ
숫자	00	01	02	03	04	05	06	07	08	09	10	11	12	13	14	15	16

06 다음은 한글과 기호를 이용한 암호와 스키테일 암호를 혼합한 암호이다. 암호를 해독하라.

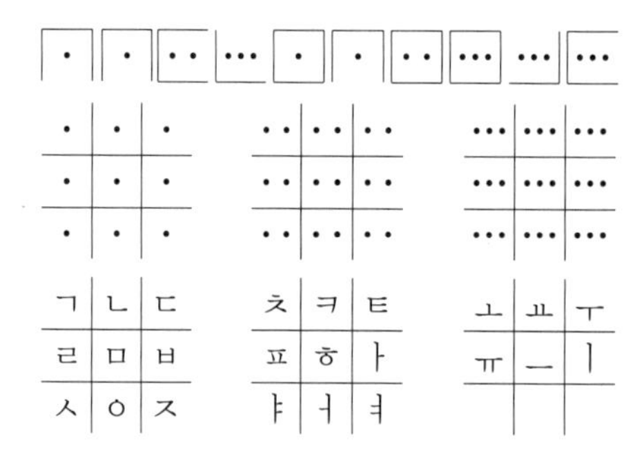

07 다음이 옳은 지 확인하라.

(1) $13 \equiv 1 \pmod{2}$

(2) $-2 \equiv 1 \pmod{3}$

(3) $91 \equiv 0 \pmod{13}$

(4) $111 \equiv -9 \pmod{40}$

08 아래의 법 연산을 만족시키는 양수 m, n, p들을 구하라.

(1) $27 \equiv 5 \pmod{m}$

(2) $1000 \equiv 1 \pmod{n}$

(3) $1331 \equiv 1 \pmod{p}$

09 2-법산으로 모든 정수를 구분하라.

10 다음 식의 오일러함수를 각각 계산하여 등호가 성립함을 확인하라.

$\phi(36) = \phi(4)\,\phi(39)$

11 p, q가 소수일 때, 아래의 (1)~(3)성질과 m, n이 서로소일 때 $\phi(mn)=\phi(m)\phi(n)$임을 이용하여 $\phi(900)$, $\phi(256)$을 구하라.

(1) $\phi(p)=p-1$

(2) $\phi(pq)=(p-q)(p-1)$

(3) $\phi(p^k)=p^k-p^{k-1}=p^{k-1}(p-1)$

12 오일러 정리를 이용하여 $3^4\equiv 1 \pmod 8$임을 보여라.

> **오일러의 정리:**
> **서로소인 두 양의 정수 a, m에 대해** $a^{\phi(m)}\equiv 1 \pmod m$

13 다음은 RSA 암호방식의 개인키다.

> 개인키: $p=5$, $q=7$

(1) 공개키를 정하라.

(2) 공개키와 개인키로 알파벳 E(4)를 암호화한 후 복호화 하라.

14 다음이 성립함을 증명하라.

(1) $\phi(pq)=(p-1)(p-1)$

(2) $\phi(p^k)=p^k-p^{k-1}=p^{k-1}(p-1)$

15 다음의 빠진 숫자는 무엇인가?

(1) 주민등록번호 770201−10□7214

(2) 신용카드번호 □372−1649−2577−1102

(3) ISBN번호 978−0−07−128418−□

쉼

악보암호

1차 세계대전이 한창이던 1917년 봄, 스페인 마드리드 주재 독일 해군 무관이 독일 측 첩보원 H21에 대한 자금과 지시를 요구해 몇 번씩이나 베를린에 연락을 취했다. 그때 사용된 암호를 영국정보국이 해독하고 있었다. 영국은 이 정보를 프랑스 측에 넘겼고, 프랑스 경찰은 즉각 첩보원 H21을 체포했다. H21은 간첩행위를 완강히 부인했으나 소지품에서 아래와 같은 악보가 발견됨으로써 간첩임이 입증되었다. 그 악보가 무엇이기에 그랬을까?

첩보원 H21은 유명한 여자 스파이 마타하리(Mata Hari, 1876~1917)를 말한다. 그녀가 활동하면서 이용한 암호는 악보를 이용한 정보 제공이었다. 즉 2개의 원판으로 구성된 암호표를 그린 다음 바깥 원에 알파벳을 위치시키고, 작은 원에 음표를 대응시킨 다음 알파벳에 맞는 음표로 문장을 작성했던 것이다.

하지만 음악에 대한 상식이 조금이라도 있는 사람이라면 그녀가 작성한 악보를 살펴보면 그것이 암호라는 것을 바로 알아챌 수 있었다. 왜냐하면 작성된 악보는 전혀 음악이 되지 않을 뿐만 아니라 박자와 곡조가 너무나 어색했기 때문이다.

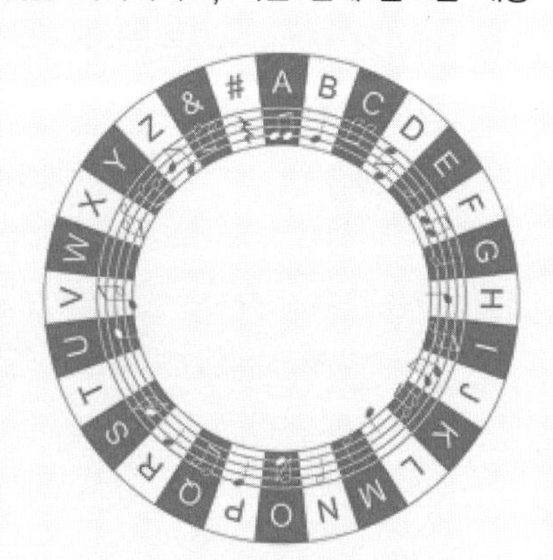

악보암호 해독표

마타하리가 작성한 위의 악보를 살펴보자. 초보자라 하더라도 박자가 틀리다는 것을 금방 알 수 있다. 악보암호 해독표를 바탕으로 해독해보면 "I AM TRAPPED"라는 문장을 악보로 표시한 것이다. 즉 악보가 암호를 뜻하는 것이다.

마타하리

이 암호는 음악에 무지한 사람을 쉽게 속일 수 있는 반면 항상 암호표를 갖고 다녀야하는 단점이 있다. 이 원리를 이용하면 음표에 알파벳이나 한글 자음을 대응시켜 자신만의 암호표를 만들 수 있다.

쿠르노

Antoine Augustin Cournot(1801~1877)

프랑스의 수학자 · 철학자 · 경제학자이다. 소르본대학에서 수학을 공부하였고 리옹대학의 수학 교수가 되었다. 본격적으로 경제학에 수학을 이용하였으며, 특히 "부(富) 이론의 수학적 원리에 관한 연구"는 유명하다. 수요의 법칙이나 독점가격의 원리를 밝힘으로써 근대 수리경제학의 시조로 불리게 되었다. 그의 이러한 연구가 생전에는 인정받지 못했으며 여러 학자들의 공격을 받았다. 수학 저서에서는 확률론 분야를 개척하였다.

아홉째 날

경제 속의 수학

01 은행의 이용

계획을 세우지 않은 목표는 한낱 꿈에 불과하다.
– 앙투안 드 생텍쥐베리 Antoine de Saint-Exupery
(1900~1944, 영국 소설가, 공군)

우리는 여유 있는 돈을 은행에 맡겨 안전하게 보관함과 동시에 맡기는 기간에 따른 이자를 받기도하며, 은행으로부터 필요한 돈을 대출받아 사용하기도 하는 등, 은행은 우리의 경제생활에서 매우 중요한 역할을 하는 기관이다. 본 장에서는 은행에 예금을 할 경우의 이자를 계산하는 방법과 돈을 대출받을 경우 상환하는 방법에 대하여 알아보기로 한다.

1. 이자 계산

은행에 예금을 하면 일정한 기간 뒤에 이자라고 하는 보수를 받게 된다. 일반적으로 자금을 투자한 사람이 자금을 이용한 사람으로부터 받는 보수를 이자(interest)라고 하고 처음 투자한 자금을 원금(principal)이라고 한다. 자금을 투자한 후 어느 시점에서의 원금과 이자의 합을 원리합계 또는 종가(accumulated value)라고 한다.

예를 들어 1,000만원을 예금하여 1년 뒤에 40만원의 이자를 받는다면 원금은 1,000만원, 이자는 40만원, 원리합계는 1,040만원이다.

원금 P를 단위 기간 동안 예금하여 받은 이자를 I라 할 때,

$$I/P = i$$

를 그 기간 동안의 이율이라고 한다. 이 때,

$$I = Pi$$

의 관계가 성립한다.

위의 예에서 (40만원)/(1,000만원) = 0.04 (= 4%)를 연이율이라고 한다.

은행에 예금을 할 때나 대출을 받을 때 먼저 이율을 정한다. 이자를 계산하는 방법에는 단리법과 복리법이 있다. 단리법은 원금에 대해서만 이자를 계산하는 방법이고 복리법은 일정한 기간마다 이자를 원금에 합쳐 그 금액을 다음 기간의 원금으로 하여 이자를 계산하는 방법이다.

1) 단리법

원금을 P, 이율을 i, 기간을 n이라 할 때, 단리법에 의한 이자 I와 원리합계 S는 각각

$$I = Pin$$
$$S = P + I = P(1 + in)$$

이다.

문 제 9 . 1

원금 1,000만원을 연이율 4.5% 단리로 5년간 저축할 경우 이자와 원리합계를 구하라.

예제 9.1

10,000,000원을 연이율 4%, 단리로 은행에 예금하고 100일 뒤에 찾기로 하였다. 100일 뒤의 원리합계를 구하라. (단, 10원 미만은 버림)

풀이

$10,000,000(1+0.04\times 100/365)=10,109,580$(원)

답 : 10,109,580원

2) 복리법

원금을 P, 이율을 i, 기간을 n이라 할 때, 복리법에 의한 n기 말의 원리합계 S_n은

제1기 말의 원리합계 $S_1=P(1+i)$

제2기 말의 원리합계

$$S_2=S_1(1+i)=P(1+i)(1+i)=P(1+i)^2$$

…

제n기 말의 원리합계 $S_n=P(1+i)^n$

이다. 이것을 정리하면 다음과 같다.

원금을 P, 이율을 i, 기간을 n이라 할 때, 복리법에 의한 원리합계 S는

$$S=P(1+i)^n$$

이다.

예제 9.2

원금 100만원을 2년 6개월 동안 연 4%의 복리로 은행에 예금하였다. 만기일의 원리합계를 구하라.

(참고 : 연이율로 주어지면 이자계산을 연단위로 하는 것이 원칙이다. 따라서, 위의 문제는 2년은 복리로, 6개월은 단리로 계산한다.)

풀이

2년 동안의 복리에 의한 원리합계는

$$1{,}000{,}000(1+0.04)^2 = 1{,}081{,}600\,(\text{원})$$

6개월 동안의 단리에 의한 원리합계는

$$1{,}081{,}600(1+0.04\times 6/12) = 1{,}103{,}232(\text{원})$$

답 : 1,103,232원

2. 적립금과 할부금

1) 적립금

매월 받는 급여일에 일정한 금액을 예금하여 1년 후 또는 일정 기간 후에 돈을 모두 찾는 경우가 있다. 이와 같이 일정한 금액을 매 기간 예금하고 이에 대한 이자를 복리로 계산하여 일정한 기간까지 예금하는 것을 정기적금이라고 한다. 이때, 매 기간 마다 예금하는 금액을 적립금, 적립금과 이자를 합한 총 금액을 적립금총액이라고 한다.

예제 9.3

매년 말에 100만원씩 연이율 5% 복리로 3년 동안 정기적금을 할 때, 적립금총액을 구하라.

풀이

첫번째 해 말에 적립한 100만원에 대한 원리합계 : 100만원$(1+0.05)^2$

2번째 해 말에 적립한 100만원에 대한 원리합계 : 100만원(1+0.05)

3번째 해 말에 적립한 100만원에 대한 원리합계 : 100만원

따라서, 적립금총액은

$$1{,}000{,}000(1.05)^2+1{,}000{,}000(1.05)+1{,}000{,}000$$

$$=\frac{1{,}000{,}000(1.05^3-1)}{1.05-1}=3{,}152{,}500(\text{원})$$

답 : 3,152,500원

적립금은 매기 초 또는 매기 말에 불입하는데, 적립금 총액은 다음과 같이 계산한다.

일반적으로 매기 말의 적립금을 P, 적립기간의 이율을 i, 적립기간을 n, 적립금총액을 S라 하면 다음 식이 성립한다.

$$S=\frac{P\{(1+i)^n-1\}}{i}$$

$$P=\frac{iS}{(1+i)^n-1}$$

문 제 9 . 2

매월 말에 50만원씩 월이율 0.4%, 1개월 마다 복리로 2년 동안 정기적금을 할 경우 적립금총액을 구하라.

2) 할부금

주택을 구입하기 위해서 부족한 금액을 은행에서 대출을 받고 이자와 원금의 일부를 포함한 일정 금액을 일정기간마다 상환하는 경우가 있다. 이와 같이 일정 금액을 상환하는 것을 할부상환이라고 하고, 매 기마다 상환하는 금액을 할부금이라고 한다. 할부금의 계산은 복리로 계산하며 매월

상환하는 금액을 월부금, 매년 상환하는 금액을 연부금이라고 한다.

예제 9.4

100만원 하는 노트북을 사고 12개월 월부로 상환하려고 한다. 매월 초에 월이율 1%로 상환할 때, 월부금을 구하라. (단, 원 미만은 끊어 올림)

풀이

100만원에 대한 12개월 초까지의 원리합계가 할부금의 적립금총액과 같아야 한다.

100만원에 대한 12개월 초까지의 원리합계 $= 1{,}000{,}000(1.01)^{11}$

할부금을 P라 할 때,

첫번째 달 초에 상환한 P원에 대한 원리합계 : $P(1.01)^{11}$

2번째 달 초에 적립한 P원에 대한 원리합계 : $P(1.01)^{10}$

$\cdots$

12번째 달 초에 적립한 P원에 대한 원리합계 : P

$$\text{적립금총액} = P + P(1.01) + P(1.01)^2 + \cdots + P(1.01)^{11} = \frac{P\{(1.01)^{12} - 1\}}{0.01}$$

$$\text{그러므로 } 1{,}000{,}000(1.01)^{11} = \frac{P\{(1.01)^{12} - 1\}}{0.01}$$

$$P = \frac{1{,}000{,}000(1.01)^{11} \times 0.01}{1.01^{12} - 1} = 87{,}981(\text{원})$$

할부상환은 매기 초 또는 매기 말에 불입하는데, 할부금은 다음과 같이 계산한다.

일반적으로 부채액을 S, 매기 초의 할부금을 P, 상환 기간을 n, 이율을 i라 하면 다음 식이 성립한다.

$$P = \frac{Si(1+i)^{n-1}}{(1+i)^n - 1}$$

$$S=\frac{P\{(1+i)^n-1\}}{i(1+i)^{n-1}}$$

3) 신용카드 대금 결제

신용카드로 물건을 할부로 구입하였을 때는 현금가격의 분할 대금에 월간 할부 수수료를 포함한 할부금을 할부기간 동안 결제하여야 한다. 만약, 대금 결제일에 결제되지 않은 할부금에 대해서는 연체료를 추가 부담하여야 한다.

예제 9.5

백화점에서 60만원 하는 옷을 3개월 할부로 구입하고 신용카드로 결제하였다. 결제일은 매월 26일이며 3개월 할부수수료는 연 15%, 연체이율은 연 25%이다. (단, 원 미만은 끊어 올림)

(1) 매회 결제할 금액을 계산하라.

(2) 1회 차 26일에 결제할 금액을 10일 연체하였다면, 연체수수료와 결제금액을 구하라.

풀이

(1) 1회 차 결제금액 계산

할부금액 : 600,000/3 = 200,000(원)

할부 수수료 : 600,000 × 0.15/12 = 7,500(원)

1회 차 결제금액 : 207,500(원)

결제 후 할부 잔액 : 600,000 − 200,000 = 400,000(원)

2회 차 결제금액 계산

할부금액 : 600,000/3 = 200,000(원)

할부 수수료 : (600,000 − 200,000) × 0.15/12 = 5,000(원)

2회 차 결제금액 : 20,0000 + 5,000 = 205,000(원)

결제 후 할부 잔액 : 400,000 − 200,000 = 200,000(원)

3회 차 결제금액 계산

할부금액 : 200,000(원)

학부 수수료 : (600,000 − 200,000 × 2) × 0.15/12 = 2,500(원)

3회 차 결제금액 : 200,000 + 2,500 = 202,500(원)

결제 후 할부 잔액 : 0

(2) 연체수수료 : (할부금액 − 할부 수수료) × (연체이율) × (연체기간)

= (200,000 − 7,500) × 0.25 × 10/365 = 1,319(원)

결제금액 : 200,000 + 7,500 + 1,319 = 208,819(원)

02 보험과 연금

최후까지 살아남는 사람들은 가장 힘이 센 사람이나 영리한 사람들이 아니라, 변화에 가장 민감한 사람들이다.

– 찰스 다윈 Charles Darwin
(1809~1882, 영국 생물학자)

우리가 일상생활을 해 가는 중에 예기치 않은 질병이나 사고를 당하여 갑자기 매우 많은 돈이 필요한 경우가 있을 수 있다. 이와 같은 경우를 대비하여 평소에 일정 금액을 적립하여 기금을 마련해 둠으로써 필요한 돈을 사용할 수 있게 하거나 수입능력이 없는 노후에도 일정 금액을 받을 수 있는 제도가 있다. 이 제도 중에서 대표적인 것으로 보험제도와 연금제도가 있다. 이 장에서는 보험제도와 연금제도에 대하여 알아보기로 한다.

1. 건강보험

질병이나 사고 등으로 인하여 과다한 의료비를 지출하게 되어 어려움을 당하는 경우가 있다. 이와 같은 경우를 대비하여, 국민이 소득에 따라 매월 일정 금액을 적립하여 그 기금으로 의료비의 일부를 국가가 지원하는 제도를 건강보험이라고 한다. 건강보험은 질병, 상해, 건강검진, 재활 및 예방의 범위까지 포함하는 국가가 전 국민을 대상으로 하는 포괄적인 의료보험제도이다.

건강보험에 대한 자세한 내용은 국민건강보험공단 홈페이지 http://www.nhic.or.kr에서 찾아볼 수 있다. 이 홈페이지에 2006년 7월 현재로 개재된 일부 내용을 요약하면 다음과 같다.

1) 건강보험의 대상

국내에 거주하는 모든 국민(4,740만 명; 국민의 97%) 이 대상이며, 직장가입자(58%)와 지역가입자(42%)로 나누어진다. 건강보험대상에서 제외된 사람(3%)은 국가로부터 보호를 받는 의료급여대상자이다.

2) 건강보험료 납부 방법

직장가입자는 보수의 4.48%를 직장과 본인이 50%씩 내고 지역가입자는 소득, 재산, 자동차, 가구원 수 (성, 연령) 등을 종합하여 점수로 만들어 부과하며 보험료의 일부를 정부에서 지원해 주는데, 국고에서 35%, 건강검진기금에서 15% 제공한다.

3) 건강보험료 적용

질병 등의 치료를 위해 병 · 위원에 입원할 경우 진료비의 80%를 건강보험에서 부담하고, 외래진료를 받을 경우 50~80%를 부담한다. 분만이나 사망의 경우도 그 비용을 현금으로 보조해 준다.

2. 자동차보험

자동차보험은 피보험자가 자동차사고로 인하여 자신이 입게 되는 신체 또는 재산상의 손해 뿐만 아니라 타인을 사상케 하거나 재산상의 손해를 끼쳐 배상 책임을 진 경우에 보험회사가 대신하여 보상하는 제도이다.

자동차보험에는 책임보험과 종합보험이 있는데 책임보험은 모든 차량이 의무적으로 가입하여야 하는 것으로서, 보상한도 (사망 3,000만원, 부상 및 후유장애 1,000만원)에서 실제 손해액을 보상해 준다. 종합보험은 책임보험을 초과하는 손해를 보상하는 보험으로 그 종류는 다음과 같다.

대인배상 I	자동차 사고로 타인을 사망 또는 다치게 하였을 경우 보상한다. 책임보험이라고도 한다.
대인배상 II	대인배상 I (책임보험)의 초과부분을 보상한다.
대물배상	자동차 사고로 남의 차량이나 물건을 파손시킨 경우 보상한다.
자기신체사고	자동차 사고로 운전자 본인과 가족이 사상하였을 경우 보상한다.
자기차량손해	자기 차량이 파손, 도난당한 경우 보상한다.
무보험차 상해	뺑소니차, 무보험 차량에 의해 생긴 사고로 피보험자가 사상하였을 때 보상한다.

자동차 보험을 계약한 사람이 보험회사에 납입하는 요금을 자동차보험료라고 한다. 피보험자가 실제로 납입하여야 할 보험료를 적용보험료라고 하는데, 그 산출 방식의 원칙은 다음과 같다.

대인배상 I : (기본보험료) × (가입자 특성률) × (할인할증률)
그 외 : (기본보험료) × (가입자특성률) × (할인할증률)
× (특약요율) × (특별요율) × (전담보할인율)

적용보험료 산출식에 사용된 용어의 의미는 다음과 같다.

기본보험료 : 차량의 종류, 배기량, 용도 등에 따라 정해지는 보험료
가입자 특성률 : 보험가입경력에 따라 달리 적용되는 요율
할인할증률 : 과거의 사고 경력이나 손해의 정도에 따라 할인 또는 할

증되는 요율

특약요율 : 운전자의 연령 또는 가족 범위를 한정할 때 적용되는 요율

특별요율 : 사용용도나 구조에 따라 적용되는 요율

전담보 할인 : 모든 종류의 담보에 가입하였을 때 보험료의 5%를 할인
하는 것

문제 9 · 3

자기가 선호하는 자동차 보험회사의 홈페이지를 이용하여 자기에게 해당하는 적용보험료를 계산하여 보아라.

[자동차 사고시의 배상액 계산]

1) 상실수익계산법

자동차 사고 시 피해자가 사망한 경우의 대인배상액은 (상실수익액) + (위자료) + (장례비)로 계산한다. 상실수익액이란 피해자가 사망 또는 후유장애를 입지 않았을 경우 얻을 수 있는 수익을 일시금으로 받을 수 있는 금액을 말한다. 이것을 계산하는 방법에는 단리법을 적용하는 호프만식 계산법과 복리법을 적용하는 라이프니츠식 계산법이 있다. 상실수익계산법은 사망한 경우와 후유장애를 입어 정상적인 소득활동을 할 수 없는 경우에 적용한다.

예를 들면, 월 실제 소득액 (소득액 – 생활비)을 A, 취업가능 월수를 n, 월이율을 i라 하면 일시금으로 받을 수 있는 상실수익액 P는 다음과 같다.

호프만식 계산법 :

$$P = A \times (\text{호프만 계수})$$

$$= A\left(\frac{1}{1+i} + \frac{1}{1+2i} + \cdots + \frac{1}{1+ni}\right)$$

라이프니츠식 계산법 :

$$P = A \times (\text{라이프니츠 계수})$$
$$= A\left(\frac{1}{1+i} + \frac{1}{(1+i)^2} + \cdots + \frac{1}{(1+i)^n}\right)$$

문제 9 · 4

교통사고로 50세인 어떤 사람이 사망하였다고 하자. 이 사람의 월 평균 수입액은 200만원, 월 생활비는 100만원, 장래 취업가능 월수는 120개월이라고 한다. 이 사람의 사망 보험금은 얼마인가?

(단, 법정이율은 월 5/12%. 장례비는 200만원, 위자료는 1,000만원이고 라이프니츠식으로 계산한다.)

2) 상해 보상

상해의 경우 보상 내용은 상해 급별 보험가입 금액 한도 내에서 치료비와 위자료, 휴업손해 및 기타의 손해배상금을 보상한다. 휴업손해는 부상으로 인하여 휴업함으로써 수입의 감소가 있는 경우에 한하여 감소액의 80%를 보상한다.

3. 생명보험

생명보험이란 일생을 살아가는데 있어서 갑자기 질병 또는 사고로 사망하거나 많은 치료비를 필요로 하는 경우가 있다. 이를 대비하여 여러 가지 종류의 보험이 시행되고 있는데, 그 유형은 생존보험, 사망보험, 양노보험으로 나누어 볼 수 있다.

생명보험의 보험료를 계산하기 위해서는 다음의 3 요소가 필요하다.

- 사망발생의 확률을 가정하여야 한다. 생명표가 나타내는 사망률을 예정사망률이라고한다.
- 장기에 걸친 이자율을 고려하여야 한다. 보험료 계산 시 주어진 이자율을 예정이자율이라고 한다.
- 보험제도의 운영에 필요한 경비를 고려하여야 한다. 경비는 보험료의 일정비율로 정해지는데 이를 예정사업비율이라고 한다.

1) 생존보험

생존보험이란 피보험자가 일정기간을 생존한 경우에 보험금이 지급되는 보험이다. x년에 보험에 가입한 사람이 n년을 생존하는 경우에 보험금 1원을 지급하는 보험의 일시납순보험료 ${}_nE_x$를 구하는 방법을 알아보자.

x세의 사람들 l_x명이 동시에 보험금 1원의 생존보험에 가입하였다고 가정하면 n년 후의 생존자 수는 l_{x+n}이다. 따라서 n년 후에 필요한 금액은 l_{x+n}이며, 이 지출의 현가를 $v^n l_{x+n}$이라고 하면, x시점에서 수입되는 보험료의 총액은 $l_x \cdot {}_nE_x$이므로 다음 식이 성립한다.

$$l_x \cdot {}_nE_x = v^n l_{x+n}$$

따라서, $${}_nE_x = \frac{v^{x+n} l_{x+n}}{v^x l_x}$$

위의 식에서 $D_x = v^x l_x$라 하면

$${}_nE_x = \frac{D_{x+n}}{D_x}$$

이 성립한다.

보험을 계산하는 자료집의 표 중에는 D_x를 구하는 표가 있다. 따라서 실제로 보험료를 계산할 때는 이 표를 이용하게 된다.

예제 9.6

30세의 피보험자가 10년 후에 1억원을 지급받는 생존보험에 가입할 경우 일시에 납부해야할 보험료를 구하라. 이자율은 7.5%로 한다. (단, 이자율 7.5%에 대한 $D_{30}=1090572.2$, $D_{40}=515980.0$, 원 단위 이하는 올림)

풀이

$$\begin{aligned}\text{보험료} &= 100{,}000{,}000 \times {}_{10}E_{30} \\ &= 100{,}000{,}000 \times \frac{D_{40}}{D_{30}} \\ &= 100{,}000{,}000 \times \frac{515980.0}{1090572.2} \\ &= 47{,}312{,}778(\text{원})\end{aligned}$$

문제 9·5

30세의 피보험자가 20년 후까지 생존하여 1억 원의 보험금을 받으려면 일시에 납부해야할 보험료를 구하라. 이자율은 7.5%로 하며 $D_{30}=1090572.2$, $D_{50}=234097.7$이다. 원 단위 이하는 올림한다.

2) 사망보험

사망보험이란 피보험자가 정해진 기간 안에 사망하였을 경우에 지급되는 정기보험과 피보험자의 사망의 시기를 일정기간에 한정하지 않고 어느 때 사망하더라도 그 때에 지급하는 종신보험이 있다.

사망보험금시 납부해야할 보험료를 구하는 방법을 알아보자.

먼저, 어느 보험회사가 일정한 시점에서 x세가 된 사람 l_x명에게 n년 후에 1원의 보험금을 지급하는 정기보험을 판매하였다고 하자. 이 사람들 중 1년 안에 죽을 사람의 수를 d_x라 하면 1년 말에 지급할 보험금은 d_x원이다. 이 돈의 현가를 vd_x라 하자. 두 번째 해에 사망할 사람의 수를 d_{x+1}이라 하면 이 돈의 현가는 $v^2 d_{x+1}$, 세 번째 해의 사망자 수를 d_{x+2}라 하면 이 돈의 현가는 $v^3 d_{x+2}$가 된다.

따라서 이 보험에 가입하기 위한 보험료는 이 현가들의 합인

$$vd_x + v^2 d_{x+1} + v^3 d_{x+2} + \cdots + v^n d_{x+n-1}$$

이다. 생명표에는 위의 각 항의 값을 간단히 계산할 수 있도록 공식

$$A_{\underset{x}{1}:n} = \frac{M_x - M_{x+n}}{D_x}$$

와 M_x, D_x를 제시하고 있다. 또한 $A_{\underset{x}{1}:n}$의 값도 계산하여 제시하고 있다.

이제, x세인 피보험자가 보험금 1원인 종신보험에 가입할 경우의 보험료를 구하는 방법을 알아보자. 이때 일시납순보험료를 A_x라 하면

$$l_x \cdot A_x = vd_x + v^2 d_{x+1} + v^3 d_{x+2} + \cdots$$

를 만족하는 A_x를 구하면 된다.

보험금표에는 A_x를 구하는 간단한 공식

$A_x = \dfrac{M_x}{D_x}$ 와 A_x, M_x, D_x를 제시하고 있다.

사망보험금의 계산은 사망률을 구하기 위한 생명표와 이자율을 이용하여 계산할 수 있으며, 일반적으로 이미 만들어진 표를 이용하여 보험금을 계산한다.

50세 남자인 피보험자가 보험금 연말급, 보험금 100만원의 3년짜리 정기보험에 가입할 경우의 일시납순보험료를 구하라. 단, 이율은 연이율 7.5%로 한다.

풀이

보험금 1원에 대한 3년 정기보험은 수표에 의하여 $A_{\frac{1}{50}:3}=0.0306221$이므로, 구하는 보험료는

$$1{,}000{,}000 \times 0.0306221 = 306{,}221(\text{원})$$

답 : 306,221원

예제 9.8

30세의 남자가 연말급인 종신보험을 가입할 경우 일시납순보험료가 200만원일 때, 사망보험금을 구하라. 단, 연이율은 7.5%, 보험금의 원 미만은 버림, $1{,}000A_{30}=95.1236$이다.

풀이

보험금 1원에 대한 순보험료는 A_{30}이므로, 사망보험금을 R라 하면

$$RA_{30}=2{,}000{,}000$$

따라서, $R=2{,}000{,}000 \div A_{30}$

$=2{,}000{,}000 \div 0.0951236$

$=21{,}025{,}200(\text{원})$

답 : 21,025,200원

4. 생명연금

피보험자가 생존하는 한 정해진 금액의 연금을 지급하는 것을 종신연금이라고 하며, 정해진 기간 동안만 연금이 지급되는 것을 정기생명연금이라고 한다. 일반적으로 연금이라고 하면 종신연금을 의미한다.

종신연금을 구하는 방법을 알아보자. 연령이 x인 l_x명이 매년 말에 1원을 지급받을 수 있는 종신연금의 기금을 만든다고 하자. $x+1$, $x+2$, $x+3$...인 시점에서 생존자 수 l_{x+1}, l_{x+2}, l_{x+3}…만큼의 금액을 지불하여야 한다. 따라서 이 연금을 지급하기 위한 연금의 기금은 이 금액들의 현가를 합한

$$vl_{x+1}+v^2l_{x+2}+v^3l_{x+3}+\cdots+v^{w-x-1}l_{w-1}(\text{단, } l_w=0)$$

이다. 따라서 나이가 x인 사람의 일시납순보험료를 a_x라 하면

$$l_xa_x=vl_{x+1}+v^2l_{x+2}+v^3l_{x+3}+\cdots+v^{w-x-1}l_{w-1}$$

$$a_x=\frac{vl_{x+1}+v^2l_{x+2}+v^3l_{x+3}+\cdots+v^{w-x-1}l_{w-1}}{l_x}$$ 이다.

생명보험표에 a_x의 값을 계산한 것이 있어서 이를 편리하게 이용할 수 있다.

예제 9.9

30세 남자가 종신연금으로 매년 100만원씩 종신연금을 받으려고 한다. 일시납순보험료를 구하라. 단, 이자율은 7.5%, $a_{30}=11.96989$이다.

풀이

연금 1원에 대한 일시납순보험료가

$$a_x=11.96989$$

이므로, 구하는 일시납순보험료는

$$1{,}000{,}000\times 11.96989=11{,}969{,}890(\text{원})$$

답 : 11,969,890원

03 전자 금융

가장 만족스러웠던 날을 생각해 보라. 그날은 아무것도 하지 않고 편히 쉬기만 한 날이 아니라, 할 일이 태산이었는데도 결국은 그것을 모두 해낸 날이다.

– 마거릿 대처 Margaret Thatcher
(1925~, 영국 정치가)

IT기술의 발달 및 초고속 인터넷망의 보급으로 종이문서가 전자문서로 대체되고 부동산 거래, 금융거래 등 중요한 계약을 비롯해 일상적인 업무까지 대부분의 업무처리가 사이버 공간에서 이루어지고 있다. 그러나 인터넷을 통한 전자거래는 신속하고 편리하다는 장점 이면에 비대면으로 이루어지기 때문에 여러 가지 문제가 발생할 수 있다.

상대방의 신원 및 거래의사를 확인하기 어렵고 전자문서의 위변조 및 부정사용이 가능하며, 문서작성 사실 입증과 전송내용의 비밀유지가 곤란할 수 있다. 이와 같은 문제점을 해소하기 위해 인터넷상에서 이용자 자신이 정당한 본인임을 증명할 수 있는 인감증명서가 필요한데, 종이기반의 인감증명서를 전자적으로 구현하여 인터넷상에도 사용할 수 있도록 한 것을 인증서라고 하며, 국가에서 공인한 5개의 인증기관이 발급하는 인증서를 공인인증서라고 한다.

공인인증서는 가입자의 전자서명 검증키, 일련번호, 소유자이름, 유효기간 등의 정보를 포함하고 있어 공인인증서를 사용하면 거래 당사자의 신원 확인은 물론 문서의 위변조 방지, 거래사실의 부인 방지 등의 기능을 가지기 때문에 안전한 거래를 보장할 수 있는 보안장치다.

전자금융에서 공인인증서에 포함되는 전자서명(digital signature)의 원리를 알아보자.

전자서명이란 전자적으로 구현된 인감이며 공개키 암호방식을 이용한 전자서명 생성키(개인키)와 전자서명 검증키(공개키)로 구성된다.

공개키 암호방식을 이용한 전자서명 방식은 가입자 전원이 개인키와 공개키를 생성하여 개인키는 비밀리에 보관하고, 공개키는 공개목록에 등록한다.

서명자는 자신의 개인키로 서명문 M의 서명 S를 생성하여 서명문 M과 함께 검증자에게 전송한다. 검증자는 서명자를 확인하고, 공개목록의 공개키를 이용하여 서명자의 서명을 확인한다. RSA 암호방식을 이용한 전자서명 방식은 아래 그림과 같다.

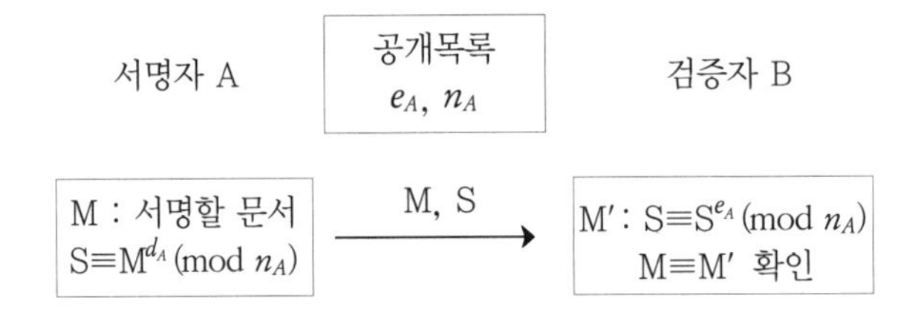

서명 과정을 살펴보자.

개인키 d 에 대하여, 서명=문서^d (mod m)

서명자 A는 서명 $S=M^{d_A} \pmod{n_A}$을 계산하여 문서 M과 함께 검증자 B에게 전송한다.

검증 과정을 알아보자.

공개키 e, n에 대하여, 서명으로부터 얻어진 문서=서명^e (mod n)

검증자 B는 서명자 A의 문서 M과 서명 S를 받은 다음, 공개목록의 서명자 A의 공개키 (e_A, n_A)로 검증을 하게 된다. 수신한 문서 M과 수신한 서명 S로부터 $M' \equiv S^{e_A} \pmod{n_A}$를 계산한 다음 M와 M′을 비교하여 서로 같으면 문서 M과 서명 S의 정당성이 확인된다. 만일 서로 다르면 문서 M이 전송 중에 변경 되었거나 서명의 정당성에 이상이 있는 것으로 보고 이 서명 절차를 유효하지 않은 것으로 단정한다.

예제 9.10

공개키 $e_A=7$, $n_A=55$이고 개인키 $d_A=23$인 RSA 암호방식을 이용하여 문서 M=5에 대해 전자서명을 작성하고 검증해보자.

풀이

서명의 작성은 비밀키 23을 사용하여 $S \equiv M^{d_A} \pmod{n_A} \equiv 5^{23} \pmod{55} \equiv 15 \pmod{55}$ 이므로 서명은 15가 된다.

수신자에게 문서와 서명, 즉 (5, 15)을 보낸다.

서명의 검증에서 수신자는 공개키 (7, 55)를 사용하여

$M' \equiv S^{e_A} \pmod{n_A} \equiv 15^7 \pmod{55} \equiv 5 \pmod{55}$를 계산한다.

$M=M'=5$이므로 서명이 검증되었다.

이 과정을 그림으로 나타내면 다음과 같다.

서명자 A	공개목록 $e_A=7$, $n_A=55$	검증자 B
서명문 M=7 서명$S \equiv M^{d_A} \pmod{n_A}$ $\equiv 5^{23} \pmod{55}$ $\equiv 15 \pmod{55}$	M=5, S=15 ⟶	M=5 $M' \equiv S^{e_A} \pmod{n_A}$ $\equiv 5^7 \pmod{55}$ $\equiv 5 \pmod{55}$ $M \equiv M'$ 확인

문제 9.6

RSA 암호방식을 사용한 전자서명의 작성과 검증을 해보라.

(단, 공개키 $e=5$, $n=323$, 개인키 $d=29$)

EXERCISE

아홉째 날 연습문제

01 2,000만원을 은행에 2년 동안 예금하였다. 연이율 4.5% 단리로 계산한다. 다음에 답하라.

(1) 월단위로 계산할 경우의 원리합계를 구하라.

(2) 연단위로 계산할 경우의 원리합계를 구하라.

(3) 위의 두 방법 중 어느 것이 더 이익인지 조사하라.

02 5,000만 원을 은행에 예금하고 연이율 5% 복리로 5년간 예금하였다. 다음에 답하라.

(1) 기간을 연단위로 계산할 경우의 원리합계를 구하라.

(2) 기간을 월단위로 계산할 경우의 원리합계를 구하라.

(3) 기간을 일단위로 계산할 경우의 원리합계를 구하라.

(4) 위의 세 방법 중 어느 것이 더 이익인지 조사하라.

03 상호는 대학원 진학 입학금을 준비하기 위하여 매월 말에 20만원씩 은행에 연이율 5% 복리로 4년 동안 적립하기로 하였다. 만기일의 적립금총액을 구하라.

04 200만 원짜리의 가전제품을 10개월 할부로 상환하려고 한다. 매월 초에 월이율 1% 복리로 상환할 때, 월부금을 구하라.

05 백화점에서 80만 원짜리 프린터를 사고 4개월 할부 조건으로 신용카드로 구입하였다. 카드결제 대금표를 만들어라. 단, 카드결제일은 매월 21일이고 할부 수수료는 연 15%이다. 단, 할부금의 원 미만은 올림으로, 수수료의 원 미만은 버림으로 계산한다.

06 직장에서 연봉이 5,000만원인 사람이 매월 지불할 건강보험료를 구하라.

07 현행 우리나라 건강보험 제도의 특징을 다른 나라의 건강보험제도 비교하여 보고, 개선할 점이 있는지 토론하라.

08 아버지의 자동차 기준보험료는 168,250원, 연령특약률 70%, 가입자 특성요율 99.7%, 2년 전 사고로 인한 할인할증률 80%, 전담보할인율 95%라고 한다. 책임보험의 보험료를 구하라.

09 철호는 교통사고로 10일간 병원에 입원한 후 퇴원하였다. 그의 1일 수입감소액은 5만원이고, 5일간의 치료비는 100만원이었다. 철호가 받을 상해보험금은 얼마인가?

10 어떤 사람이 자동차사고로 사망하였다. 보상금 지급을 위한 상실수익액을 계산하라. 단, 이 사람의 월 현실수입액 300만원, 월 생활비 100만원, 장래 취업가능 월수 50개월, 법정 월이율 5/12%, 50개월 라이프니츠 계수는 45.0509이라고 한다.

11 30세의 피보험자가 10년 후에 2억 원을 지급받는 생존보험에 가입할 경우 일시에 납부해야할 보험료를 구하라. 이자율은 7.5%로 한다. (단, 이자율 7.5%에 대한 D_{30}=1090572.2, D_{40}=515980.0 이다. 원 단위 이하는 올림)

12 30세의 남자가 연말급인 종신사망보험을 가입할 경우 일시납순보험료가 1,000만원일 때, 사망보험금을 구하라. 단, 연이율은 7.5%, 보험금의 원 미만은 버림, 1,000A_{30}=95.1236이다.

13 30세 남자가 종신연금으로 매년 200만원씩 종신연금을 받으려고 한다. 일시납순보험료를 구하라. 단, 이자율은 7.5%이며, a_{30}=11.96989 이다.

14 RSA 암호방식을 사용한 전자서명의 작성과 검증을 하라.

공개키: e=77, n=143　개인키: d=53　문서: M=123

쉼

아름다운 곡선 사이클로이드(Cycloid)

요즘 자전거 중에는 바퀴에 야광물질을 부착하여 밤에 움직일 때마다 화려한 무늬를 만드는 것이 있다고 한다. 만일 바퀴에 야광물질을 하나만 부착한다면 이 물질이 만드는 무늬는 어떤 것일까? 야광물질은 다음과 같은 곡선을 만드는 데 이 곡선을 사이클로이드라고 한다.

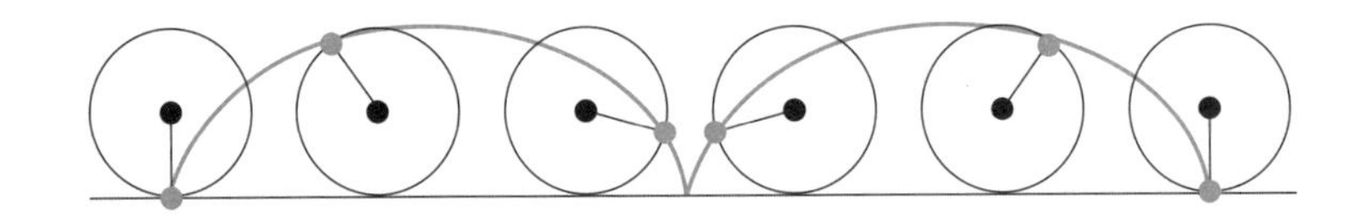

사이클로이드는 한 원이 직선 위를 미끄러지지 않고 구를 때 원둘레 위에 있는 한 점이 그리는 도형을 말한다. 이 사이클로이드와 관련해서는 오래 전에 연구된 문제가 하나 있다.

다음과 같이 금속으로 된 공을 A와 B를 잇는 미끈한 홈에서 굴린다고 하자. 이 때 공이 가장 짧은 시간 내에 바닥에 떨어지게 하려면 홈을 어떤 모양으로 만들어야 하겠는가?

이 문제는 얼핏 보기에 간단할 것처럼 보인다. 왜냐하면 A와 B를 잇는 가장 짧은 선이 직선이므로, 직선이 답일 것처럼 보이기 때문이다. 그러나 이 문제에 영향을 주는 요소에는 거리만 있는 것이 아니다. 무엇이 또 영향을 주는 걸까? 바로 속력이다. 직선으로 홈을 파면 거리는 짧아지지만 곡선에 비해 속력이 빨리 커지지 않는다. 그렇다고 출발지점을 너무 가파른 곡선으로 만들면 도착지점은 너무 완만해져 속력이 현

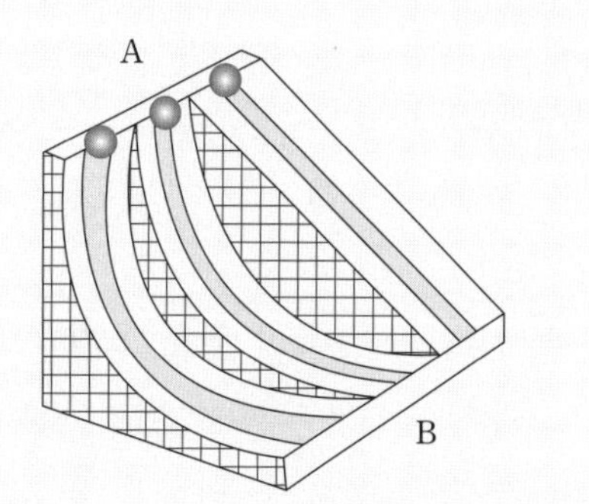

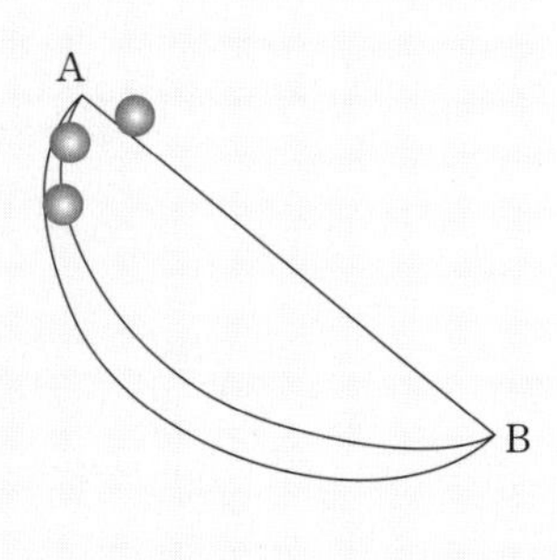

저히 줄어든다. 그렇다면 어떻게 만들어야 하는가? 이탈리아의 천문학자이자 물리학자인 갈릴레이가 이 문제를 생각하여 홈을 원호로 만들어야 한다고 주장했다. 50년 후인 1700년 전후로 스위스의 유명한 수학자 야곱 베르누이가 동생 요한 베르누이와 이 문제로 논쟁을 벌이다 다툼으로 번졌다고 하여 이 문제를 '기하학의 헬레네'(트로이 전쟁의 원인이 되었다는 미녀)라고 부른다. 베르누이 일가는 이 문제의 답이 바로 사이클로이드임을 밝혔다. 이 문제의 해답이 후에 변분학이라는 새로운 학문으로 발전하여 수학의 역사에 크게 공헌하였다고 한다.

이러한 사이클로이드의 성질은 현실에서도 많이 활용되고 있다. 풀장의 미끄럼틀도 놀이터에 있는 것과 같은 직선 형태가 아닌 사이클로이드 형태로 만들면 더 빨리 내려오기 때문에 더 큰 스릴을 맛볼 수 있다. 독수리는 먹이를 향해 낙하할 때도 사이클로이드 곡선 형태에 가깝게 낙하한다. 땅 위에 있는 들쥐나 토끼, 뱀 등 먹이를 잡을 때 직선이 아닌 최단시간이 소요되는 사이클로이드에 가까운 곡선을 그리며 목표물로 향하는 것이다. 또한 일반 새들도 몸체를 기준으로 날개 끝이 사이클로이드 형태의 타원궤적을 이루며 이로 인한 양력으로 전진하며, 물고기의 비늘에도 사이클로이드 곡선이 숨겨져 있다고 한다. 우리나라 전통 가옥의 기와 역시 사이클로이드 모양을 하고 있어 빗물이 나무 사이로 스며들지 않게 빨리 떨어지도록 만들었다고 한다. 우리 조상들의 수학실력 또한 다른 나라 못지 않았음을 알 수 있다.

홀수번호 연습문제 풀이

Mathematics Journey

chapter 01

3. 원뿔대의 옆넓이 $= \frac{(m+n)\mathrm{h}}{2}$

사다리꼴의 넓이 $= \frac{(m+n)\mathrm{h}}{2}$

5. 디오판투스의 나이를 x라 하고 그의 생애를 식으로 나타내면,

$\frac{1}{6}x+\frac{1}{12}x+\frac{1}{7}x+5+\frac{x}{2}+4=x$

이 식을 정리하면 $\frac{3}{28}x=9$

$\therefore \quad x=84$

답 : 디오판투스의 나이는 84세

9. 그림에서 사람까지의 거리를 x, 눈의 높이에서 그림의 밑부분을 바라보는 각의 크기를 β, 그림의 밑에서 그림의 위를 올려보는 각의 크기를 α라 하면,

$\tan(\alpha+\beta)=\frac{3}{x}$, $\tan\beta=\frac{1}{x}$

그런데, $\tan(\alpha+\beta)=\frac{\tan\alpha+\tan\beta}{1-\tan\alpha\ \tan\beta}$ $\quad\therefore\ \frac{3}{x}=\frac{\tan\alpha+\frac{1}{x}}{1-\frac{\tan\alpha}{x}}$

이 식에서 $\tan\alpha$가 최대가 되려면 $x=\sqrt{3}$

답 : $\sqrt{3}$ m

11. 45°

13. (1)

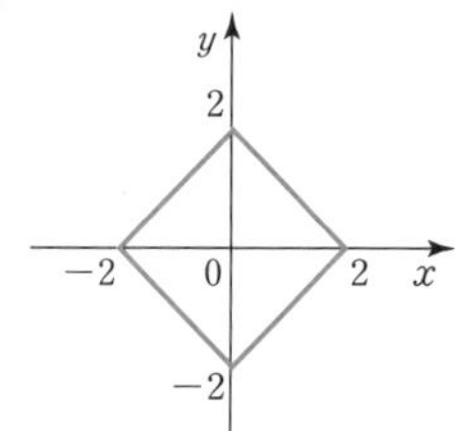

(2)

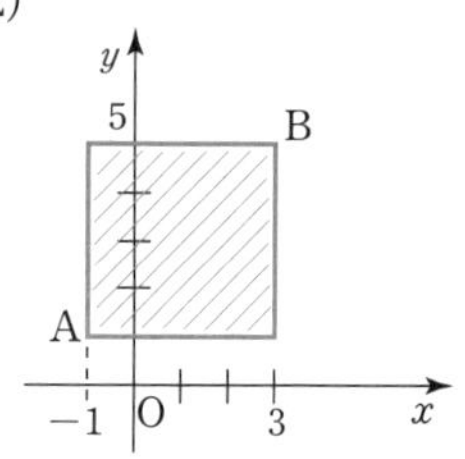

3. (1) 정삼각형에서는 $a=b=c$ 이므로 $s=\frac{3a}{2}$ 이다.

   따라서 넓이 $S=\sqrt{\frac{3a}{2}\cdot\frac{a}{2}\cdot\frac{a}{2}\cdot\frac{a}{2}}=\frac{\sqrt{3}}{4}a^2$

   (2) 직각삼각형의 빗변의 길이가 a, 나머지 두 변의 길이가 b, c이면

   $a^2=b^2+c^2$이 성립한다.

   이 때 넓이 $S=\sqrt{\frac{a+b+c}{2}\cdot\frac{b+c-a}{2}\cdot\frac{a+c-b}{2}\cdot\frac{a+b-c}{2}}$

   $=\frac{1}{4}\sqrt{\{(a+b)^2-c^2\}\{c^2-(a-b)^2\}}$

   $=\frac{1}{4}\sqrt{2(ab+b^2)(2ab-b^2)}$

   $=\frac{1}{4}\sqrt{4(a^2b^2-b^4)}$

   (3) 브라마굽타의 공식에서 $d=0$이면 헤론의 공식이 된다.

   따라서 브라마굽타의 공식의 특별한 경우가 헤론의 공식이다.

5. 마지막으로 남은 사탕의 개수부터 거꾸로 올라가면 다음표와 같다.

	A	B	C
마지막 남은 사탕 개수	n	n	n
(3) 이전 사탕 개수	$\frac{n}{2}$	$\frac{n}{2}$	$2n$
(2) 이전 사탕 개수	$\frac{n}{4}$	$\frac{7}{4}n$	n
(1) 이전 사탕 개수	$\frac{13}{8}n$	$\frac{7}{8}n$	$\frac{n}{2}$

∴ A, B, C는 처음에 각각 $\frac{13}{8}n$, $\frac{7}{8}n$, $\frac{n}{2}$개의 사탕을 가지고 있었다.

※ 이 문제를 처음 개수부터 식을 세우면 다음과 같다.

	A	B	C
처음 사탕 개수	a	b	c
(1) 이후 사탕 개수	$a-b-c$	$2b$	$2c$
(2) 이후 사탕 개수	$2(a-b-c)$	$2b-(a-b-c)-2c$ $=-a+3b-c$	$4c$
(3) 이후 사탕 개수	$4(a-b-c)$	$2(-a+3b-c)$	$4c-2(a-b-c)$ $-(-a+3b-c)$ $=-a-b+7c$

남은 사탕의 개수가 같으므로

$$\begin{cases} 4(a-b-c)=2(-a+3b-c) \\ 2(-a+3b-c)=-a-b+7c \end{cases}$$

$$\begin{cases} 3a-5b-c=0 \\ a-7b+9c=0 \end{cases}$$

$$\therefore\ b=\frac{7}{13}a,\ \ c=\frac{4}{13}a$$

$$(\text{남은 사탕 개수})=n=4(a-b-c)=4\left(a-\frac{7}{13}a-\frac{4}{13}a\right)=\frac{8}{13}a$$

$$\therefore\ a=\frac{13}{8}n,\ \ b=\frac{7}{8}n,\ c=\frac{n}{2}$$

7.

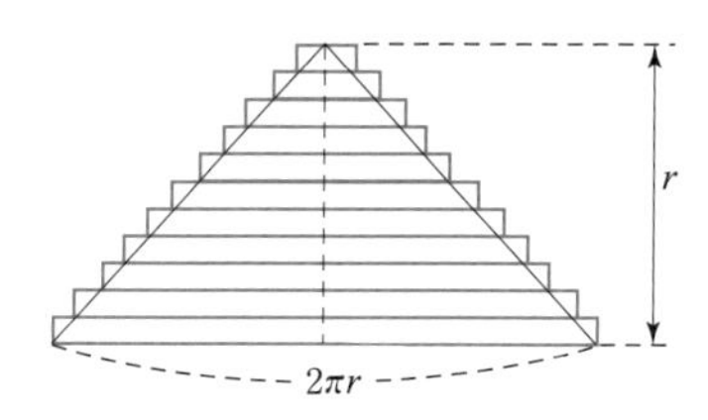

$$(\text{얇은 밧줄로 만들어진 삼각형의 넓이})=\frac{1}{2}\times 2\pi r\times r=\pi r^2$$

9. 직선 $y=2x+100$에서 400km 떨어진 지역을 하나 잡는다. 이 지역에 태풍이 처음 영향을 미치는 순간부터 태풍이 마지막으로 영향을 미치는 순간까지 원을 그리면 오른쪽 그림과 같다. 따라서 태풍이 600km를 진행하는 동안 그 지역에 계속 영향을 주므로 태풍 영향권에 들어 있는 시간은

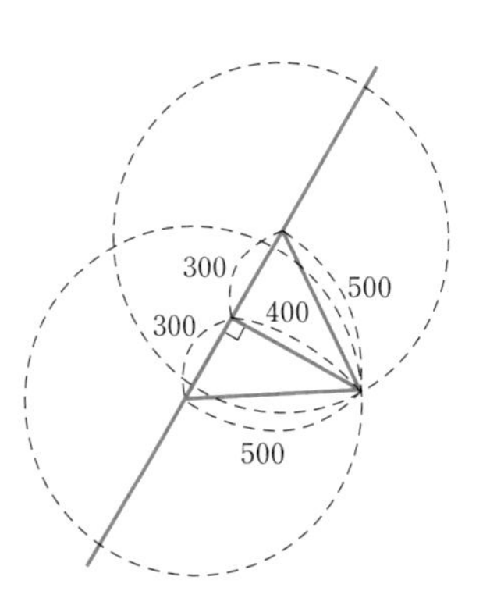

$$\frac{600\text{km}}{40(\text{km/h})}=15\text{시간}$$

11. (1)

(단위 : 천 원)

회선수	1	2	3	4	5	6	7	8	9	10	11
수입	6	12	18	24	30	36	42	48	54	60	66
유지비	3	5	8	12	17	23	30	38	47	57	68

회선수가 11개 이상이면 손해가 발생한다.

답 : 11회선 이상

(2) 회선 수가 n일 때

수입 $=6\times10^3n$

유지비 $=[3+(2+3+4+\cdots+n)]\times10^3=\left(2+\frac{n(n+1)}{2}\right)\times10^3$

손실이 발생하려면 '수입<유지비'가 되어야 하므로

$6\times10^3n<\left(2+\frac{n(n+1)}{2}\right)\times10^3$

$n^2-11n>-4$, $n(n-11)>-4$이므로

n이 11이상이면 부등식이 성립한다.

13. 특수화 전략을 사용하여 구가 △ABC에 내접하는 원이라 하자.

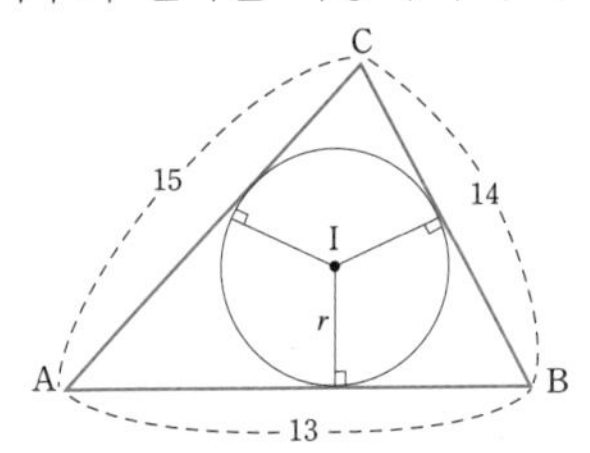

내접원의 중심을 I, 반지름을 r이라하고 헤론의 공식을 이용하면

$$\triangle ABC = \frac{(a+b+c)r}{2} = \sqrt{21(21-13)(21-14)(21-15)}$$

$$\frac{(13+14+15)}{2} \times r = 84 \qquad \therefore \quad r=4$$

구와 접선 AB가 만나는 점을 H라 하면 △OIH에서

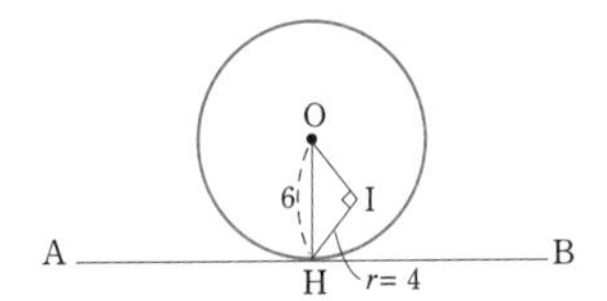

(구하는 거리) $= \overline{OI} = \sqrt{6^2-4^2} = \sqrt{20} = 2\sqrt{5}$

15. A를 지나고 B와 C를 지나는 직선을 하나 그어보면, B와 C에서 직선까지의 거리는 수직거리이므로 오른쪽과 같이 그려진다.

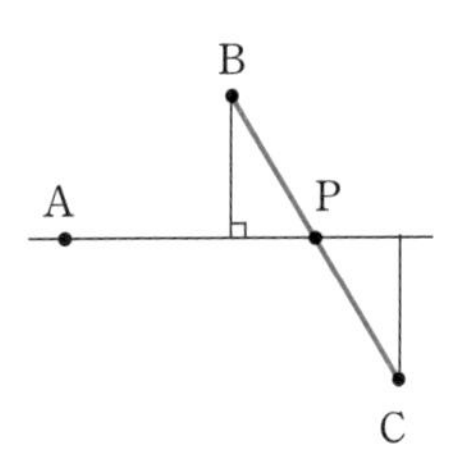

직각 삼각형의 닮음의 성질에 의하여 B와 C에서 직선까지의 거리의 비는 BP : CP와 같다.

따라서, 점 A를 통과하는 직선이 선분 BC의 중점을 지나면 B와 C에서의 거리가 같게 된다.

구하는 방법은 선분BC의 중점을 작도한 후 점 A와 잇는 직선을 작도하는 것이다.

17. (1) 41312432 (23421314)

(2)

n	수열의 수	n	수열의 수
1	0	11	17,792
2	0	12	108,114
3	1	13	0
4	1	14	0
5	0	15	39,809,640
6	0	16	326,721,800
7	26	17	0
8	150	18	0
9	0	19	256,814,891,280
10	0	20	?

chapter 03

3. (1) $\sim p \wedge q$ (2) $\sim p \wedge \sim q$

(3) $p \wedge q$ (4) $p \rightarrow q$

7. (1) $\sim p \vee q$ (2) $p \vee q$

9. 항진명제 : (3), (4)

모순명제 : (1), (2), (5)

11. (1) 역 : $\sim q \rightarrow p$, 이 : $\sim p \rightarrow q$, 대우 : $q \rightarrow \sim p$

(2) 역 : $\sim q \rightarrow \sim p$, 이 : $p \rightarrow q$, 대우 : $q \rightarrow p$

13. 사람을 x, '어리석은 사람이다'를 $P(x)$라 하면

(1) $\forall x[P(x)]$, $\sim(\forall x[P(x)]) \equiv \exists x[\sim P(x)]$

(2) $\forall x[\sim P(x)]$, $\sim(\forall x[\sim P(x)]) \equiv \exists x[P(x)]$

15. (1) p : 친구가 생일이다.

q : 친구에게 선물을 준다.

r : 수업이 늦게 끝났다.

라 하면 각 전제는 $p \to q$, $p \vee r$, $\sim q$이며 결론은 r이다. 이 경우 $p \to q$, $p \vee r$과 $\sim q$가 모두 참일 때 결론 r이 참이므로 이 추론 타당하다.

(2) 유사한 방법으로 풀면, 주어진 추론은 오류이다.

17. 주어진 명제의 대우는 $-1 \le x \le 1$이면 $|x| \le 1$이다.

위 식에서 $0 \le x \le 1$일 때 $|x| = x \le 1$

$-1 \le x \le 0$일 때 $|x| = -x \le 1$이다.

따라서 주어진 명제의 대우가 참이므로 주어진 명제도 참이다.

chapter 04

1. 넓이를 나타내는 식을 변형하면 $\frac{1}{2}b(a+b)$이다. 이것은 밑변의 길이가 a, 윗변의 길이가 b, 높이가 b인 사다리꼴의 넓이이다. 따라서 주어진 공식은 사다리꼴로 활꼴의 넓이를 근사시킨 것이다.

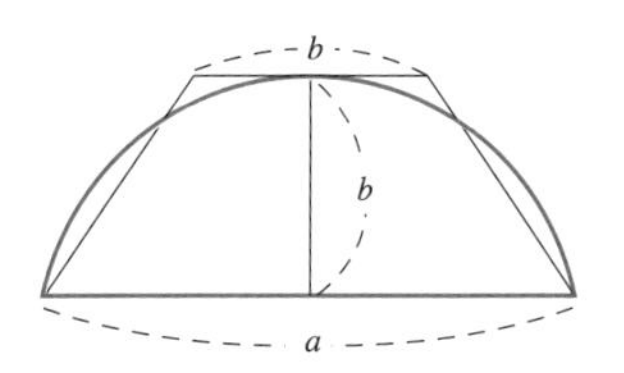

2.

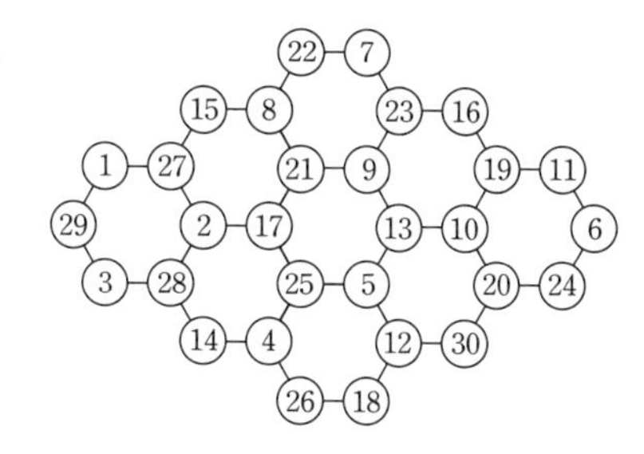

3. (1) 甲, 乙, 丙, 丁, 戊, 己, 庚, 辛, 壬, 癸를 점 A, B, C, D, E, F, G, H, I, J라 하고, 子, 丑을 점 P, Q라 하자. □AB를 A와 B를 대각선의 양끝점으로 하는 직사각형이라 하면

□HJ = □HI+□CI+□CJ

= □AP+□CI+□CQ

= 2(△ADB+△BDC+△ADC)

= 2△ABC

□HJ = (AB+BC+AC)×DF 이고,

2 △ABC=2×(직각 삼각형의 넓이)=AB×BC 이다.

이 때, DF가 직각삼각형의 내접원의 반지름이므로

(지름)= $\dfrac{2\times \text{AB}\times \text{BC}}{\text{AB}+\text{BC}+\text{AC}}\left(=\dfrac{2ab}{a+b+c}\right)$

(2) 甲,乙,丙,丁,戊,己,庚를 점 A, B, C, D, E, F, G라 하면,

AB+BC−AC

=(AG+BG)+(BF+CF)−(AE+CE)

=(AG−AE)+(CF−CE)+(BG+BF)

=BG+BF

이 때, BG=BF=(내접원의 반지름) 이므로

(지름)=AB+BC−AC (=$a+b-c$)

4. 두 물건 중에서 비싼 물건의 개수를 x라 하면, 싼 물건의 개수는 $m-x$이다.

총액 $p=ax+b(m-x)$ ⋯ ①

① 에서 $(m-x)=\dfrac{p-ax}{b}$ ⋯ ② 이고,

①을 변형하면 $p=ax+bm-bx$ 에서 ⋯ ③

③을 ②에 대입하면 $m-x=\dfrac{p-a\dfrac{p-bm}{a-b}}{b}=\dfrac{p(a-b)-a(p-bm)}{b(a-b)}=\dfrac{am-p}{a-b}$

* 이 공식을 닭과 토끼 문제에 적용하려면 단가를 다리 수라 하면 된다.
  다리 수가 적은 닭은
  $\dfrac{\text{(많은 다리 수)}\times\text{(총 마리 수)}-\text{(총 다리 수)}}{\text{두 다리 수의 차}}=\dfrac{4\times100-272}{4-2}=64$
  (마리)이다.

5. (1) △甲丁戊와 △甲乙丙에서 $\left(\dfrac{x}{2}\right)^2+\text{甲丁}^2=x^2+\text{甲乙}^2$

   $\text{甲丁}^2-\text{甲乙}^2=x^2-\left(\dfrac{x}{2}\right)^2=0.75x^2$ ⋯ ①

   甲丁+甲乙=$2x$ 이므로 甲丁−甲乙= $0.375x$ ⋯ ②

   ①−② 2甲乙 = $1.625x$, 甲乙 = $0.8125x$

   $\text{甲丁}^2+\text{乙丙}^2=\text{甲丙}^2$, $(0.8125x)^2+x^2=20^2$, ∴ $x\fallingdotseq 15.5$

   (2) △甲戊己와 △庚戊丙은 닮음 (∠戊甲己=∠戊庚丙=원주각, ∠甲戊己=∠丙戊庚=90°)

   따라서 戊己:戊丙=4:3 이므로 戊丙=戊己×0.75=$0.375x$

   △甲丙丁에서 $\text{甲丙}^2+\text{甲丁}^2=\text{丙丁}^2$이므로 $(0.375x+2x)^2+x^2=40^2$에서 x의 값 얻음

3. 교차로를 꼭짓점으로, 도로를 변으로 하여 그래프를 그리면 그래프에서 차수가 홀수인 꼭짓점이 2개이므로 오일러 회로는 존재하지 않으나 한붓그리기는 가능하다. 따라서 우편배달부는 한 번 지나간 길을 다시 지나지 않고도 모든 길을 다니며 우편물을 배달할 수 있다.

5. 주어진 그래프의 각 꼭짓점을 A, B, C, D, E, F 라 하자. 먼저 꼭지점 F를 제외한 꼭짓점 D, E를 A, B, C와 변이 교차하지 않도록 그리면 평면은 3개의 면으로 분리된다. 따라서 꼭짓점 F가 어느 면에 위치하든지 꼭짓점 A, B, C와 연결하는 변 중에서 한 개가 다른 변과 교차하게 된다. 따라서 이들 각각을 연결하는 길은 겹치지 않게 만들 수 없다.

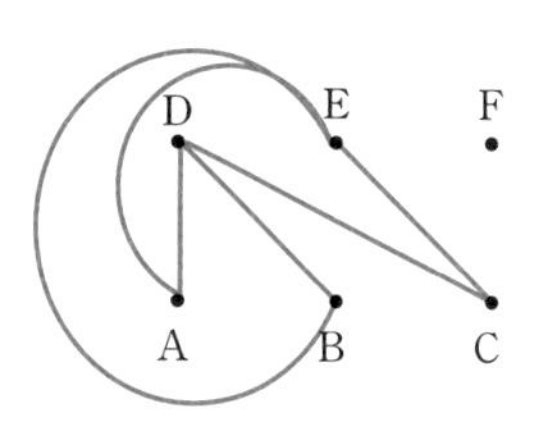

9. 각 과정을 꼭짓점으로, 선후 관계를 유향변으로 나타내면 (B C F) 경로가 임계경로임을 알 수 있다.

답 : 22일

11. 모든 방문 순서(6가지의 해밀턴회로)를 고려하여 가장 적은 교통비를 구하면 A–D–B–C–A: 42(천원)

15. (A B D), (A C E D), (A B C E D)

17.

chapter 06

1. A는 2점, B는 4점, C는 2점, D는 1점, E는 1점으로 당선자는 B후보이다.

3. A는 13점, B는 10점, C는 11점, D는 16점이므로 D안이 채택.

5. 각 주주 A, B, C가 찬성해서 통과된 안이 반대로 투표했을 경우 부결로 바뀌는 경우의 수는 각각 2, 2, 2가지 경우이다. 따라서 각 주주가 투표에 미치는 영향력은 모두 $\frac{1}{3}$ 이다.

7. 8개

9. 최소한 5번의 광고 시간이 필요.

11. B는 조각 3을, C는 조각 1을 크게 생각하므로 A는 조각 2, B는 조각 3, C는 조각 1을 나누어 가진다.

13. 이웃에서 소 한 마리를 빌려온 뒤 $18\times1/2=9$, $18\times1/3=6$, $18\times1/9=2$이므로 첫째 아들은 9마리, 둘째 아들은 6마리, 셋째 아들은 2마리를 갖는다.

15.

품목	무게(kg)	가치(점)	kg당 가치	누적 무게	누적 점수
휴대폰	0.3	5	16.67	0.3	5
비상약	0.4	3	7.5	0.7	8
음료수	1	4	4	1.7	12
식량	1.1	4	3.64	2.8	16
디지털카메라	0.6	2	3.33	3.4	18
세면도구	0.7	2	2.85	4.1	20
MP3	0.5	1	2	4.6	21
여벌 옷	2.3	4	1.74	6.9	25
책	0.8	1	1.25	7.7	26
침낭	3.4	3	0.88	11.1	29
취사도구	4.7	2	0.43	15.8	31

17. (1)

A	앞	앞	뒤	뒤
B	앞	앞	앞	뒤
확률	0	p	0	1−p
금액	50	−30	−40	20
(금액)·(확률)	0	−30p	0	20(1−p)

(기대금액)= 0+ (−40)+ 0+ 20(1−p)= 20−60p

이다. 위의 최대값은 p=0일 때, 30이므로 위의 게임을 반복할 때 A는 동전 앞면과 뒷면의 비율을 0:1로 하는 것이 가장 유리하며 게임을 한 번 할 때마다 20원을 얻게 된다.

4. (힌트 : 대각선BE를 그어 AD와 만나는 점을 F 라 하면 △AEF와 △DBF가 닮음임)

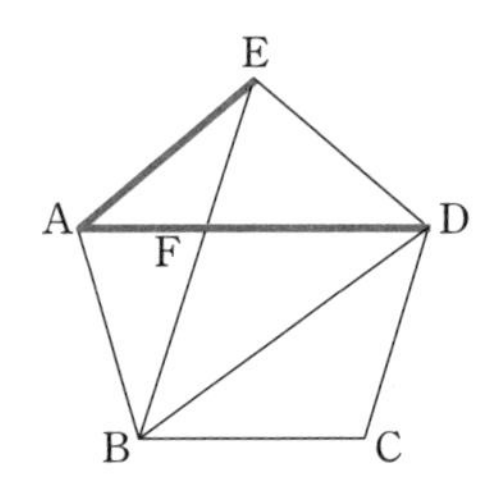

5. (증명) 피보나치 수열 $\{a_n\}$에서 $a_{n+2}=a_{n+1}+a_n$을

$(a_{n+2}-\alpha a_{n+1})=\beta(a_{n+1}-\alpha a_n)$ ——— (1)

의 꼴로 변형한다. 식을 전개하여 계수를 비교해 보면 α, β는 이차방정식 $x^2-x-1=0$의 두 근, 즉 $\frac{1\pm\sqrt{5}}{2}$이다. 어느 쪽을 α로 해도 상관없다. (사실 이 수들은 황금비이다. 피보나치 수열과 황금비는 매우 밀접한 관계에 있다.) 어쨌든 식 (1) 과 같이 변형한다. 그리고 $b_n=a_{n+1}-\alpha a_n$이라는 새로운 수열을 생각하면 식 (1) 은

$b_{n+1}=\beta b_n$

라는 것이므로 b_n은 등비수열이다. 따라서,

$b_n=\beta^{n-1}b_1$

즉, $a_{n+1}-\alpha a_n=\beta^{n-1}(a_2-\alpha a_1)$

그런데 $a_2=1$, $a_1=1$이므로

$a_{n+1}-\alpha a_n=\beta^{n-1}(1-\alpha)$

그런데, α, β는 이차방정식 $x^2-x-1=0$의 두 근이므로 $1-\alpha=\beta$이다. 따라서,

$a_{n+1}-\alpha a_n=\beta^n$

양변을 β^{n+1}로 나누면,

$$\frac{a_{n+1}}{\beta^{n+1}}-\frac{\alpha}{\beta}\frac{a_n}{\beta^n}=\frac{1}{\beta}$$

이제 $c_n=\frac{a_n}{\beta^n}$ 이라 하면 $c_{n+1}=\frac{\alpha}{\beta}c_n+\frac{1}{\beta}$이다.

위 식을 $(c_{n+1}-p)=\frac{\alpha}{\beta}(c_n-p)$의 꼴로 변형하면, $p=\frac{1}{\beta-\alpha}$이다.

이번에는 c_n-p가 등비수열이고, $c_n-p=\frac{\alpha^{n-1}}{\beta^{n-1}}(c_1-p)$

여기서 $c_n=\frac{a_n}{\beta^n}$, $p=\frac{1}{\beta-\alpha}$ 이므로

$$\frac{a_n}{\beta^n}-\frac{1}{\beta-\alpha}=\frac{\alpha^{n-1}}{\beta^{n-1}}\left(\frac{a_1}{\beta}-\frac{1}{\beta-\alpha}\right)$$

구하는 것은 a_n이므로 양변에 β^n을 곱하고 $a_1=1$을 대입하면

$$a_n-\frac{\beta^n}{\beta-\alpha}=\beta\alpha^{n-1}\left(\frac{1}{\beta}-\frac{1}{\beta-\alpha}\right)$$

$$a_n=\frac{\beta^n}{\beta-\alpha}+\alpha^{n-1}-\frac{\beta\alpha^{n-1}}{\beta-\alpha}$$

통분하여 정리하면

$$a_n=\frac{\beta^n-\alpha^n}{\beta-\alpha}$$

이식에서 α, β를 바꾸어도 관계없다.

정리하면, α, β가 이차방정식 $x^2-x-1=0$의 두 근일 때,

$$a_n=\frac{\beta^n-\alpha^n}{\beta-\alpha}$$

이것이 피보나치 수열의 일반항이다. α, β가 무리수이므로 각 항이 자연수가 된다는 것이 잘 믿어지지 않겠지만 실제로 계산해 보면 1, 1, 2, 3, 5, 8, … 가 된다.

7. (1) 파스칼 삼각형에서 특정한 사선에 포함된 수를 더하여 나열하면 피보나치 수열이 된다.

   (2) 주어진 성질에서 계수들을 살펴보면 파스칼 삼각형의 계수와 같다.

9. 정 n각형으로 테셀레이션을 하면 n각형이 모여 빈틈이 없어야 한다. 즉, 정 n각형이 자연수 개수만큼 모여 360°를 이루어야 한다. 예를 들어, 정5각형의 경우는 한 내각의 크기가 108°이므로 자연수 개수가 모여 360°를 이룰 수 없다.

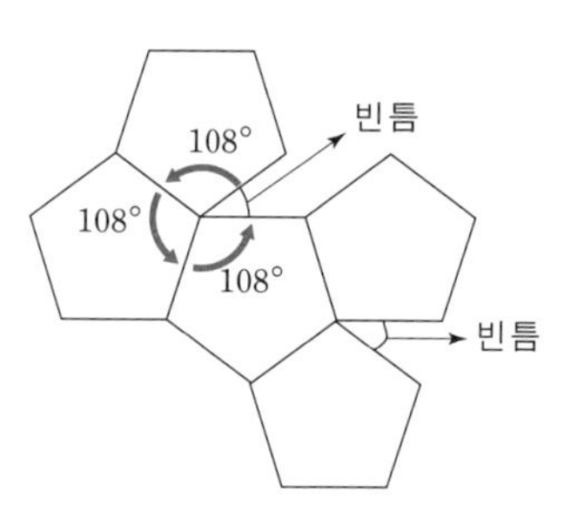

지금 정 n각형 d개가 한 점에 모여 테셀레이션이 되었다고 하자.

$$\frac{180°(n-2)}{n} \times d = 360°$$

$(n-2)d - 2n = 0$, $(n-2)d - 2(n-2) = 4$, $(n-2)(d-2) = 4$

$(n-2)$, $(d-2)$ 모두 자연수이므로,

$(n-2)$	$(d-2)$	n
1	4	3
2	2	4
4	1	6

따라서 테셀레이션이 가능한 정다각형은 정삼각형, 정사각형, 정육각형 3가지 뿐이다.

chapter 08

3. IT IS ONLY WITH THE HEART THAT ONE CAN SEE RIGHTLY WHAT IS ESSENTIAL IS INVISIBLE TO THE EYE.

5. 난 영재

7. 모두 옳다.

9. $\ldots -3 \equiv -1 \equiv 1 \equiv 3 \equiv 5 \equiv 7 \equiv \ldots \pmod 2$

$\ldots -4 \equiv -2 \equiv 0 \equiv 2 \equiv 4 \equiv 6 \equiv \ldots \pmod 2$

11. $\phi(900)=240$,

$\phi(256)=128$

13. (1) n=35, e=5

(2) 암호문 J(9)

15. (1) 6

(2) 위조된 번호

(3) 9

chapter 09

1. (1) 21,800,000원

(2) 21,800,000원

(3) 동일함

3. 10,602,977원

5. 1회차 결제금액 : 210,000원

2회차 결제금액 : 207,500원

3회차 결제금액 : 205,000원

4회차 결제금액 : 202,500원

9. 1,200,000원

11. 94,625,556원

13. 23,939,780원

참 고 문 헌

강옥기 (2003). 수학과 교재연구론. 경문사

강옥기 (2003). 수학과 학습지도와 평가론 제2판. 경문사

강옥기, 허난, 조현공, 박경은, 이환철 (2011). 수학교육학 정론. 경문사

교육인적자원부 (2002). 이산수학. (주)천재교육

금융보안연구원 (2010) 말랑말랑 금융보안이야기. 전자신문사

김선화, 여태경 (1994). 교실 밖 수학 여행. 사계절출판사

김성숙 (2003). 건축과 음악 속의 수학. 수학사랑 제6회 Math Festival 자료집

김용운, 김용국(2009). 한국 수학사. 살림 Math

김응태 외 2인 (1997). 수학교육학 개론. 서울대학교 출판부

마이클 슈나이더, 이충호 옮김 (2002). 자연, 예술, 과학의 수학적 원형. 경문사

김민경 외 8인 (2003). 수학의 눈으로 답사하기. 수학사랑 제6회 Math Festival 자료집

남길현, 원동호 (2011). 정보시스템보안론. 도서출판 그린

박경미 (2003). 수학 비타민. 중앙 M&B

박두일 외 2인 (2001). 실용수학. (주)교학사

박봉구 외 5인 공저. 재미있는 수학의 세계. 교우사

박부성 (2001, 2003). 재미있는 영재들의 수학퍼즐1, 2. 자음과 모음

박영수 (2010). 암호이야기. 북로드

사이먼 싱, 이원근 · 이승원 옮김 (2008). 암호의 과학. 영림카디널

송영준 (2002). 지오데식 돔. 수학사랑 통권 제33호

수학사랑 (2002). 한국의 테셀레이션. 수학사랑 통권 제34호 부록

스티븐 크란츠, 좌준수 · 임중삼 옮김 (2000). 문제 해결의 수학적 전략. 경문사

신현성 외 1인 (2001). 실용수학. (주)천재교육

양재동 (1997). 전산수학. 문운당

오창수 외 1인(2004). 최신보험수리학. 배영사

우정호 (1998). 학교 수학의 교육적 기초. 서울대학교 출판부

원동호 (2004). 현대암호학. 도서출판 그린

유석인 (2004). 이산수학. 영지문화사

위겐스 외 5인, 신인선 · 류희찬 옮김 (1999). 수학 교사를 위한 프랙탈 기하. 경문사
이바스 피터슨, 김인수 · 주형관 옮김 (1998). 현대 수학의 여행자. 사이언스북스
이용율 (1998). 수학 지도의 기초 · 기본. 경문사
장혜원(2004). 청소년을 위한 동양수학사. 두리미디어
정현 (2009). 튜링이 만든 암호. 자음과모음
제임스 글리크, 박배식 · 성하운 옮김 (1993). 카오스. 동문사
지식경제부 기술표준원 홈페이지. 한국산업표준(KS)
최용준, 신현성 (2003). 고등학교 수학Ⅱ. 천재교육
채희진 · 전영아 · 오혜원 (1999). 새롭게 다가가는 평면도형 입체도형. 수학사랑
한병호 (1991). 고교 수학이란 무엇인가. 진리세계사
황대훈 (1993). 이산수학. 생능
황석근 외 (2001). 이산수학. 블랙박스
헤르트 A. 하우프트만 외, 김준영 옮김(2011). 피보나치 넘버스. 늘봄

G. Polya, 우정호 옮김 (1995). 어떻게 문제를 풀 것인가. 천재교육
COMAP (1996). *For All Practical Purposes*, 5th ed. W. H. Freeman and Company
George B. Thomas & Ross L. Finney (1998). *Calculus and Analytic Geometry*. Addison-Wesley
Karl J. Smith (1973). *The nature of modern mathematics* second edition. Brooks/Cole Publishing Company
NCTM (1989). *Curriculum and Standards for School Mathematics*
Richard H. Lavoire (1993). *Discovering Mathematics*. Pws-Kent Publishing Company
Roger A. McCain (2010). *Game Theory*. World Science Publishing Company
Skvarcius/Robinson (1986). *Discrete Mathematics with Computer Science Applications*. The Benjamin/Cummings Publishing Company
Stanley Gudder (1994). *A Mathematical Journey* 2nd ed. Mcgraw-Hill
Stephen Krulik, Jesse A. Rudnick (1982). *Problem Solving*